Grundbegriffe und Hauptsätze der höheren Mathematik

insbesondere für Ingenieure und Naturforscher

Von

Dr. Gerhard Kowalewski

o. Professor an der Deutschen Technischen Hochschule
zu Prag

Zweite Auflage

Mit 40 Figuren

Berlin 1944

Verlag Walter de Gruyter & Co.

vormals G. J. Göschen'sche Verlagshandlung — J. Guttentag, Verlagsbuchhandlung
Georg Reimer — Karl J. Trübner — Veit & Comp.

Archiv-Nr. 12 08 44

Walter de Gruyter & Co., Berlin W 35

Printed in Germany

Inhalt.

Erstes Kapitel.

Vektorrechnung und Determinantentheorie.

Zweites Kapitel.

Lehre von den Grenzwerten.

Drittes Kapitel.

Differential- und Integralrechnung.

Vorwort.

Dieses kleine Buch will den jungen Ingenieuren und Naturforschern behilflich sein, die Grundbegriffe und Hauptsätze der höheren Mathematik klar zu erfassen. Es stützt sich auf eine fast 40-jährige Lehrerfahrung an Universitäten (Leipzig, Greifswald, Bonn, Prag) und Technischen Hochschulen (Prag, Dresden).

Angesichts der starken Zurückdrängung der Mathematik in den Lehrplänen unserer höheren Schulen ist es an den Hochschulen mehr denn je notwendig, mit allen Mitteln vereinfachender Darstellungskunst dafür zu sorgen, daß wenigstens die Grundkenntnisse der höheren Mathematik fest angeeignet werden, ohne die ein gedeihliches Studium der Technik und Naturwissenschaft undenkbar ist. Hierbei mitzuhelfen fühlte ich mich als alter Diener der mathematischen Lehre verpflichtet.

Dresden, Weißer Hirsch, 1938. **Gerhard Kowalewski**

Vorwort zur zweiten Auflage.

Diese neue Auflage ist ein fast unveränderter Abdruck der ersten. Auf Grund einer sorgfältigen Durchsicht sind alle kleinen Fehler beseitigt.

Prag, Januar 1943. **Gerhard Kowalewski**

Erstes Kapitel.

Vektorrechnung und Determinantentheorie.

§ 1. Rationale und irrationale Zahlen.

Die positiven und negativen ganzen Zahlen, ebenso die Null, sind jedem etwas ganz Bekanntes. Er weiß z. B. genau, was bei einem Celsiusthermometer 17 Grad oder — 10 Grad oder 0 Grad bedeuten, was es heißt, 100 M oder — 80 M oder 0 M zu besitzen, was eine Höhe von 500 m oder — 20 m oder 0 m über dem Meeresspiegel besagt.

Aber auch die positiven und negativen Brüche, wie $\frac{3}{4}$ oder $-\frac{2}{3}$, sind jedem, der eine Schule durchgemacht hat, geläufig. Er weiß sie anzuwenden und mit ihnen zu rechnen.

Alle diese Zahlen werden als rational bezeichnet. Eine rationale Zahl oder Rationalzahl ist also entweder eine ganze Zahl, wozu auch die Null gehört, oder ein Bruch, positiv oder negativ.

Man kommt bei allen praktischen Messungen, weil es sich dabei immer um eine beschränkte Genauigkeit handelt, mit den Rationalzahlen aus. Eine Messung besteht darin, daß man feststellt, wie oft eine zugrunde gelegte Einheit in der zu messenden Größe enthalten ist, d. h. wie oft sie sich von ihr fortnehmen läßt. Bleibt ein Rest übrig, so teilt man die Einheit in eine Anzahl gleicher Teile, z. B. in Zehntel, und sieht zu, wie oft die Zehnteleinheit in dem vorliegenden Rest enthalten ist. Bleibt auch hier ein Rest übrig, so teilt man die Zehnteleinheit nochmals in zehn gleiche Teile. Fährt man in dieser Weise fort, so wird schließlich der Rest unterhalb der Genauigkeitsgrenze liegen. Allen Messungen, wie genau sie auch sein mögen, ist eine natürliche Genauigkeitsgrenze gesetzt, unter die man nicht heruntergehen kann, weil unsere Sinne, auch wenn wir sie durch Instrumente verfeinern, dem Gesetz der Schwelle unterworfen sind. Was unterhalb der Schwelle liegt, entzieht sich der Wahrnehmung.

Den praktischen Messungen stehen die Messungen der reinen Geometrie gegenüber, die absolut genau sein müssen. Bei solchen Messungen hat es sich gezeigt, daß manchmal die Rationalzahlen nicht ausreichen, um das Messungsergebnis auszudrücken. Wenn man z. B. die Diagonale eines Quadrats, dessen Seite die Längeneinheit ist, absolut genau messen will, so läßt sich in aller Strenge beweisen, daß die Diagonale kein rationales Vielfaches der Seite ist.

Wenn ich die Seite in n gleiche Teile zerlege, so wird niemals ein solcher Teil in der Diagonale ohne Rest aufgehen, wie ich die ganze Zahl n auch wählen mag. Zu dieser Erkenntnis gelangte bereits Pythagoras (569—500 v. Chr.). Er stützte sich dabei auf seinen berühmten Satz, daß im rechtwinkligen Dreieck das Hypotenusenquadrat der Summe der Kathetenquadrate gleichkommt. Wäre die Diagonale des Quadrats das m-fache eines n-tels der Seite, so müßte nach dem pythagoreischen Lehrsatz

$$\left(\frac{m}{n}\right)^2 = 1 + 1,$$

d. h. $m^2 = 2n^2$ sein. Nun haben die ungeraden Zahlen 1, 3, 5, ... die Eigenschaft, daß ihre Quadrate 1, 9, 25, ... ebenfalls ungerade Zahlen sind, während die geraden Zahlen 2, 4, 6, ... gerade Quadrate 4, 16, 36, ... liefern. Aus der Gleichung $m^2 = 2n^2$ sehen wir, daß m^2 gerade ist. Also muß auch m gerade sein, so daß man $m = 2m'$ schreiben kann. Setzt man in obiger Gleichung $m^2 = 4m'^2$, so folgt $2m'^2 = n^2$, woraus zu schließen ist $n = 2n'$. Der Bruch $\frac{m}{n}$ läßt sich also durch Kürzung in $\frac{m'}{n'}$ überführen. Setzt man voraus, daß $\frac{m}{n}$ bereits nach Möglichkeit gekürzt war, so liegt offenbar ein Widerspruch vor. Der schon völlig gekürzte Bruch müßte sich noch durch 2 kürzen lassen.

Die alten Griechen drückten dieses Ergebnis so aus, daß sie die Seite und Diagonale des Quadrats für inkommensurabel erklärten. Es gibt kein gemeinsames Maß für beide, d. h. keine Länge, die in beiden aufgeht. Eine sehr wichtige und bemerkenswerte Feststellung.

Will man alle Messungsergebnisse, auch die absolut genauen der Geometrie, durch Zahlen ausdrücken, so ist eine Erweiterung des Zahlbegriffs über die rationalen Zahlen hinaus erforderlich. Die Diagonale des Quadrats von der Seite 1 hat dann eine Länge, die durch eine Irrationalzahl ausgedrückt wird. Rationale und irrationale Zahlen werden zusammen als reelle Zahlen bezeichnet.

Eudoxos, ein Zeitgenosse Platons (429—348 v. Chr.), gab als erster eine wissenschaftliche Theorie der Irrationalzahlen. Als solche ist seine Proportionenlehre anzusehen, die Euklid (um 300 v. Chr.) im fünften Buch seiner Elemente dargestellt hat. Der Grundgedanke dieser Theorie ist derselbe, den in unserer Zeit (1872) Dedekind zur scharfen Erfassung des Irrationalen benutzt hat. Die Irrationalzahl wird festgelegt durch eine Einteilung aller Rationalzahlen in eine Klasse der größeren (obere) und eine Klasse der kleineren (untere Klasse). Überall, wo eine solche Einteilung der Rationalzahlen, ein sog. Schnitt, vorliegt und es nicht gelingt, die beiden Klassen durch eine Rationalzahl gegeneinander abzugrenzen, wird eine irrationale Trennungszahl fingiert, die alle Zahlen der unteren Klasse übertrifft und von allen Zahlen der oberen Klasse übertroffen wird. Diese Einfügung der Irrationalzahlen zwischen die kleineren und die größeren Rationalzahlen ist der

Angelpunkt der ganzen Theorie. Von hier aus wird dann auch das Rechnen mit den neuen Zahlen in absolut einwandfreier Weise begründet, worauf wir aber in dieser einführenden Darstellung nicht eingehen wollen.

§ 2. Punkte und Zahlen.

Descartes, der berühmte französische Philosoph (1596—1650), hat in seiner Géométrie (1637) gelehrt, wie man die Zahlen durch die Punkte einer Geraden in einfacher Weise versinnlichen kann. Er wurde dadurch der Begründer der analytischen Geometrie (Geometrie in Zahlen).

Auf einer Geraden kann man in zwei verschiedenen Richtungen fortschreiten. Die eine ist in Figur 1 durch einen Pfeil markiert und soll die positive heißen. Die entgegengesetzte Richtung nennt man die negative. Eine Bewegung auf der Geraden in positiver Richtung gilt als Vorwärtsbewegung, eine in negativer Richtung als Rückwärtsbewegung. Nun sei A_1 ein erster, A_2 ein zweiter Punkt auf der Geraden, d die Entfernung beider, gemessen mit einer zugrunde gelegten Längeneinheit (in der Figur mit 1 bezeichnet). Bewegt man sich auf der Geraden von A_1 nach A_2, so beschreibt man die Strecke A_1A_2. Hat man sich hierbei vorwärts bewegt, so wird der Strecke A_1A_2 die Maßzahl d zugeschrieben. Hat man sich rückwärts bewegt, so gilt $-d$ als die Maßzahl der Strecke A_1A_2. Die Maßzahl einer Strecke A_1A_2 ist also die mit einem gewissen Vorzeichen versehene Entfernung der beiden Punkte A_1, A_2. Dieses Vorzeichen ist das Zeichen $+$, wenn man vom Anfangspunkt A_1 zum Endpunkt A_2 durch eine Vorwärtsbewegung gelangt, das Zeichen —, wenn der Übergang vom Anfangspunkt zum Endpunkt der Strecke eine Rückwärtsbewegung erfordert. Wir bezeichnen die Maßzahl der Strecke A_1A_2 mit $\overline{A_1A_2}$. In Fig. 1 ist z. B. $\overline{A_1A_2} = 3$, dagegen $\overline{B_1B_2} = -1$.

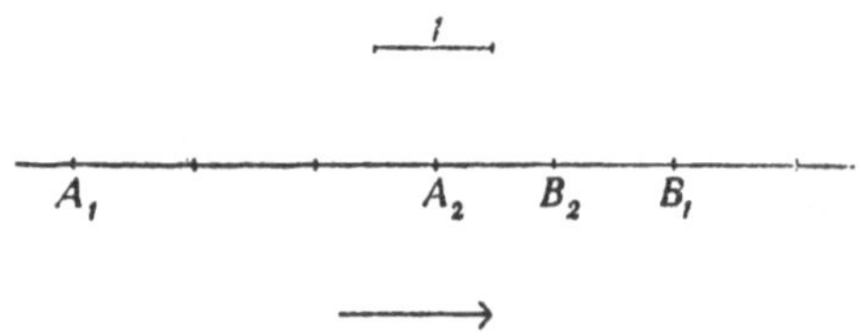

Fig. 1.

Wenn man Anfangspunkt und Endpunkt einer Strecke vertauscht, so kehrt die Maßzahl ihr Zeichen um, d. h. es ist

$$\overline{A_1A_2} = -\overline{A_2A_1}. \tag{1}$$

Wenn wir z. B. durch eine Vorwärtsbewegung von A_1 nach A_2 gelangen, so kommen wir von A_2 wieder nach A_1, indem wir um dasselbe Stück rückwärts gehen.

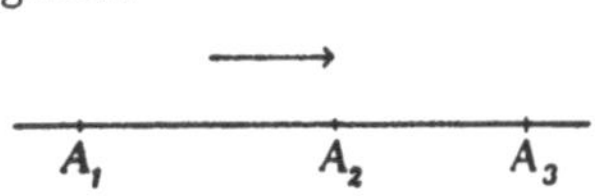

Fig. 2.

Eine wichtige Beziehung besteht zwischen den durch drei Punkte A_1, A_2, A_3 bestimmten Strecken. Liegen die drei Punkte wie in Fig. 2, so sind $\overline{A_1A_2}$, $\overline{A_2A_3}$, $\overline{A_1A_3}$ die Längen der

Strecken A_1A_2, A_2A_3, A_1A_3 und es ist klar, daß die Summe der beiden ersten gleich der dritten ist. Demnach gilt die Beziehung

$$\overline{A_1A_2} + \overline{A_2A_3} = \overline{A_1A_3}$$

oder mit Rücksicht auf die Eigenschaft (1)

$$\overline{A_1A_2} + \overline{A_2A_3} + \overline{A_3A_1} = 0. \tag{2}$$

Man kann nun zeigen, daß diese Dreipunkteformel auch für jede andere Lage der beteiligten Punkte gilt. Da man zur Lage in Fig. 2 stets durch Umnumerierung der Punkte gelangen kann, so brauchen wir nur festzustellen, daß eine beliebige Vertauschung der Nummern 1, 2, 3 nichts an der Gültigkeit der Formel (2) ändert. Vertauscht man die Nummern zyklisch, d. h. ersetzt man 1, 2, 3 durch 2, 3, 1, so bleibt offenbar die Gleichung (2) erhalten. Durch nochmalige zyklische Vertauschung gelangt man von 2, 3, 1 zu 3, 1, 2. Es bleiben jetzt nur noch die Anordnungen 3, 2, 1 und 1, 3, 2 und 2, 1, 3 zu prüfen, sogar nur die erste, weil die beiden andern durch zyklische Nummernvertauschung aus ihr hervorgehen. Ersetzt man 1, 2, 3 durch 3, 2, 1, so verwandelt sich die linke Seite der Gleichung (2) in

$$\overline{A_3A_2} + \overline{A_2A_1} + \overline{A_1A_3},$$

d. h. in $-(\overline{A_1A_2} + \overline{A_2A_3} + \overline{A_3A_1})$. Es tritt also nur der Faktor -1 hinzu. Die Gleichung selbst bleibt erhalten. Sie stellt demnach eine für jede Lage der drei Punkte gültige Beziehung fest.

Nach diesen Vorbereitungen läßt sich die Versinnlichung der Zahlen durch die Punkte einer Geraden, die man die Zahlenlinie nennt, in einfachster Weise durchführen. Wir wählen auf der Geraden (vgl. Fig. 3) einen festen Anfangspunkt O. Jedem Punkt P der Geraden ordnen wir dann die Zahl $x = \overline{OP}$ zu, also die Maßzahl der Strecke OP, die vom Anfangspunkt aus nach P führt. Dieses x heißt die Abszisse des Punktes P.

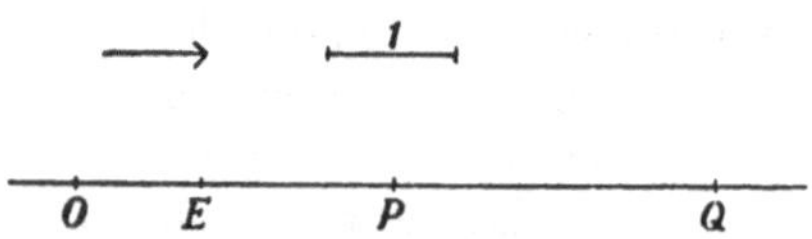

Fig. 3.

Zwei verschiedene Punkte P und Q haben verschiedene Abszissen. Aus $\overline{OP} = \overline{OQ}$ würde auf Grund der Dreipunkteformel $\overline{OP} + \overline{PQ} + \overline{QO} = 0$ folgen $\overline{PQ} = 0$, d. h. die Strecke PQ hätte die Maßzahl, mithin auch die Länge Null, die Punkte P und Q wären also nicht verschieden. Wenn eine Zahl x gegeben ist, so läßt sich auf der Zahlenlinie stets ein Punkt P finden, dessen Abszisse den Wert x hat. Ist $x = 0$, so fällt O mit P zusammen. Ist x positiv, so gelangt man von O nach P durch eine Vorwärtsbewegung um x, ist x negativ, so muß man, um P zu finden, von O aus um die Länge $-x$ nach rückwärts gehen. Bei rationalem x gibt es hierbei keinerlei Schwierigkeit. Bei irrationalem x könnten Zweifel darüber entstehen, ob es immer eine Strecke gibt, die eine gegebene irrationale Länge hat. Dies wird allgemein angenommen, ist aber im Grunde nur ein Axiom.

Durch die Formel $x = \overline{OP}$ wird zwischen den Zahlen x und den Punkten P der Zahlenlinie eine Zuordnung hergestellt, die folgende Eigenschaften hat: Jedem Punkt P entspricht eine Zahl x, seine Abszisse. Verschiedene Punkte haben verschiedene Abszissen. Jede Zahl x kommt als Abszisse eines Punktes vor. Eine solche Zuordnung wird als Abbildung bezeichnet. Es ist also gelungen, die reellen Zahlen durch die Punkte einer Geraden abzubilden.

Der Punkt E mit der Abszisse 1 wird als Einheitspunkt bezeichnet, so wie man O auch den Nullpunkt nennt. Die Strecke OE ist die Grundstrecke oder Einheitsstrecke. Diese Einheitsstrecke beherrscht die ganze Abszissenbestimmung. Man kann sogar die Gerade verlassen und jeder Strecke AB im Raume, die zur Einheitsstrecke OE parallel ist, eine Maßzahl $\overline{AB}$ zuschreiben. Sie ist das positive oder negative Längenverhältnis der Strecken AB und OE, je nachdem die Strecken AB und OE gleichsinnig oder gegensinnig gerichtet sind. Dieses mit einem Vorzeichen versehene Längenverhältnis der parallelen Strecken AB und OE bezeichnet man vielfach kurz mit $\frac{AB}{OE}$. Offenbar ändert ein solcher Streckenquotient sich nicht, wenn man die Maßeinheit anders wählt. Auch ist er unabhängig von der Festsetzung der positiven Richtung.

Descartes hat auch gezeigt, wie man die Zahlenpaare x_1, x_2 durch die Punkte einer Ebene abbilden kann. Es wird in der Ebene ein Anfangspunkt O gewählt, von dem zwei Grundstrecken OE_1, OE_2 ausgehen, jedoch so, daß die Punkte O, E_1, E_2 nicht in gerader Linie liegen (vgl. Fig. 4). Wenn nun irgendein Punkt P der Ebene ins Auge gefaßt wird, so kann man durch ihn Parallelen zu den Grundstrecken ziehen. Jede von ihnen schneidet die andere Grundstrecke oder ihre Verlängerung in einem Punkte. Auf diese Weise gehört zu jedem Punkt P der Ebene ein Punktepaar P_1, P_2. Diese beiden Punkte kann man nun nach der Abszissenmethode festlegen und dabei OE_1 und OE_2 als Einheitsstrecken benutzen. Setzt man $x_1 = \frac{OP_1}{OE_1}$ und $x_2 = \frac{OP_2}{OE_2}$, so sind x_1, x_2 die Koordinaten des Punktes P. Die Geraden OE_1 und OE_2, auf denen die positiven Richtungen von O nach E_1 bzw. E_2 laufen, nennt man die Koordinatenachsen. Gewöhnlich wählt man die Grundstrecken so, daß sie senkrecht aufeinanderstehen und spricht dann von rechtwinkligen Koordinaten. Auch gibt man meistens beiden Grundstrecken dieselbe Länge 1. Vielfach wird die eine Achse als Abszissen-, die andere als Ordinatenachse bezeichnet. $\overline{OP_1}$ ist dann die Abszisse; $\overline{OP_2}$ oder $\overline{P_1P}$ die Ordinate (die im Endpunkt der Abszisse aufgerichtete Strecke).

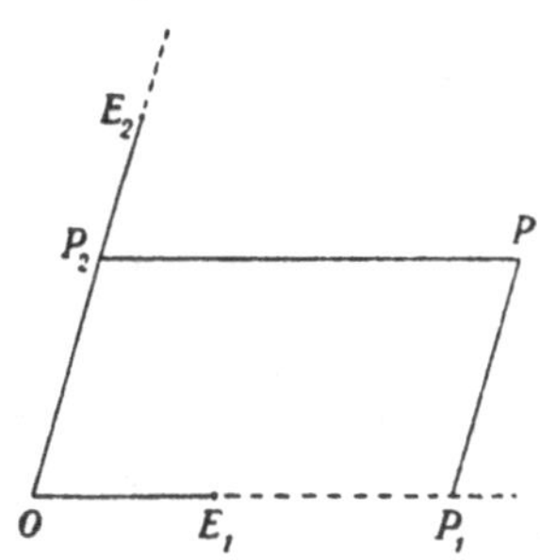

Fig. 4.

Um eine Abbildung der Zahlentripel x_1, x_2, x_3 durch die Punkte des Raumes zu gewinnen, wählt man im Raume einen Anfangspunkt O, ferner drei Grundstrecken OE_1, OE_2, OE_3, die nicht in eine Ebene fallen dürfen. Ist P irgendein Punkt im Raume, so lege man durch ihn drei Ebenen parallel zu den Ebenen OE_2E_3, OE_3E_1, OE_1E_2, den sog. Koordinatenebenen. Diese durch P gelegten Ebenen treffen die Grundstrecken OE_1, OE_2, OE_3 oder ihre Verlängerungen in den Punkten P_1, P_2, P_3. Die Streckenquotienten

$$x_1 = \frac{OP_1}{OE_1}, \quad x_2 = \frac{OP_2}{OE_2}, \quad x_3 = \frac{OP_3}{OE_3}$$

sind dann die Koordinaten des Punktes P.

In Fig. 5 ist aus OP_1, OP_2, OP_3 ein Parallelepiped oder, wie man vielfach sagt, ein Block konstruiert. Mit jeder der drei Grundstrecken laufen vier Blockkanten parallel, von denen eine durch O, eine durch P hindurchgeht. O und P sind Gegenecken des Blocks, ebenso P_1 und Q_1, P_2 und Q_2, P_3 und Q_3. Man kann von O nach P auf sechs verschiedene Arten längs eines aus drei Kanten gebildeten Weges gelangen. Zum Beispiel kann man zuerst die Kante OP_1 durchlaufen, dann P_1Q_3 und schließlich Q_3P. Die beiden letzten Strecken entstehen durch Parallelverschiebung aus OP_2 und OP_3. Sie sind, wie der technische Ausdruck heißt, mit diesen Strecken äquivalent. Man pflegt zu sagen, OP sei die Summe der Strecken OP_1, P_1Q_3, Q_3P oder auch der Strecken OP_1, OP_2, OP_3. Die Streckenaddition vollzieht sich in der Weise, daß man aus den zu summierenden Strecken mit Hilfe von Parallelverschiebungen einen Streckenzug bildet, wo immer im Endpunkt einer Strecke der Anfangspunkt der nächsten liegt. Die Summe ist dann diejenige Strecke, die vom Anfang zum Ende des Streckenzuges hinführt. Jede Strecke im Raum kann als Summe dreier Strecken (Komponenten) dargestellt werden, die parallel zu den drei Grundstrecken sind. Strecken werden vielfach durch einzelne Buchstaben bezeichnet, und zwar durch deutsche. Wenn man die Grundstrecken $\mathfrak{e}_1$, $\mathfrak{e}_2$, $\mathfrak{e}_3$ nennt und, wie üblich, $OP_1 = x_1\mathfrak{e}_1$, $OP_2 = x_2\mathfrak{e}_2$, $OP_3 = x_3\mathfrak{e}_3$ schreibt, so kann man die Komponentenzerlegung der Strecke OP durch die Formel

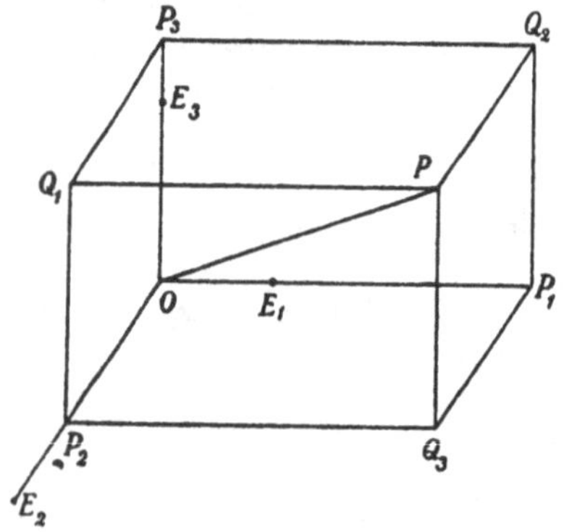

Fig. 5.

$$OP = x_1\mathfrak{e}_1 + x_2\mathfrak{e}_2 + x_3\mathfrak{e}_3$$

ausdrücken. Man erhält OP, indem man die Grundstrecken mit passenden Zahlenfaktoren versieht und dann durch Bildung eines Streckenzuges summiert. Die Multiplikation einer Strecke mit einer Zahl bedeutet, daß die Länge der Strecke mit dem absoluten Betrage der Zahl (Zahl ohne Vorzeichen) multipliziert und, falls die Zahl negativ ist, noch die Richtung der Strecke umgekehrt wird. So ist z. B. $-3AB$ nichts anderes als $3BA$ und dies die auf dreifache Länge gebrachte Strecke BA.

Die Komponenten OP_1, OP_2, OP_3 der Strecke OP sind die Projektionen von OP auf die Geraden OE_1, OE_2, OE_3, wobei die Projektion mit Hilfe von Parallelebenen zu den Koordinatenebenen bewirkt wird. x_1, x_2, x_3 sind die Maßzahlen dieser Projektionen, wobei die Grundstrecken als Einheitsstrecken dienen. Es ist also

$$x_1 = \overline{OP_1}, \quad x_2 = \overline{OP_2}, \quad x_3 = \overline{OP_3}.$$

Auch bei einer beliebigen Strecke AB, die nicht von O ausgeht, gibt es eine solche Zerlegung in Komponenten. Um z. B. die erste Komponente von AB zu gewinnen, muß man durch A und B Parallelebenen zur Koordinatenebene OE_2E_3 legen. Diese schneiden die Gerade OE_1 in zwei Punkten A_1, B_1 und A_1B_1 ist die erste Komponente von AB. Ebenso erhält man die beiden andern Komponenten A_2B_2 und A_3B_3. Aus ihnen läßt sich durch Parallelverschiebungen ein Streckenzug bilden, der bei A anfängt und bei B endigt, so daß man schreiben kann

$$AB = A_1B_1 + A_2B_2 + A_3B_3.$$

Wir lassen in diesen Betrachtungen allen Strecken Freiheit zu beliebigen Parallelverschiebungen. Strecken, die diese Freiheit genießen, werden auch als Vektoren bezeichnet. Setzt man $A_1B_1 = z_1\mathfrak{e}_1$, $A_2B_2 = z_2\mathfrak{e}_2$, $A_3B_3 = z_3\mathfrak{e}_3$, so heißen z_1, z_2, z_3 die Koordinaten von AB.

Wir wollen noch die Frage erörtern, wie sich die Multiplikation einer Strecke mit einer Zahl und die Addition zweier Strecken auf die Koordinaten auswirkt.

Man überzeugt sich leicht an Hand der Fig. 6 von der Richtigkeit der für zwei Vektoren $\mathfrak{A}$, $\mathfrak{B}$ und eine Zahl k geltenden Rechnungsregel

$$k(\mathfrak{A} + \mathfrak{B}) = k\mathfrak{A} + k\mathfrak{B}.$$

Ist $\mathfrak{A} = PQ$, $\mathfrak{B} = QR$, so muß man den Fall eines positiven und den eines negativen k gesondert betrachten. Im Fall eines positiven k sei $PQ_1 = kPQ$ und $PR_1 = kPR$. Die Strecken PQ_1 und PR_1 haben die k-fache Länge von PQ und PR. Dann hat auch Q_1R_1 die k-fache Länge von QR und ist zu QR parallel, so daß man schreiben kann $Q_1R_1 = kQR$. Nun ist $PR_1 = PQ_1 + Q_1R_1$, also $kPR = kPQ + kQR$ oder $k(PQ + QR) = kPQ + kQR$. Bei negativem k treten an die Stelle der Punkte Q_1, R_1 die Punkte Q_2, R_2.

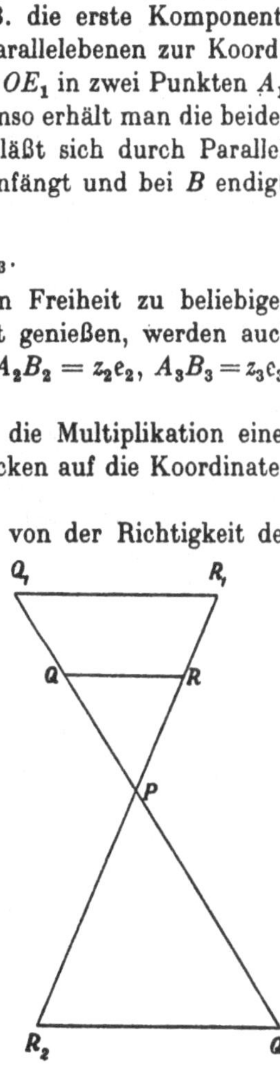

Fig. 6.

Eine zweite Regel, auf die wir uns stützen werden, bezieht sich auf die zweimalige Multiplikation eines Vektors mit einer Zahl. Wird der Vektor $\mathfrak{A}$ zuerst mit k_1 und dann mit k_2 multipliziert, so kommt dasselbe heraus, wie bei einmaliger Multiplikation mit $k_1 k_2$. Um den Beweis zu führen, braucht man nur an die Bedeutung dieser Art von Multiplikation zu denken. Jedesmal multipliziert sich die Länge des Vektors mit dem absoluten Betrage des Zahlenfaktors. Ist der Faktor negativ, so kehrt der Vektor überdies seine Richtung um. Eine zweimalige Umkehrung der Richtung stellt die alte Richtung wieder her.

Nach diesen Vorbemerkungen können wir die erste der gestellten Fragen bereits beantworten. Ist

$$AB = z_1 \mathfrak{e}_1 + z_2 \mathfrak{e}_2 + z_3 \mathfrak{e}_3,$$

so wird es bei Multiplikation mit k erlaubt sein, diesen Faktor bei den einzelnen Summanden anzubringen, wo man ihn dann mit dem schon vorhandenen Faktor zusammenfassen kann. Es ergibt sich also

$$kAB = (kz_1)\mathfrak{e}_1 + (kz_2)\,\mathfrak{e}_2 + (kz_3)\,\mathfrak{e}_3,$$

d. h. die Koordinaten des Vektors kAB entstehen aus denen des Vektors AB durch Hinzufügen des Faktors k. Wird ein Vektor mit einer Zahl multipliziert, so multiplizieren sich seine Koordinaten mit dieser Zahl.

Zur Erledigung der zweiten Frage brauchen wir noch eine dritte Rechnungsregel. Sie findet ihren Ausdruck in der Gleichung

$$k_1\mathfrak{A} + k_2\mathfrak{A} = (k_1 + k_2)\mathfrak{A}.$$

Es sei auf der Geraden, die den Vektor $\mathfrak{A}$ trägt, $PQ = k_1\mathfrak{A}$, $QR = k_2\mathfrak{A}$. Dann ist $PR = k_1\mathfrak{A} + k_2\mathfrak{A}$. Benutzt man $\mathfrak{A}$ als Einheitsstrecke, so ist $k_1 = \overline{PQ}$, $k_2 = \overline{QR}$. Aus der Dreipunkteformel $\overline{PQ} + \overline{QR} + \overline{RP} = 0$ entnimmt man $\overline{PR} = \overline{PQ} + \overline{QR}$, d. h. $\overline{PR} = k_1 + k_2$, so daß $PR = (k_1 + k_2)\,\mathfrak{A}$ gesetzt werden kann.

Liegen nun zwei Vektoren $x_1\mathfrak{e}_1 + x_2\mathfrak{e}_2 + x_3\mathfrak{e}_3$ und $y_1\mathfrak{e}_1 + y_2\mathfrak{e}_2 + y_3\mathfrak{e}_3$ vor, so lautet ihre Summe

$$x_1\mathfrak{e}_1 + y_1\mathfrak{e}_1 + x_2\mathfrak{e}_2 + y_2\mathfrak{e}_2 + x_3\mathfrak{e}_3 + y_3\mathfrak{e}_3$$

oder nach der soeben bewiesenen Rechnungsregel

$$(x_1 + y_1)\mathfrak{e}_1 + (x_2 + y_2)\mathfrak{e}_2 + (x_3 + y_3)\mathfrak{e}_3.$$

In Worten: Wenn man zwei Vektoren addiert, so addieren sich die gleichnamigen Koordinaten.

Wir haben bei der letzten Überlegung außer der früher schon erörterten Vertauschbarkeit der Summanden noch eine zweite Eigenschaft der Vektorenaddition benutzt, wonach man Gruppen von Summanden durch ihre Summen ersetzen darf. Diese Eigenschaft wird sofort evident, wenn man einen Vektorenzug betrachtet. Es ist z. B.

$$P_1P_2 + P_2P_3 + P_3P_4 = P_1P_4.$$

Ersetzt man hier $P_1P_2 + P_2P_3$ durch P_1P_3, so ergibt sich die richtige Gleichung $P_1P_3 + P_3P_4 = P_1P_4$.

Die Koordinaten eines Punktes P sind zugleich die Koordinaten des Vektors OP, der vom Anfangspunkt O nach jenem Punkte hinführt und als Ortsvektor von P bezeichnet wird. Sind nun zwei Punkte P und Q gegeben, deren Koordinaten x_1, x_2, x_3 und y_1, y_2, y_3 lauten, so müssen sich die Koordinaten z_1, z_2, z_3 der Strecke PQ durch jene x, y ausdrücken lassen. Wie lauten diese Ausdrücke? Bedenkt man, daß $OQ = OP + PQ$ ist und die Koordinaten von $OP + PQ$, die gleich denen von OQ sein müssen, $x_1 + z_1$, $x_2 + z_2$, $x_3 + z_3$ lauten, so ergibt sich $x_1 + z_1 = y_1$, $x_2 + z_2 = y_2$, $x_3 + z_3 = y_3$, also

$$z_1 = y_1 - x_1, \quad z_2 = y_2 - x_2, \quad z_3 = y_3 - x_3.$$

Man findet also die Koordinaten einer Strecke PQ dadurch, daß man von den Koordinaten des Endpunktes Q die des Anfangspunktes P subtrahiert. Die Koordinaten einer Strecke sind mit andern Worten die Koordinatenänderungen, die ein Punkt erfährt, wenn er vom Anfang zum Ende der Strecke übergeht.

§ 3. Das Volumprodukt dreier Vektoren.

Wir betrachten drei Vektoren $\mathfrak{A}$, $\mathfrak{B}$, $\mathfrak{C}$, die wir uns nach demselben Ursprung O verschoben denken, so daß

$$\mathfrak{A} = OA, \quad \mathfrak{B} = OB, \quad \mathfrak{C} = OC$$

ist. Als Volumprodukt der Vektoren $\mathfrak{A}$, $\mathfrak{B}$, $\mathfrak{C}$ bezeichnen wir den Inhalt des durch OA, OB, OC bestimmten Blocks, genommen mit dem Plus- oder Minuszeichen, je nachdem die drei Strecken ein Rechts- oder ein Linkstripel bilden. Ein Rechtstripel liegt vor, wenn OA, OB, OC so zueinander liegen, wie das rechte Bein, das linke Bein und der Oberkörper eines breitbeinig sitzenden Menschen. Denkt man sich OC als eine Person, deren Füße in O und deren Kopf in C liegt, so sieht diese Person, wenn sie auf die Ebene OAB blickt, im Falle eines Rechtstripels die Strecke OA zur Rechten, die Strecke OB zur Linken. Im Falle eines Linkstripels wird der personifizierte Vektor OC feststellen, daß OA zur Linken und OB zur Rechten liegt. Daumen, Zeigefinger und Mittelfinger der rechten Hand bilden ein Rechtstripel. Bei der linken Hand stellen sie ein Linkstripel dar.

Wenn man in einem Rechtstripel zwei Strecken vertauscht, so entsteht ein Linkstripel und umgekehrt. Man überzeuge sich, daß aus dem Rechtstripel „Daumen, Zeigefinger, Mittelfinger der rechten Hand" ein Linkstripel wird, wenn man die Reihenfolge durch Vertauschung zweier Glieder des Tripels abändert, d. h. man stelle fest, daß an der rechten Hand folgende Tripel Linkstripel sind:

Zeigefinger, Daumen, Mittelfinger,
Mittelfinger, Zeigefinger, Daumen,
Daumen, Mittelfinger, Zeigefinger.

Es kommt darauf an, zu bestätigen, daß jedesmal der dritte Finger des Tripels als Person gedacht, den ersten zur Linken, den zweiten zur Rechten liegen sieht. Der Leser wolle die kleine Mühe nicht scheuen, diese Feststellungen wirklich durchzuführen.

Wechselt man in den beiden ersten Linkstripeln die beiden letzten Glieder aus, so entstehen die Anordnungen

Zeigefinger, Mittelfinger, Daumen,
Mittelfinger, Daumen, Zeigefinger,

die ebenso wie die Anordnung

Daumen, Zeigefinger, Mittelfinger

Rechtstripel darstellen. Hiermit sind alle sechs Anordnungen, die es bei drei Dingen gibt, erschöpft. Mit den drei ersten Fingern der rechten Hand lassen sich also drei Rechtstripel und drei Linkstripel bilden. Vertauscht man zwei Glieder, so geht jedes Rechtstripel in ein Linkstripel über und umgekehrt. Führt man mehrere dieser Zweiervertauschungen durch, so bleibt jedes Rechtstripel ein Rechtstripel und jedes Linkstripel ein Linkstripel, wenn es sich um eine gerade Anzahl solcher Zweiervertauschungen handelt. Ist die Anzahl ungerade, so geht jedes Rechtstripel in ein Linkstripel über und umgekehrt. Man kann jede Vertauschung oder Permutation durch wiederholte Zweiervertauschungen herstellen. Ist die Anzahl dieser Zweiervertauschungen gerade, so spricht man von einer **geraden** Permutation, ist sie ungerade, von einer **ungeraden** Permutation.

Bezeichnet man das oben erklärte Volumprodukt der drei Vektoren $\mathfrak{A}$, $\mathfrak{B}$, $\mathfrak{C}$ mit $[\mathfrak{A}\mathfrak{B}\mathfrak{C}]$, so wird

$$[\mathfrak{A}\mathfrak{B}\mathfrak{C}] = [\mathfrak{B}\mathfrak{C}\mathfrak{A}] = [\mathfrak{C}\mathfrak{A}\mathfrak{B}]$$

sein, weil $\mathfrak{B}$, $\mathfrak{C}$, $\mathfrak{A}$ und $\mathfrak{C}$, $\mathfrak{A}$, $\mathfrak{B}$ gerade Permutationen von $\mathfrak{A}$, $\mathfrak{B}$, $\mathfrak{C}$ sind. Ebenso wird die Doppelgleichung

$$[\mathfrak{A}\mathfrak{C}\mathfrak{B}] = [\mathfrak{C}\mathfrak{B}\mathfrak{A}] = [\mathfrak{B}\mathfrak{A}\mathfrak{C}]$$

gelten, dagegen

$$[\mathfrak{A}\mathfrak{C}\mathfrak{B}] = -[\mathfrak{A}\mathfrak{B}\mathfrak{C}]$$

sein, weil die Tripel $\mathfrak{A}$, $\mathfrak{C}$, $\mathfrak{B}$ und $\mathfrak{A}$, $\mathfrak{B}$, $\mathfrak{C}$ verschiedenen Charakter haben.

Man sieht, daß das Volumprodukt $[\mathfrak{A}\mathfrak{B}\mathfrak{C}]$ bei allen möglichen Vertauschungen der drei Vektoren nur zwei Werte annimmt. Der eine ist das positive, der andere das negative Volumen des von den Vektoren gebildeten Blocks. Jeder Wert wird dreimal angenommen.

Wenn man in dem Volumprodukt $[\mathfrak{A}\mathfrak{B}\mathfrak{C}]$ einen der drei Vektoren mit einem Zahlenfaktor k versieht, so multipliziert sich das Volumprodukt mit diesem Faktor. Da $[\mathfrak{A}\mathfrak{B}\mathfrak{C}]$, $[\mathfrak{B}\mathfrak{C}\mathfrak{A}]$, $[\mathfrak{C}\mathfrak{A}\mathfrak{B}]$ denselben Wert haben, genügt es, die behauptete Eigenschaft bei dem dritten Vektor zu bestätigen, also festzustellen, daß

$$[\mathfrak{A}, \mathfrak{B}, k\mathfrak{C}] = k[\mathfrak{A}\mathfrak{B}\mathfrak{C}]$$

ist. Bei positivem k hat das Tripel $\mathfrak{A}$, $\mathfrak{B}$, $k\mathfrak{C}$ denselben Charakter wie $\mathfrak{A}$, $\mathfrak{B}$, $\mathfrak{C}$. Beide Seiten der behaupteten Gleichung haben also dasselbe Zeichen. Außerdem ist klar, daß sich das Volumen des Blocks OA, OB, OC mit k multipliziert, wenn man der dritten Strecke OC die k-fache Länge gibt. Man kann nämlich das aus OA, OB gebildete Parallelogramm als die Basis des Blocks betrachten und das von C auf die Ebene OAB gefällte Lot CH als seine Höhe. Die Basis bleibt, wenn man von OC zu $OC_1 = kOC$ übergeht, dieselbe, und die Höhe CH geht in $C_1H_1 = kCH$ über.

Um auch den Fall eines negativen k zu erledigen, bemerke man zunächst, daß die Tripel $\mathfrak{A}$, $\mathfrak{B}$, $-\mathfrak{C}$ und $\mathfrak{A}$, $\mathfrak{B}$, $\mathfrak{C}$ von verschiedenem Charakter sind aber inhaltgleiche Blöcke bilden, so daß die Gleichung

$$[\mathfrak{A}, \mathfrak{B}, -\mathfrak{C}] = -[\mathfrak{A}\mathfrak{B}\mathfrak{C}]$$

stattfindet. Da nun $-k$ positiv ist, so hat man nach den bereits gefundenen Ergebnissen

$$[\mathfrak{A}, \mathfrak{B}, k\mathfrak{C}] = -k[\mathfrak{A}, \mathfrak{B}, -\mathfrak{C}] = k[\mathfrak{A}\mathfrak{B}\mathfrak{C}].$$

Beim ersten Schritt wurde k als Produkt aus $-k$ und -1 oder $k\mathfrak{C}$ als Produkt aus $-k$ und $-\mathfrak{C}$ betrachtet.

Eine weitere leicht feststellbare Eigenschaft der Volumprodukte ist folgende: Wenn in einem solchen Produkt einer der drei beteiligten Vektoren eine Summe ist, so zerlegt sich das Produkt dementsprechend in Summanden. Auch hier genügt es, mit dem dritten Vektor zu arbeiten und zu zeigen, daß

$$[\mathfrak{A}, \mathfrak{B}, \mathfrak{C}_1 + \mathfrak{C}_2] = [\mathfrak{A}\mathfrak{B}\mathfrak{C}_1] + [\mathfrak{A}\mathfrak{B}\mathfrak{C}_2]$$

ist. Würden $\mathfrak{A}$ und $\mathfrak{B}$ oder OA und OB in eine Gerade fallen, so wären alle drei Volumprodukte gleich Null, die Gleichung also bewiesen. Nehmen wir an, daß dieser Fall nicht vorliegt, so können wir OA und OB zusammen mit einem dritten Vektor OC als Grundvektoren im Raume benutzen und $\mathfrak{C}_1$, $\mathfrak{C}_2$ in der Form

$$\mathfrak{C}_1 = a_1\mathfrak{A} + b_1\mathfrak{B} + c_1\mathfrak{C},$$
$$\mathfrak{C}_2 = a_2\mathfrak{A} + b_2\mathfrak{B} + c_2\mathfrak{C}$$

schreiben, woraus nach den oben bewiesenen Rechnungsregeln

$$\mathfrak{C}_1 + \mathfrak{C}_2 = (a_1 + a_2)\,\mathfrak{A} + (b_1 + b_2)\,\mathfrak{B} + (c_1 + c_2)\,\mathfrak{C}$$

folgen würde. Nach Einsetzung dieser Ausdrücke haben wir es dann mit Volumprodukten von der Form

$$[\mathfrak{A}, \mathfrak{B}, x\mathfrak{A} + y\mathfrak{B} + z\mathfrak{C}]$$

zu tun. Wir denken uns alle Vektoren nach dem Ursprung O verschoben, so daß $\mathfrak{A} = OA$, $\mathfrak{B} = OB$, $x\mathfrak{A} + y\mathfrak{B} + z\mathfrak{C} = OP$ ist. Nun entsteht OP aus dem Vektor $z\mathfrak{C} = OQ$ dadurch, daß man an den Endpunkt Q den Vektor $x\mathfrak{A} + y\mathfrak{B}$ ansetzt, der parallel zur Ebene OAB ist. Betrachtet man wieder das aus OA, OB gebildete Parallelogramm als die Basis, so haben die mit OA, OB, OP und OA, OB, OQ gebildeten Blöcke gleiche Basis und gleiche Höhe. Da sich OP und OQ auf derselben Seite der Ebene OAB befinden, so werden die Tripel OA, OB, OP und OA, OB, OQ von gleichem Charakter sein. Es wird daher die Gleichung

$$[OA, OB, OP] = [OA, OB, OQ]$$

gelten oder

$$[\mathfrak{A},\ \mathfrak{B},\ x\mathfrak{A} + y\mathfrak{B} + z\mathfrak{C}] = [\mathfrak{A},\ \mathfrak{B},\ z\mathfrak{C}] = z[\mathfrak{A}\mathfrak{B}\mathfrak{C}].$$

Hiernach ist nun

$$[\mathfrak{A}\mathfrak{B}\mathfrak{C}_1] = c_1[\mathfrak{A}\mathfrak{B}\mathfrak{C}],$$
$$[\mathfrak{A}\mathfrak{B}\mathfrak{C}_2] = c_2[\mathfrak{A}\mathfrak{B}\mathfrak{C}],$$
$$[\mathfrak{A},\ \mathfrak{B},\ \mathfrak{C}_1 + \mathfrak{C}_2] = (c_1 + c_2)\,[\mathfrak{A}\mathfrak{B}\mathfrak{C}]\,,$$

also das dritte Volumprodukt gleich der Summe der beiden ersten.

Nach diesen Vorbereitungen können wir an die Aufgabe herantreten, ein Volumprodukt durch die Koordinaten der beteiligten Vektoren auszudrücken. Es handle sich um die drei Vektoren $\mathfrak{V}_1$, $\mathfrak{V}_2$, $\mathfrak{V}_3$, die wir auf die Grundvektoren $\mathfrak{e}_1$, $\mathfrak{e}_2$, $\mathfrak{e}_3$ beziehen. Wir setzen

$$\mathfrak{V}_1 = x_{11}\mathfrak{e}_1 + x_{12}\mathfrak{e}_2 + x_{13}\mathfrak{e}_3,$$
$$\mathfrak{V}_2 = x_{21}\mathfrak{e}_1 + x_{22}\mathfrak{e}_2 + x_{23}\mathfrak{e}_3,$$
$$\mathfrak{V}_3 = x_{31}\mathfrak{e}_1 + x_{32}\mathfrak{e}_2 + x_{33}\mathfrak{e}_3.$$

Bei der Bezeichnung der Koordinaten haben wir nach dem Vorbilde von Leibniz (1646—1716) Doppelindizes benutzt. Der erste Index gibt die Nummer des Vektors, der zweite die Nummer der Koordinate. Wenn man nun die zuletzt bewiesene Eigenschaft in Betracht zieht, die sich unmittelbar auf mehrgliedrige Summen überträgt, so kann man schreiben

$$[\mathfrak{V}_1\mathfrak{V}_2\mathfrak{V}_3] = \sum [x_{1r}\mathfrak{e}_r,\ x_{2s}\mathfrak{e}_s,\ x_{3t}\mathfrak{e}_t]\,.$$

Die rechte Seite ist eine 27-gliedrige Summe, da jeder der drei Indizes r, s, t die Werte 1, 2, 3 annimmt. Auf Grund der Faktoreigenschaft der Volumprodukte kann man x_{1r}, x_{2s}, x_{3t} vor die Klammer setzen und erhält auf diese Weise

$$\sum x_{1r}x_{2s}x_{3t}\ [\mathfrak{e}_r\mathfrak{e}_s\mathfrak{e}_t]\,.$$

Sobald r, s, t nicht alle verschieden sind, verschwindet das Volumprodukt $[\mathfrak{e}_r\mathfrak{e}_s\mathfrak{e}_t]$. Man braucht also die Summation nur über die sechs Permutationen r, s, t von 1, 2, 3 zu erstrecken. Ist r, s, t eine gerade Permutation von 1, 2, 3, also eine der drei Anordnungen 1, 2, 3; 2, 3, 1; 3, 1, 2, so wird $[\mathfrak{e}_r\mathfrak{e}_s\mathfrak{e}_t] = [\mathfrak{e}_1\mathfrak{e}_2\mathfrak{e}_3]$, ist r, s, t eine ungerade Permutation, also eine der Anordnungen 1, 3, 2; 2, 1, 3; 3, 2, 1, so wird $[\mathfrak{e}_r\mathfrak{e}_s\mathfrak{e}_t] = -[\mathfrak{e}_1\mathfrak{e}_2\mathfrak{e}_3]$ sein. Wir wollen hier ein Symbol einführen, das sich als sehr bequem erweist. Dieses Symbol lautet $\operatorname{sgn}(r, s, t)$, gelesen signum r, s, t, und soll die positive oder negative Einheit bedeuten, je nachdem r, s, t eine gerade oder eine ungerade Permutation ist. Dann gilt in beiden Fällen die Gleichung

$$[\mathfrak{e}_r\mathfrak{e}_s\mathfrak{e}_t] = [\mathfrak{e}_1\mathfrak{e}_2\mathfrak{e}_3]\operatorname{sgn}(r, s, t).$$

Setzt man diesen Ausdruck ein, so lautet unser Ergebnis

$$[\mathfrak{V}_1\mathfrak{V}_2\mathfrak{V}_3] = [\mathfrak{e}_1\mathfrak{e}_2\mathfrak{e}_3]\sum \operatorname{sgn}(r, s, t)\, x_{1r}x_{2s}x_{3t}\,.$$

Das Volumprodukt der Vektoren $\mathfrak{V}_1$, $\mathfrak{V}_2$, $\mathfrak{V}_3$ unterscheidet sich von dem festliegenden Volumprodukt der Grundvektoren um den Faktor

$$\sum \operatorname{sgn}(r, s, t)\, x_{1r}x_{2s}x_{3t}\,,$$

der sich aus den Koordinaten

$$\begin{matrix} x_{11} & x_{12} & x_{13} \\ x_{21} & x_{22} & x_{23} \\ x_{31} & x_{32} & x_{33} \end{matrix}$$

der drei Vektoren $\mathfrak{V}_1$, $\mathfrak{V}_2$, $\mathfrak{V}_3$ in besonderer Weise aufbaut und die Koordinatendeterminante genannt wird. Der sehr wichtige Determinantenbegriff ist von Leibniz eingeführt worden und erscheint hier zunächst nur in einer speziellen Form.

Man bezeichnet die Koordinatendeterminante mit

$$\begin{vmatrix} x_{11} & x_{12} & x_{13} \\ x_{21} & x_{22} & x_{23} \\ x_{31} & x_{32} & x_{33} \end{vmatrix}.$$

Es ist also

$$\begin{vmatrix} x_{11} & x_{12} & x_{13} \\ x_{21} & x_{22} & x_{23} \\ x_{31} & x_{32} & x_{33} \end{vmatrix} = \sum \operatorname{sgn}(r, s, t)\, x_{1r} x_{2s} x_{3t}.$$

Was an dieser Formel noch stört, ist die augenscheinliche Bevorzugung der ersten Indizes, die sich keiner Permutation zu unterwerfen brauchen. Dieser kleine Übelstand läßt sich leicht beseitigen. Man hätte gleich zu Anfang schreiben können

$$[\mathfrak{V}_1 \mathfrak{V}_2 \mathfrak{V}_3] = \frac{1}{6} \sum [\mathfrak{V}_\varrho \mathfrak{V}_\sigma \mathfrak{V}_\tau] \operatorname{sgn}(\varrho, \sigma, \tau),$$

wobei ϱ, σ, τ alle sechs Permutationen von 1, 2, 3 durchläuft. Hier war dann

$$[\mathfrak{V}_\varrho \mathfrak{V}_\sigma \mathfrak{V}_\tau] = [\mathfrak{e}_1 \mathfrak{e}_2 \mathfrak{e}_3] \sum \operatorname{sgn}(r, s, t)\, x_{\varrho r} x_{\sigma s} x_{\tau t}$$

einzusetzen, so daß sich schließlich ergeben hätte

$$[\mathfrak{V}_1 \mathfrak{V}_2 \mathfrak{V}_3] = \frac{1}{6} [\mathfrak{e}_1 \mathfrak{e}_2 \mathfrak{e}_3] \sum \operatorname{sgn}(\varrho, \sigma, \tau) \operatorname{sgn}(r, s, t)\, x_{\varrho r} x_{\sigma s} x_{\tau t}$$

und daher

$$(\ast\!\!+\!\!\ast) \qquad \begin{vmatrix} x_{11} & x_{12} & x_{13} \\ x_{21} & x_{22} & x_{23} \\ x_{31} & x_{32} & x_{33} \end{vmatrix} = \frac{1}{6} \sum \operatorname{sgn}(\varrho, \sigma, \tau) \operatorname{sgn}(r, s, t)\, x_{\varrho r} x_{\sigma s} x_{\tau t}.$$

Gewöhnlich wählt man die Grundvektoren $\mathfrak{e}_1$, $\mathfrak{e}_2$, $\mathfrak{e}_3$ so, daß sie die Länge 1 haben, paarweise aufeinander senkrecht stehen und ein Rechtstripel bilden. Dann ist $[\mathfrak{e}_1 \mathfrak{e}_2 \mathfrak{e}_3] = 1$ und daher

$$[\mathfrak{V}_1 \mathfrak{V}_2 \mathfrak{V}_3] = \begin{vmatrix} x_{11} & x_{12} & x_{13} \\ x_{21} & x_{22} & x_{23} \\ x_{31} & x_{32} & x_{33} \end{vmatrix}.$$

Die Koordinatendeterminante wird hier also gleich dem Volumprodukt. Im allgemeinen ist sie ein Quotient zweier Volumprodukte.

Auf die Eigenschaften der Determinanten werden wir nachher noch näher eingehen. Hier soll nur im Anschluß an die Formel $(\ast\!\!+\!\!\ast)$ ein Punkt erörtert werden, und zwar handelt es sich um die Berechnung der Determinante

$$\begin{vmatrix} x_{11} & x_{21} & x_{31} \\ x_{12} & x_{22} & x_{32} \\ x_{13} & x_{23} & x_{33} \end{vmatrix},$$

deren Zeilen die Spalten der ursprünglichen Determinante sind. Führt man für x_{rq} die Bezeichnung y_{qp} ein, so lautet die neue Determinante

$$\begin{vmatrix} y_{11} & y_{12} & y_{13} \\ y_{21} & y_{22} & y_{23} \\ y_{31} & y_{32} & y_{33} \end{vmatrix}$$

und hat nach Formel $\left(\ast\text{-}\overset{\ast}{\underset{\ast}{|}}\text{-}\ast\right)$ den Wert

$$\frac{1}{6}\sum \operatorname{sgn}(\varrho, \sigma, \tau)\operatorname{sgn}(r, s, t)\, y_{r\varrho}\, y_{s\sigma}\, y_{t\tau}.$$

Wir haben hier die Zahlentripel r, s, t und ϱ, σ, τ, weil sie beide alle Permutationen von 1, 2, 3 durchlaufen, vertauscht. Machen wir nun von der Beziehung $x_{pq} = y_{qp}$ Gebrauch, so geht die obige Summe in die rechte Seite der Formel $\left(\ast\text{-}\overset{\ast}{\underset{\ast}{|}}\text{-}\ast\right)$ über. Es ist somit

$$\begin{vmatrix} x_{11} & x_{21} & x_{31} \\ x_{12} & x_{22} & x_{32} \\ x_{13} & x_{23} & x_{33} \end{vmatrix} = \begin{vmatrix} x_{11} & x_{12} & x_{13} \\ x_{21} & x_{22} & x_{23} \\ x_{31} & x_{32} & x_{33} \end{vmatrix}.$$

Eine Determinante behält also ihren Wert, wenn man sie um die Hauptdiagonale, die durch die Elemente x_{11}, x_{22}, x_{33} hindurchgeht, herumklappt. Man nennt diesen Satz den *Umklappungssatz*.

§ 4. Eigenschaften der Determinanten.

Die Koordinatendeterminante dreier Vektoren $\mathfrak{V}_1, \mathfrak{V}_2, \mathfrak{V}_3$ ist, wie wir wissen, gleich dem Quotienten $[\mathfrak{V}_1\mathfrak{V}_2\mathfrak{V}_3] : [\mathfrak{e}_1\mathfrak{e}_2\mathfrak{e}_3]$. Da $[\mathfrak{V}_1\mathfrak{V}_2\mathfrak{V}_3]$ nur sein Zeichen wechselt, wenn man zwei der beteiligten Vektoren vertauscht, so folgt, *daß die Determinante bei Vertauschung zweier Zeilen den Faktor* -1 *erhält.* Wird einer der Vektoren $\mathfrak{V}$ mit dem Faktor k versehen, so multipliziert sich das Volumprodukt mit k. Hieraus folgt, *daß die Determinante sich mit k multipliziert, wenn alle Elemente einer Zeile diesen Faktor erhalten.*

Zwei Sonderfälle dieser Determinantensätze, die sich auf Grund des Umklappungstheorems auf die Spalten der Determinante übertragen, verdienen besondere Hervorhebung. *Eine Determinante mit zwei übereinstimmenden Zeilen ist gleich Null.* Nennt man nämlich den Wert der Determinante D, so führt die Auswechslung der beiden übereinstimmenden Zeilen zu $-D$. Andererseits hat sich aber an der Determinante nichts geändert. Demnach muß $D = -D$ sein, d. h. $D = 0$. *Eine Determinante mit einer ganzen Zeile voll Nullen, ist gleich Null.* Wenn man nämlich in einer Determinante allen Elementen einer Zeile den Faktor 0 gibt, d. h. sie durch Nullen ersetzt, so erhält die Determinante den Faktor 0.

Wenn man $\mathfrak{V}_\varrho$ durch $\mathfrak{V}_\varrho + \lambda\mathfrak{V}_\sigma$ ersetzt, so bleibt das Volumprodukt $[\mathfrak{V}_1\mathfrak{V}_2\mathfrak{V}_3]$ ungeändert. Das neue Volumprodukt zerfällt nämlich in zwei Summanden, deren einer das alte Volumprodukt ist, während der andere nach Herausziehung des Faktors λ zwei übereinstimmende Vektoren $\mathfrak{V}_\sigma$, $\mathfrak{V}_\sigma$ enthält, also verschwindet. Hieraus folgt, daß eine Determinante ungeändert bleibt, wenn man zu einer Zeile die mit λ multiplizierten Elemente einer anderen Zeile addiert. Die Koordinaten des Vektors $\mathfrak{V}_\varrho + \lambda\mathfrak{V}_\sigma$ lauten nämlich $x_{\varrho 1} + \lambda x_{\sigma 1}$, $x_{\varrho 2} + \lambda x_{\sigma 2}$, $x_{\varrho 3} + \lambda x_{\sigma 3}$.

Wir kommen nun zu dem sog. Additionssatz, der aus einer früher bewiesenen Eigenschaft der Volumprodukte hervorgeht. Wenn einer der beteiligten Vektoren eine Summe ist, so zerlegt sich das Volumprodukt dementsprechend in zwei Summanden. Hieraus folgt, daß eine Determinante, in der eine Zeile lauter Binome aufweist, in zwei Summanden zerfällt. Der erste Summand ist die Determinante, die man durch Streichung der zweiten Bestandteile jener Binome erhält. Der zweite Summand entsteht durch Streichung der ersten Bestandteile. Man kann den Satz auch so aussprechen: Zwei Determinanten, die nur in der ϱ-ten Zeile verschieden sind und sonst Zeile für Zeile übereinstimmen, werden addiert, indem man die beiden abweichenden Zeilen zusammenfaßt.

Einer der wichtigsten Determinantensätze ist der Multiplikationssatz. Er besagt, daß man das Produkt zweier Determinanten wieder als Determinante schreiben kann. Die Elemente dieser Produktdeterminante bauen sich in besonders einfacher Weise aus denen der Faktordeterminanten auf.

Wir betrachten drei Vektoren $\mathfrak{V}_1$, $\mathfrak{V}_2$, $\mathfrak{V}_3$, die auf die Grundvektoren $\mathfrak{e}_1$, $\mathfrak{e}_2$, $\mathfrak{e}_3$ bezogen sind, und wollen nun statt $\mathfrak{e}_1$, $\mathfrak{e}_2$, $\mathfrak{e}_3$ neue Grundvektoren $\mathfrak{E}_1$, $\mathfrak{E}_2$, $\mathfrak{E}_3$ einführen. Die Koordinaten von $\mathfrak{V}_1$, $\mathfrak{V}_2$, $\mathfrak{V}_3$ in bezug auf die neuen Grundvektoren bezeichnen wir mit

$$\begin{matrix} X_{11}, & X_{12}, & X_{13}, \\ X_{21}, & X_{22}, & X_{23}, \\ X_{31}, & X_{32}, & X_{33}, \end{matrix}$$

die von $\mathfrak{e}_1$, $\mathfrak{e}_2$, $\mathfrak{e}_3$ mit

$$\begin{matrix} E_{11}, & E_{12}, & E_{13}, \\ E_{21}, & E_{22}, & E_{23}, \\ E_{31}, & E_{32}, & E_{33}. \end{matrix}$$

Es ist leicht, den Zusammenhang zwischen den alten und den neuen Koordinaten von $\mathfrak{V}_1$, $\mathfrak{V}_2$, $\mathfrak{V}_3$ zu ermitteln. Man braucht nur in den Gleichungen

$$\begin{aligned} \mathfrak{V}_1 &= x_{11}\mathfrak{e}_1 + x_{12}\mathfrak{e}_2 + x_{13}\mathfrak{e}_3, \\ \mathfrak{V}_2 &= x_{21}\mathfrak{e}_1 + x_{22}\mathfrak{e}_2 + x_{23}\mathfrak{e}_3, \\ \mathfrak{V}_3 &= x_{31}\mathfrak{e}_1 + x_{32}\mathfrak{e}_2 + x_{33}\mathfrak{e}_3 \end{aligned}$$

die Einsetzungen

$$\begin{aligned} \mathfrak{e}_1 &= E_{11}\mathfrak{E}_1 + E_{12}\mathfrak{E}_2 + E_{13}\mathfrak{E}_3, \\ \mathfrak{e}_2 &= E_{21}\mathfrak{E}_1 + E_{22}\mathfrak{E}_2 + E_{23}\mathfrak{E}_3, \\ \mathfrak{e}_3 &= E_{31}\mathfrak{E}_1 + E_{32}\mathfrak{E}_2 + E_{33}\mathfrak{E}_3 \end{aligned}$$

zu machen und die Ergebnisse in der Form

$$\mathfrak{V}_1 = X_{11}\mathfrak{E}_1 + X_{12}\mathfrak{E}_2 + X_{13}\mathfrak{E}_3,$$
$$\mathfrak{V}_2 = X_{21}\mathfrak{E}_1 + X_{22}\mathfrak{E}_2 + X_{23}\mathfrak{E}_3,$$
$$\mathfrak{V}_3 = X_{31}\mathfrak{E}_1 + X_{32}\mathfrak{E}_2 + X_{33}\mathfrak{E}_3$$

zu schreiben. Will man in dem Ausdruck $\mathfrak{V}_r = x_{r1}\mathfrak{e}_1 + x_{r2}\mathfrak{e}_2 + x_{r3}\mathfrak{e}_3$ den Faktor von $\mathfrak{E}_s$ haben, so braucht man für $\mathfrak{e}_1$, $\mathfrak{e}_2$, $\mathfrak{e}_3$ nur die Bestandteile $E_{1s}\mathfrak{E}_s$, $E_{2s}\mathfrak{E}_s$, $E_{3s}\mathfrak{E}_s$ einzusetzen. Es ergibt sich dann $(x_{r1}E_{1s} + x_{r2}E_{2s} + x_{r3}E_{3s})\mathfrak{E}_s$. Dies ist der gesuchte Summand $X_{rs}\mathfrak{E}_s$, d. h. es gilt die Beziehung

$$X_{rs} = x_{r1}E_{1s} + x_{r2}E_{2s} + x_{r3}E_{3s}.$$

Die rechte Seite dieser Gleichung bezeichnet man als das Produkt der beiden Reihen x_{r1}, x_{r2}, x_{r3} und E_{1s}, E_{2s}, E_{3s}. Es ist nicht unzweckmäßig, diese Reihen durch die Symbole $x_{r.}$ und $E_{.s}$ darzustellen und die obige Gleichung in der Form

$$X_{rs} = x_{r.}E_{.s}$$

zu schreiben. Hiermit ist der Zusammenhang zwischen den alten und den neuen Koordinaten der Vektoren aufgedeckt. Wir wissen nun, daß

$$\frac{[\mathfrak{V}_1\mathfrak{V}_2\mathfrak{V}_3]}{[\mathfrak{E}_1\mathfrak{E}_2\mathfrak{E}_3]} = \begin{vmatrix} X_{11} & X_{12} & X_{13} \\ X_{21} & X_{22} & X_{23} \\ X_{31} & X_{32} & X_{33} \end{vmatrix}$$

ist, ferner

$$\frac{[\mathfrak{V}_1\mathfrak{V}_2\mathfrak{V}_3]}{[\mathfrak{e}_1\mathfrak{e}_2\mathfrak{e}_3]} = \begin{vmatrix} x_{11} & x_{12} & x_{13} \\ x_{21} & x_{22} & x_{23} \\ x_{31} & x_{32} & x_{33} \end{vmatrix}$$

und

$$\frac{[\mathfrak{e}_1\mathfrak{e}_2\mathfrak{e}_3]}{[\mathfrak{E}_1\mathfrak{E}_2\mathfrak{E}_3]} = \begin{vmatrix} E_{11} & E_{12} & E_{13} \\ E_{21} & E_{22} & E_{23} \\ E_{31} & E_{32} & E_{33} \end{vmatrix}$$

Die beiden letzten Quotienten geben als Produkt den ersten. Daher gilt die Beziehung

$$\begin{vmatrix} X_{11} & X_{12} & X_{13} \\ X_{21} & X_{22} & X_{23} \\ X_{31} & X_{32} & X_{33} \end{vmatrix} = \begin{vmatrix} x_{11} & x_{12} & x_{13} \\ x_{21} & x_{22} & x_{23} \\ x_{31} & x_{32} & x_{33} \end{vmatrix} \begin{vmatrix} E_{11} & E_{12} & E_{13} \\ E_{21} & E_{22} & E_{23} \\ E_{31} & E_{32} & E_{33} \end{vmatrix}.$$

Dies ist der Multiplikationssatz der Determinanten. Wenn wir die Ausdrücke der X einsetzen, so lautet er, wie folgt:

$$\begin{vmatrix} x_{11} & x_{12} & x_{13} \\ x_{21} & x_{22} & x_{23} \\ x_{31} & x_{32} & x_{33} \end{vmatrix} \begin{vmatrix} E_{11} & E_{12} & E_{13} \\ E_{21} & E_{22} & E_{23} \\ E_{31} & E_{32} & E_{33} \end{vmatrix} = \begin{vmatrix} x_{1.}E_{.1}, & x_{1.}E_{.2}, & x_{1.}E_{.3} \\ x_{2.}E_{.1}, & x_{2.}E_{.2}, & x_{2.}E_{.3} \\ x_{3.}E_{.1}, & x_{3.}E_{.2}, & x_{3.}E_{.3} \end{vmatrix}.$$

Die erste Zeile der Produktdeterminante wird gewonnen, indem man die erste Zeile des ersten Faktors der Reihe nach mit den Spalten des zweiten Faktors multipliziert. Die beiden andern Zeilen der Produktdeterminante ergeben sich, wenn man dasselbe mit der zweiten und dritten Zeile des ersten Faktors macht.

Da eine Determinante beim Herumklappen um die Hauptdiagonale ungeändert bleibt, so kann man die Multiplikationsregel auf verschiedene Arten formulieren. Man darf eben vor Ausführung der Multiplikation jede der Faktordeterminanten herumklappen. Klappt man z. B. die zweite Determinante herum, so ergeben sich die Elemente der Produktdeterminante dadurch, daß man Zeilen mit Zeilen multipliziert.

§ 5. Flächenprodukt zweier Vektoren in einer Ebene.

Wir betrachten Vektoren in einer Ebene. Wählen wir zwei Grundvektoren $\mathfrak{e}_1$ und $\mathfrak{e}_2$, so handelt es sich um die Vektoren $x_1\mathfrak{e}_1 + x_2\mathfrak{e}_2$. Es ist bequem, noch einen dritten Vektor $\mathfrak{e}_3$ zu Hilfe zu nehmen, der die Länge 1 hat und auf der Ebene senkrecht steht. Wir wollen ihn so wählen, daß $\mathfrak{e}_1, \mathfrak{e}_2, \mathfrak{e}_3$ ein Rechtstripel ist. Offenbar gibt dann das Volumprodukt $[\mathfrak{e}_1\mathfrak{e}_2\mathfrak{e}_3]$ den positiven Inhalt des durch $\mathfrak{e}_1, \mathfrak{e}_2$ bestimmten Parallelogramms. Sind

$$\mathfrak{B}_1 = x_{11}\mathfrak{e}_1 + x_{12}\mathfrak{e}_2, \quad \mathfrak{B}_2 = x_{21}\mathfrak{e}_1 + x_{22}\mathfrak{e}_2$$

irgend zwei Vektoren der betrachteten Ebene, so liefert das Volumprodukt $[\mathfrak{B}_1\mathfrak{B}_2\mathfrak{e}_3]$ den Inhalt des durch $\mathfrak{B}_1, \mathfrak{B}_2$ gebildeten Parallelogramms, und zwar mit dem Plus- oder Minuszeichen, je nachdem $\mathfrak{B}_1, \mathfrak{B}_2, \mathfrak{e}_3$ ein Rechts- oder ein Linkstripel ist, je nachdem also der personifizierte Vektor $\mathfrak{e}_3$, mit $\mathfrak{B}_1$ und $\mathfrak{B}_2$ nach demselben Ursprung verschoben, den Vektor $\mathfrak{B}_1$ rechts oder links von $\mathfrak{B}_2$ sieht. Wir wollen

$$[\mathfrak{B}_1\mathfrak{B}_2\mathfrak{e}_3] = [\mathfrak{B}_1\mathfrak{B}_2]$$

setzen und diesen Ausdruck das Flächenprodukt von $\mathfrak{B}_1$ und $\mathfrak{B}_2$ nennen.

Setzt man für $\mathfrak{B}_1$ und $\mathfrak{B}_2$ ihre Koordinatendarstellungen ein, so ergibt sich

$$\begin{aligned}[\mathfrak{B}_1\mathfrak{B}_2] &= [x_{11}\mathfrak{e}_1 + x_{12}\mathfrak{e}_2,\ x_{21}\mathfrak{e}_1 + x_{22}\mathfrak{e}_2,\ \mathfrak{e}_3] \\ &= x_{11}x_{22}[\mathfrak{e}_1\mathfrak{e}_2\mathfrak{e}_3] + x_{12}x_{21}[\mathfrak{e}_2\mathfrak{e}_1\mathfrak{e}_3] = (x_{11}x_{22} - x_{12}x_{21})[\mathfrak{e}_1\mathfrak{e}_2].\end{aligned}$$

Der Faktor von $[\mathfrak{e}_1\mathfrak{e}_2]$ wird mit

$$\begin{vmatrix} x_{11} & x_{12} \\ x_{21} & x_{22} \end{vmatrix}$$

und als Koordinatendeterminante von $\mathfrak{B}_1, \mathfrak{B}_2$ bezeichnet. Im Gegensatz zu den früher betrachteten sind diese Determinanten zweireihig. Jene waren dreireihig. Eine zweireihige Determinante wird berechnet, indem man vom Produkt der Hauptdiagonalglieder $x_{11}x_{22}$ das Produkt der beiden andern $x_{12}x_{21}$ abzieht. Die zweireihige Determinante ist der Quotient der beiden Volumprodukte $[\mathfrak{B}_1\mathfrak{B}_2\mathfrak{e}_3]$ und $[\mathfrak{e}_1\mathfrak{e}_2\mathfrak{e}_3]$ und daher gleich der Koordinatendeterminante der drei Vektoren $\mathfrak{B}_1, \mathfrak{B}_2, \mathfrak{e}_3$, die so lautet:

$$\begin{vmatrix} x_{11} & x_{12} & 0 \\ x_{21} & x_{22} & 0 \\ 0 & 0 & 1 \end{vmatrix}.$$

Damit ist die zweireihige Determinante als dreireihige dargestellt. Dieser Zusammenhang läßt unmittelbar erkennen, daß die Eigenschaften, die wir bei den dreireihigen Determinanten feststellten, auch den zweireihigen zukommen.

Man kann aber auch umgekehrt die dreireihigen Determinanten auf zweireihige zurückführen. Betrachtet man drei Vektoren $\mathfrak{W}_1$, $\mathfrak{W}_2$, $\mathfrak{W}_3$ im Raum, so ist, wenn wir die Koordinaten mit z_{rs} bezeichnen,

$$\begin{aligned}[\mathfrak{W}_1 \mathfrak{W}_2 \mathfrak{W}_3] &= [z_{11}\mathfrak{e}_1 + z_{12}\mathfrak{e}_2 + z_{13}\mathfrak{e}_3, \mathfrak{W}_2, \mathfrak{W}_3] \\ &= z_{11}[\mathfrak{e}_1 \mathfrak{W}_2 \mathfrak{W}_3] + z_{12}[\mathfrak{e}_2 \mathfrak{W}_2 \mathfrak{W}_3] + z_{13}[\mathfrak{e}_3 \mathfrak{W}_2 \mathfrak{W}_3].\end{aligned}$$

In dem Volumprodukt $[\mathfrak{e}_1 \mathfrak{W}_2 \mathfrak{W}_3]$ kann man bei $\mathfrak{W}_2$ und $\mathfrak{W}_3$ die $\mathfrak{e}_1$-Komponenten fortlassen. Es wird dann

$$[\mathfrak{e}_1 \mathfrak{W}_2 \mathfrak{W}_3] = [\mathfrak{e}_1, z_{22}\mathfrak{e}_2 + z_{23}\mathfrak{e}_3, z_{32}\mathfrak{e}_2 + z_{33}\mathfrak{e}_3] = (z_{22}z_{33} - z_{23}z_{32})[\mathfrak{e}_1 \mathfrak{e}_2 \mathfrak{e}_3].$$

Ähnlich ist

$$\begin{aligned}[\mathfrak{e}_2 \mathfrak{W}_2 \mathfrak{W}_3] &= [\mathfrak{e}_2, z_{21}\mathfrak{e}_1 + z_{23}\mathfrak{e}_3, z_{31}\mathfrak{e}_1 + z_{33}\mathfrak{e}_3] = -(z_{21}z_{33} - z_{23}z_{31})[\mathfrak{e}_1 \mathfrak{e}_2 \mathfrak{e}_3], \\ [\mathfrak{e}_3 \mathfrak{W}_2 \mathfrak{W}_3] &= [\mathfrak{e}_3, z_{21}\mathfrak{e}_1 + z_{22}\mathfrak{e}_2, z_{31}\mathfrak{e}_1 + z_{32}\mathfrak{e}_2] = (z_{21}z_{32} - z_{22}z_{31})[\mathfrak{e}_1 \mathfrak{e}_2 \mathfrak{e}_3].\end{aligned}$$

Für die Koordinatendeterminante der Vektoren $\mathfrak{W}_1$, $\mathfrak{W}_2$, $\mathfrak{W}_3$ ergibt sich somit folgende Darstellung:

$$\begin{vmatrix} z_{11} & z_{12} & z_{13} \\ z_{21} & z_{22} & z_{23} \\ z_{31} & z_{32} & z_{33} \end{vmatrix} = z_{11}\begin{vmatrix} z_{22} & z_{23} \\ z_{32} & z_{33} \end{vmatrix} - z_{12}\begin{vmatrix} z_{21} & z_{23} \\ z_{31} & z_{33} \end{vmatrix} + z_{13}\begin{vmatrix} z_{21} & z_{22} \\ z_{31} & z_{32} \end{vmatrix}$$

Man nennt dies die Entwicklung der dreireihigen Determinante nach ihrer ersten Zeile. Jedes Element dieser Zeile erscheint hier multipliziert mit einer zweireihigen Determinante. Diese entsteht aus der dreireihigen dadurch, daß man die Zeile und Spalte des Elements streicht. Zum Beispiel muß man, um den Faktor von z_{12} zu finden, die erste Zeile und die zweite Spalte streichen, wodurch man

$$\begin{vmatrix} z_{21} & z_{23} \\ z_{31} & z_{33} \end{vmatrix}$$

erhält. Wir sehen bei den Faktoren noch Vorzeichen, die von Glied zu Glied wechseln.

Wenn man die dreireihige Determinante fertig ausrechnet, so entstehen sechs Produkte von der Form $\operatorname{sgn}(r, s, t)\, z_{1r} z_{2s} z_{3t}$. Jede Zeile und jede Spalte der Determinante liefert für ein solches Produkt einen und nur einen Faktor. Sammelt man alle Glieder, die den Faktor z_{pq} enthalten, so ergibt sich ein Ausdruck von der Form $z_{pq} Z_{pq}$. Man nennt Z_{pq} das K o m p l e m e n t von z_{pq}. Das Komplement von z_{11} ist, wie wir gesehen haben, die zweireihige Determinante, die aus der dreireihigen durch Streichung der ersten Zeile und ersten Spalte entsteht. Um nun Z_{pq} zu ermitteln, vertauschen wir die p-te Zeile nach und nach mit den vorangehenden $p - 1$ Zeilen und darauf die q-te Spalte mit den vorangehenden $q - 1$ Spalten. Dadurch kommt z_{pq} an die linke obere Ecke der Determinante, die bei diesen Vertauschungen $(p + q - 2)$-mal den Faktor -1 erhalten hat. In der mit $(-1)^{p+q-2}$ oder, was dasselbe ist, mit $(-1)^{p+q}$ multiplizierten Determinante hat also z_{pq} die zweireihige Determinante zum Faktor, die durch Streichung der Zeile und Spalte dieses Elements entsteht. Sein Faktor in der ursprünglichen Determinante ist also jene zweireihige Determinante, multipliziert mit $(-1)^{p+q}$.

Die Entwicklung der dreireihigen Determinante nach der p-ten Zeile lautet

$$z_{p1} Z_{p1} + z_{p2} Z_{p2} + z_{p3} Z_{p3}.$$

Jedes Glied der ausgerechneten Determinante enthält nämlich aus jeder Zeile einen und nur einen Faktor, also auch aus der p-ten Zeile entweder den Faktor z_{p1} oder z_{p2} oder z_{p3}. Die Komplemente Z_{p1}, Z_{p2}, Z_{p3} sind ganz frei von z_{p1}, z_{p2}, z_{p3}, sie bauen sich nur aus den Elementen der andern Zeilen auf. Wenn man z_{p1}, z_{p2}, z_{p3} durch die Elemente einer andern Zeile, etwa der r-ten Zeile, ersetzt, so verwandelt sich die Determinante in

$$z_{r1} Z_{p1} + z_{r2} Z_{p2} + z_{r3} Z_{p3}.$$

Da durch jene Ersetzung eine Determinante mit zwei übereinstimmenden Zeilen entstanden ist, die, wie wir wissen, den Wert Null hat, so gilt die Gleichung

$$z_{r1} Z_{p1} + z_{r2} Z_{p2} + z_{r3} Z_{p3} = 0.$$

Andererseits ist

$$z_{p1} Z_{p1} + z_{p2} Z_{p2} + z_{p3} Z_{p3} = Z,$$

wenn wir den Wert der dreireihigen Determinante mit Z bezeichnen. Entsprechende Relationen gelten für die Spalten der Determinante.

§ 6. Auflösung linearer Gleichungssysteme.

Wir betrachten drei lineare Gleichungen mit drei Unbekannten. Ein solches Gleichungssystem hat folgende Gestalt:

$$\begin{aligned} a_1 x_1 + a_2 x_2 + a_3 x_3 &= a, \\ b_1 x_1 + b_2 x_2 + b_3 x_3 &= b, \\ c_1 x_1 + c_2 x_2 + c_3 x_3 &= c. \end{aligned}$$

Zur Berechnung der Unbekannten x_1, x_2, x_3 stehen uns verschiedene Wege offen.

Ein erster Weg ist der, daß man a, b, c als Koordinaten eines Vektors $\mathfrak{B}$ in bezug auf drei Grundvektoren $\mathfrak{i}, \mathfrak{j}, \mathfrak{k}$ betrachtet. Auf Grund der Gleichungen des Systems ist dann

$$\mathfrak{B} = a\mathfrak{i} + b\mathfrak{j} + c\mathfrak{k} = (a_1 x_1 + a_2 x_2 + a_3 x_3)\,\mathfrak{i} + (b_1 x_1 + b_2 x_2 + b_3 x_3)\,\mathfrak{j} + (c_1 x_1 + c_2 x_2 + c_3 x_3)\,\mathfrak{k}$$

oder, wenn man die Bezeichnungen

$$\begin{aligned} \mathfrak{B}_1 &= a_1\mathfrak{i} + b_1\mathfrak{j} + c_1\mathfrak{k}, \\ \mathfrak{B}_2 &= a_2\mathfrak{i} + b_2\mathfrak{j} + c_2\mathfrak{k}, \\ \mathfrak{B}_3 &= a_3\mathfrak{i} + b_3\mathfrak{j} + c_3\mathfrak{k} \end{aligned}$$

einführt,

$$\mathfrak{B} = x_1 \mathfrak{B}_1 + x_2 \mathfrak{B}_2 + x_3 \mathfrak{B}_3.$$

Das Problem besteht also darin, den gegebenen Vektor $\mathfrak{B}$ in Komponenten nach den gegebenen Vektoren $\mathfrak{B}_1, \mathfrak{B}_2, \mathfrak{B}_3$ zu zerlegen. Fallen $\mathfrak{B}_1, \mathfrak{B}_2, \mathfrak{B}_3$, nach einem gemeinsamen Ursprung verschoben, nicht in eine Ebene, bestimmen sie also einen von Null verschiedenen Block, so ist die Zerlegung, und zwar nur auf eine Weise möglich. Die den Vektoren $\mathfrak{V}_1$, $\mathfrak{V}_2$, $\mathfrak{V}_3$ auferlegte Bedingung läuft, wenn man sich an

$$[\mathfrak{V}_1 \mathfrak{V}_2 \mathfrak{V}_3] = \begin{vmatrix} a_1 & b_1 & c_1 \\ a_2 & b_2 & c_2 \\ a_3 & b_3 & c_3 \end{vmatrix} [\mathfrak{i}\mathfrak{j}\mathfrak{k}]$$

erinnert, darauf hinaus, daß die aus den Koeffizienten der Unbekannten sich aufbauende Determinante, die man auch die Determinante des Gleichungssystems nennt, nicht verschwindet. Dies wollen wir zunächst annehmen und nunmehr die Unbekannten x_1, x_2, x_3 bestimmen. Zu diesem Zweck bilden wir die Volumprodukte $[\mathfrak{V}\mathfrak{V}_2\mathfrak{V}_3]$, $[\mathfrak{V}_1\mathfrak{V}\mathfrak{V}_3]$, $[\mathfrak{V}_1\mathfrak{V}_2\mathfrak{V}]$. Dabei ergibt sich

$$\begin{aligned} [\mathfrak{V}\mathfrak{V}_2\mathfrak{V}_3] &= x_1 [\mathfrak{V}_1\mathfrak{V}_2\mathfrak{V}_3], \\ [\mathfrak{V}_1\mathfrak{V}\mathfrak{V}_3] &= x_2 [\mathfrak{V}_1\mathfrak{V}_2\mathfrak{V}_3], \\ [\mathfrak{V}_1\mathfrak{V}_2\mathfrak{V}] &= x_3 [\mathfrak{V}_1\mathfrak{V}_2\mathfrak{V}_3]. \end{aligned}$$

Alle andern Bestandteile fallen fort, weil Volumprodukte, die zwei übereinstimmende Vektoren enthalten, gleich Null sind. Setzt man die gefundenen Werte der x ein, so kann man schreiben

$$\mathfrak{V} = \frac{1}{[\mathfrak{V}_1\mathfrak{V}_2\mathfrak{V}_3]} ([\mathfrak{V}\mathfrak{V}_2\mathfrak{V}_3]\,\mathfrak{V}_1 + [\mathfrak{V}_1\mathfrak{V}\mathfrak{V}_3]\,\mathfrak{V}_2 + [\mathfrak{V}_1\mathfrak{V}_2\mathfrak{V}]\,\mathfrak{V}_3].$$

Diese Formel zeigt, wie sich ein beliebiger Vektor $\mathfrak{V}$ aus drei Grundvektoren $\mathfrak{V}_1$, $\mathfrak{V}_2$, $\mathfrak{V}_3$ aufbaut. Die Bauart der eingeklammerten Summe ist sehr übersichtlich. Der Vektor $\mathfrak{V}$ dringt in das Volumprodukt $[\mathfrak{V}_1\mathfrak{V}_2\mathfrak{V}_3]$ ein und setzt zuerst $\mathfrak{V}_1$, dann $\mathfrak{V}_2$, zuletzt $\mathfrak{V}_3$ vor die Tür. Die Formel läßt sich auch folgendermaßen gestalten, wobei wir $\mathfrak{V}$ als vierten Vektor mit $\mathfrak{V}_4$ bezeichnen,

$$[\mathfrak{V}_2\mathfrak{V}_3\mathfrak{V}_4]\,\mathfrak{V}_1 - [\mathfrak{V}_1\mathfrak{V}_3\mathfrak{V}_4]\,\mathfrak{V}_2 + [\mathfrak{V}_1\mathfrak{V}_2\mathfrak{V}_4]\,\mathfrak{V}_3 - [\mathfrak{V}_1\mathfrak{V}_2\mathfrak{V}_3]\,\mathfrak{V}_4 = 0.$$

Vier beliebige Vektoren stehen immer in dieser Beziehung.

Kehren wir zu unserm ursprünglichen Problem zurück, so läßt sich das Ergebnis, wenn man die Volumprodukte durch Koordinatendeterminanten ausdrückt, in folgender Weise schreiben:

$$x_1 = \begin{vmatrix} a & a_2 & a_3 \\ b & b_2 & b_3 \\ c & c_2 & c_3 \end{vmatrix} : \begin{vmatrix} a_1 & a_2 & a_3 \\ b_1 & b_2 & b_3 \\ c_1 & c_2 & c_3 \end{vmatrix},$$

$$x_2 = \begin{vmatrix} a_1 & a & a_3 \\ b_1 & b & b_3 \\ c_1 & c & c_3 \end{vmatrix} : \begin{vmatrix} a_1 & a_2 & a_3 \\ b_1 & b_2 & b_3 \\ c_1 & c_2 & c_3 \end{vmatrix},$$

$$x_3 = \begin{vmatrix} a_1 & a_2 & a \\ b_1 & b_2 & b \\ c_1 & c_2 & c \end{vmatrix} : \begin{vmatrix} a_1 & a_2 & a_3 \\ b_1 & b_2 & b_3 \\ c_1 & c_2 & c_3 \end{vmatrix}.$$

Die Unbekannten sind hier als Determinantenquotienten dargestellt. Der Nenner ist bei allen die Determinante des Systems. Die Zähler entstehen dadurch, daß man im Falle x_1 die erste, im Falle x_2 die zweite, im Falle x_3 die dritte Spalte dieser Determinante durch die rechtsstehenden Größen a, b, c ersetzt. Man nennt diese Vorschrift die Cramersche Regel.

Wir wollen diese Regel anwenden, um ein lineares Gleichungssystem mit zwei Unbekannten

$$\begin{aligned} a_1 x_1 + a_2 x_2 &= a, \\ b_1 x_1 + b_2 x_2 &= b \end{aligned}$$

aufzulösen. Wir fügen die Gleichung $x_3 = 0$ hinzu und behandeln das System

$$\begin{aligned} a_1 x_1 + a_2 x_2 \quad &= a, \\ b_1 x_1 + b_2 x_2 \quad &= b, \\ x_3 &= 0 \end{aligned}$$

nach der Cramerschen Regel. Wir finden, da die auftretenden dreireihigen Determinanten sich auf zweireihige reduzieren,

$$x_1 = \begin{vmatrix} a & a_2 \\ b & b_2 \end{vmatrix} : \begin{vmatrix} a_1 & a_2 \\ b_1 & b_2 \end{vmatrix},$$

$$x_2 = \begin{vmatrix} a_1 & a \\ b_1 & b \end{vmatrix} : \begin{vmatrix} a_1 & a_2 \\ b_1 & b_2 \end{vmatrix}.$$

Die Nennerdeterminante, die Determinante des Systems, wird als nicht verschwindend vorausgesetzt. Man sieht, daß auch hier die Cramersche Regel gilt.

Noch ein Wort über die Systeme mit drei Unbekannten. Wir sprachen von verschiedenen Wegen, die bei der Behandlung solcher Systeme offenstehen. Ein Weg ist folgender: Man behandelt zuerst drei Spezialfälle, nämlich die Systeme

$$\begin{aligned} a_1 u_1 + a_2 u_2 + a_3 u_3 &= 1, & a_1 v_1 + a_2 v_2 + a_3 v_3 &= 0, \\ b_1 u_1 + b_2 u_2 + b_3 u_3 &= 0, & b_1 v_1 + b_2 v_2 + b_3 v_3 &= 1, \\ c_1 u_1 + c_2 u_2 + c_3 u_3 &= 0 & c_1 v_1 + c_2 v_2 + c_3 v_3 &= 0 \end{aligned}$$

$$\begin{aligned} a_1 w_1 + a_2 w_2 + a_3 w_3 &= 0, \\ b_1 w_1 + b_2 w_2 + b_3 w_3 &= 0, \\ c_1 w_1 + c_2 w_2 + c_3 w_3 &= 1. \end{aligned}$$

Wenn man die Komplemente der a, b, c in der Determinante des Systems mit den entsprechenden großen Buchstaben bezeichnet und sich an die Eigenschaften dieser Komplemente erinnert, so kann man die Lösungen der drei speziellen Systeme sofort angeben. Sie lauten, wenn man die Determinante des Systems D nennt,

$$u_1 = \frac{A_1}{D}, \quad u_2 = \frac{A_2}{D}, \quad u_3 = \frac{A_3}{D},$$

$$v_1 = \frac{B_1}{D}, \quad v_2 = \frac{B_2}{D}, \quad v_3 = \frac{B_3}{D},$$

$$w_1 = \frac{C_1}{D}, \quad w_2 = \frac{C_2}{D}, \quad w_3 = \frac{C_3}{D}.$$

Nun ist klar, daß das ursprüngliche System, wo rechts a, b, c standen, durch

$$\begin{aligned} x_1 &= a u_1 + b v_1 + c w_1, \\ x_2 &= a u_2 + b v_2 + c w_2, \\ x_3 &= a u_3 + b v_3 + c w_3 \end{aligned}$$

erfüllt wird. Setzt man die Werte der u, v, w ein, so kommt man auf die Cramersche Regel.

Der Vorteil dieser zweiten Auflösungsmethode ist der, daß die u, v, w immer dieselben bleiben, wie auch die a, b, c gegeben sein mögen. Es handelt sich hier um eine Beziehung zwischen den beiden Werttripeln x_1, x_2, x_3 und a, b, c. Zuerst waren a, b, c durch x_1, x_2, x_3 ausgedrückt, und die Koeffizienten lauteten, so wie sie im Gleichungssystem dastehen,

$$\begin{matrix} a_1 & a_2 & a_3 \\ b_1 & b_2 & b_3 \\ c_1 & c_2 & c_3. \end{matrix}$$

Nach erfolgter Auflösung erscheinen x_1, x_2, x_3 durch a, b, c ausgedrückt. Die Koeffizienten lauten jetzt

$$\begin{matrix} u_1 & v_1 & w_1 \\ u_2 & v_2 & w_2 \\ u_3 & v_3 & w_3 \end{matrix}$$

oder

$$\begin{matrix} \frac{A_1}{D} & \frac{B_1}{D} & \frac{C_1}{D} \\ \frac{A_2}{D} & \frac{B_2}{D} & \frac{C_2}{D} \\ \frac{A_3}{D} & \frac{B_3}{D} & \frac{C_3}{D}. \end{matrix}$$

Das neue Koeffizientenverzeichnis entsteht aus dem alten dadurch, daß für jedes Element sein durch D dividiertes Komplement eingesetzt und dann das Verzeichnis oder, wie man zu sagen pflegt, die M a t r i x um die Hauptdiagonale herumgeklappt wird. Diese beiden Matrizen stehen miteinander in solcher Verbindung, daß durch Multiplikation der Zeilen der einen mit den Spalten der andern die Matrix

$$\begin{matrix} 1 & 0 & 0 \\ 0 & 1 & 0 \\ 0 & 0 & 1, \end{matrix}$$

die sog. E i n h e i t s m a t r i x, entsteht. Solche Matrizen nennt man zueinander i n v e r s. Wenn man das P r o d u k t z w e i e r M a t r i z e n durch die Gleichung

$$\begin{pmatrix} a_{11} & a_{12} & a_{13} \\ a_{21} & a_{22} & a_{23} \\ a_{31} & a_{32} & a_{33} \end{pmatrix} \begin{pmatrix} b_{11} & b_{12} & b_{13} \\ b_{21} & b_{22} & b_{23} \\ b_{31} & b_{32} & b_{33} \end{pmatrix} = \begin{pmatrix} a_{1.}b_{.1}, & a_{1.}b_{.2}, & a_{1.}b_{.3} \\ a_{2.}b_{.1}, & a_{2.}b_{.2}, & a_{2.}b_{.3} \\ a_{3.}b_{.1}, & a_{3.}b_{.2}, & a_{3.}b_{.3} \end{pmatrix}$$

definiert, wobei wir die Matrizen dem allgemeinen Brauch folgend, in runde

Klammern einschließen, so gilt für die oben betrachteten Matrizen die Gleichung

$$\begin{pmatrix} a_1 & a_2 & a_3 \\ b_1 & b_2 & b_3 \\ c_1 & c_2 & c_3 \end{pmatrix} \begin{pmatrix} \frac{A_1}{D}, & \frac{B_1}{D}, & \frac{C_1}{D} \\ \frac{A_2}{D}, & \frac{B_2}{D}, & \frac{C_2}{D} \\ \frac{A_3}{D}, & \frac{B_3}{D}, & \frac{C_3}{D} \end{pmatrix} = \begin{pmatrix} 1 & 0 & 0 \\ 0 & 1 & 0 \\ 0 & 0 & 1 \end{pmatrix}.$$

Zugleich ist aber auch

$$\begin{pmatrix} \frac{A_1}{D}, & \frac{B_1}{D}, & \frac{C_1}{D} \\ \frac{A_2}{D}, & \frac{B_2}{D}, & \frac{C_2}{D} \\ \frac{A_3}{D}, & \frac{B_3}{D}, & \frac{C_3}{D} \end{pmatrix} \begin{pmatrix} a_1 & a_2 & a_3 \\ b_1 & b_2 & b_3 \\ c_1 & c_2 & c_3 \end{pmatrix} = \begin{pmatrix} 1 & 0 & 0 \\ 0 & 1 & 0 \\ 0 & 0 & 1 \end{pmatrix}.$$

Hier bleibt die Produktmatrix bei Vertauschung der beiden Faktoren ungeändert, was im allgemeinen nicht zutrifft. Zum Beispiel ist

$$\begin{pmatrix} 0 & 1 & 0 \\ 1 & 0 & 1 \\ 0 & 0 & 1 \end{pmatrix} \begin{pmatrix} 0 & 0 & 1 \\ 0 & 1 & 0 \\ 1 & 0 & 0 \end{pmatrix} = \begin{pmatrix} 0 & 1 & 0 \\ 1 & 0 & 1 \\ 1 & 0 & 0 \end{pmatrix},$$

dagegen

$$\begin{pmatrix} 0 & 0 & 1 \\ 0 & 1 & 0 \\ 1 & 0 & 0 \end{pmatrix} \begin{pmatrix} 0 & 1 & 0 \\ 1 & 0 & 1 \\ 0 & 0 & 1 \end{pmatrix} = \begin{pmatrix} 0 & 0 & 1 \\ 1 & 0 & 1 \\ 0 & 1 & 0 \end{pmatrix}.$$

Bei Vertauschung der beiden Faktoren kommt hier, wie man sieht, eine andere Produktmatrix heraus.

Hat man sich den Begriff der Matrizenmultiplikation angeeignet, so kann man, nebenbei bemerkt, den Multiplikationssatz der Determinanten sehr einfach aussprechen, nämlich so: Wenn man Matrizen multipliziert, so multiplizieren sich ihre Determinanten.

Unsere obige Betrachtung über die inversen Matrizen hatte ein Ergebnis, das sich in folgender Weise formulieren läßt: Zu jeder Matrix mit nicht verschwindender Determinante gibt es eine inverse Matrix. Beide liefern, in irgendeiner Reihenfolge multipliziert, die Einheitsmatrix.

Die Einheitsmatrix übt als Faktor keinerlei Wirkung aus. Multipliziert man mit ihr irgendeine Matrix, so bleibt diese ungeändert, gleichgültig, ob die Einheitsmatrix als erster oder zweiter Faktor auftritt. Dieser Eigenschaft verdankt die Einheitsmatrix ihren Namen.

Wenn man die Matrix

$$\begin{pmatrix} k & 0 & 0 \\ 0 & k & 0 \\ 0 & 0 & k \end{pmatrix}$$

als ersten oder zweiten Faktor verwendet, so wirkt sie in der Weise ein, daß alle Elemente des andern Faktors sich mit k multiplizieren. Andererseits pflegt man zu sagen, daß eine Matrix mit der Zahl k multipliziert wird, wenn alle ihre Elemente den Faktor k erhalten. Dies hat dazu geführt, die obige Matrix überhaupt mit k zu bezeichnen, also die Einheitsmatrix mit 1.

Auch addieren und subtrahieren kann man zwei Matrizen, und zwar geschieht dies in der Weise, daß man die entsprechenden Elemente addiert oder subtrahiert. Die Matrizenrechnung ist ein sehr wichtiges und nützliches Hilfsmittel, besonders in der modernen theoretischen Physik.

Wenn man von einem Tripel x_1, x_2, x_3 zu einem andern y_1, y_2, y_3 durch Gleichungen von der Form

$$\begin{aligned} x_1 &= a_{11} y_1 + a_{12} y_2 + a_{13} y_3, \\ x_2 &= a_{21} y_1 + a_{22} y_2 + a_{23} y_3, \\ x_3 &= a_{31} y_1 + a_{32} y_2 + a_{33} y_3 \end{aligned}$$

übergeht, so nennt man diesen Übergang eine lineare Transformation. Man nennt

$$\begin{pmatrix} a_{11} & a_{12} & a_{13} \\ a_{21} & a_{22} & a_{23} \\ a_{31} & a_{32} & a_{33} \end{pmatrix}$$

die Matrix der linearen Transformation. Läßt man auf die obige lineare Transformation eine zweite folgen, indem man setzt

$$\begin{aligned} y_1 &= b_{11} z_1 + b_{12} z_2 + b_{13} z_3, \\ y_2 &= b_{21} z_1 + b_{22} z_2 + b_{23} z_3, \\ y_3 &= b_{31} z_1 + b_{32} z_2 + b_{33} z_3, \end{aligned}$$

so ist der direkte Übergang von x_1, x_2, x_3 zu z_1, z_2, z_3 ebenfalls eine lineare Transformation. Es ergibt sich nämlich durch Einsetzen der Ausdrücke y

$$\begin{aligned} x_1 &= p_{11} z_1 + p_{12} z_2 + p_{13} z_3, \\ x_2 &= p_{21} z_1 + p_{22} z_2 + p_{23} z_3, \\ x_3 &= p_{31} z_1 + p_{32} z_2 + p_{33} z_3, \end{aligned}$$

wobei $p_{rs} = a_{r.} b_{.s}$ ist. Man hat also, wenn man zwei lineare Transformationen nacheinander ausführt oder, wie auch gesagt wird, zusammensetzt,

$$\begin{pmatrix} p_{11} & p_{12} & p_{13} \\ p_{21} & p_{22} & p_{32} \\ p_{31} & p_{32} & p_{33} \end{pmatrix} = \begin{pmatrix} a_{11} & a_{12} & a_{13} \\ a_{21} & a_{22} & a_{23} \\ a_{31} & a_{32} & a_{33} \end{pmatrix} \begin{pmatrix} b_{11} & b_{12} & b_{13} \\ b_{21} & b_{22} & b_{23} \\ b_{31} & b_{32} & b_{33} \end{pmatrix}.$$

Bei der Zusammensetzung linearer Transformationen multiplizieren sich also ihre Matrizen.

Setzt man drei lineare Transformationen zusammen und schaltet hinter die beiden obigen noch

$$\begin{aligned} z_1 &= c_{11} u_1 + c_{12} u_2 + c_{13} u_3, \\ z_2 &= c_{21} u_1 + c_{22} u_2 + c_{23} u_3, \\ z_3 &= c_{31} u_1 + c_{32} u_2 + c_{33} u_3, \end{aligned}$$

so ist der direkte Übergang von x_1, x_2, x_3 zu u_1, u_2, u_3 eine lineare Transformation, deren Matrix man sowohl in der Form $(\mathfrak{A}\mathfrak{B})\mathfrak{C}$ als auch in der Form $\mathfrak{A}(\mathfrak{B}\mathfrak{C})$ schreiben kann, wobei wir die Matrizen der drei linearen Transformationen kurz mit den entsprechenden deutschen Buchstaben bezeichnen. Es muß also

$$(\mathfrak{A}\mathfrak{B})\mathfrak{C} = \mathfrak{A}(\mathfrak{B}\mathfrak{C})$$

sein. Diese Regel nennt man das Assoziativgesetz. Sie gilt für Matrizenprodukte, während das Kommutativgesetz (Vertauschbarkeit der Faktoren) hinfällig wird, wie wir oben an einem Beispiel sahen. Man braucht auf Grund des Assoziativgesetzes in einem drei- oder mehrgliedrigen Matrizenprodukt überhaupt keine Klammern anzubringen.

§ 7. Der allgemeine Determinantenbegriff.

Es liegt nahe, die Definition der dreireihigen Determinante zu verallgemeinern und auf eine n-reihige Matrix

$$\begin{matrix} a_{11} & a_{12} & \cdots & a_{1n} \\ a_{21} & a_{22} & \cdots & a_{2n} \\ \cdot & \cdot & \cdot & \cdot \\ a_{n1} & a_{n2} & \cdots & a_{nn} \end{matrix}$$

zu übertragen. Als Determinante dieser Matrix wird die Summe

$$\sum \operatorname{sgn}(s_1, s_2, \ldots, s_n)\, a_{1s_1} a_{2s_2} \ldots a_{ns_n}$$

definiert, wobei sich die Summation über alle Permutationen $s_1, s_2, \ldots, s_n$ der Indizes $1, 2, \ldots, n$ erstreckt und $\operatorname{sgn}(s_1, s_2, \ldots, s_n)$ die positive oder negative Einheit bedeutet, je nachdem $s_1, s_2, \ldots, s_n$ eine gerade oder eine ungerade Permutation ist. Die sämtlichen Permutationen von $1, 2, \ldots, n$, deren Anzahl gleich $1 \cdot 2 \cdots n$ oder $n!$ (n Fakultät) ist, zerfallen in zwei gleich große Klassen. Zwei Permutationen gehören zu derselben Klasse, wenn sie durch eine gerade Anzahl von Zweiervertauschungen in Übereinstimmung gebracht werden können. Hängen sie durch eine ungerade Anzahl von Zweiervertauschungen zusammen, so gehören sie zu verschiedenen Klassen. Die Klasse der geraden Permutationen ist dadurch gekennzeichnet, daß zu ihr die Permutation $1, 2, \ldots, n$ gehört. Ihre Mitglieder ergeben sich aus $1, 2, \ldots, n$ durch eine gerade Anzahl von Zweiervertauschungen, die der andern Klasse, die ungeraden Permutationen, durch eine ungerade Anzahl solcher Vertauschungen.

Ein Punkt bedarf hierbei noch der Klärung. Eine Permutation $r_1, r_2, \ldots, r_n$ läßt sich auf verschiedene Arten aus $1, 2, \ldots, n$ durch Zweiervertauschungen herleiten. Zunächst kann man nämlich ins Blaue hinein solche Vertauschungen ausführen und dann durch zweckmäßige Zweiervertauschungen nach und nach Element für Element an den richtigen Platz bringen. Ist es nicht denkbar, daß man das eine Mal mit einer geraden, das andere Mal mit einer ungeraden Anzahl von Zweiervertauschungen zum Ziele kommt? Nehmen wir an, dies wäre möglich. Wenn man dann zuerst den einen von $1, 2, \ldots, n$ zu $r_1, r_2, \ldots, r_n$

führenden Weg ginge und anschließend den zweiten in umgekehrter Richtung, so käme man durch eine ungerade Anzahl von Zweiervertauschungen von $1, 2, \ldots, n$ zu $1, 2, \ldots, n$ zurück. Eine Zweiervertauschung, bei der es sich nicht um die Auswechselung benachbarter Elemente handelt, läßt sich stets durch eine ungerade Anzahl von Nachbarvertauschungen ersetzen. Zum Beispiel kann man von

$$\ldots, a, c_1, \ldots, c_p, b, \ldots$$

zu

$$\ldots, b, c_1, \ldots, c_p, a, \ldots$$

dadurch gelangen, daß man durch $(p+1)$-malige Auswechselung von a mit seinem rechten Nachbarn zunächst zu

$$\ldots, c_1, \ldots, c_p, b, a, \ldots$$

übergeht und dann durch p-malige Auswechselung von b mit seinem linken Nachbarn die gewünschte Anordnung herstellt. Die Vertauschung von a und b läßt sich also durch $2p + 1$ Nachbarvertauschungen erzielen. Macht man von dieser Bemerkung Gebrauch, so käme es darauf an, zu prüfen, ob man durch eine ungerade Anzahl von Nachbarvertauschungen von $1, 2, \ldots, n$ zu $1, 2, \ldots, n$ zurückgelangen kann. Wir wollen nun das Element n auszeichnen und die Nachbarvertauschungen, an denen n beteiligt ist, von denen unterscheiden, die sich auf die $n-1$ übrigen Elemente beziehen. Die Anordnung dieser Elemente wird dadurch, daß n seinen linken oder rechten Nachbar überspringt, nicht geändert. Andererseits ist klar, daß n, wenn es wieder an den alten Platz zurückkehren soll, ebenso oft seinen linken wie seinen rechten Nachbar überspringen muß. Die Anzahl der Nachbarvertauschungen, an denen n beteiligt ist, muß also gerade sein, mithin die der übrigen Nachbarvertauschungen ungerade. Durch diese letzteren gelangt man aber von $1, 2, \ldots, n-1$ zu $1, 2, \ldots, n-1$ zurück. Wäre es also möglich, von $1, 2, \ldots, n$ zu $1, 2, \ldots, n$ durch eine ungerade Anzahl von Nachbarvertauschungen zu gelangen, so müßte dieselbe Möglichkeit bei $1, 2, \ldots, n-1$ bestehen, folglich auch bei $1, \ldots, n-2$ usw., schließlich auch bei $1, 2$. Hier gibt es aber nur die beiden Anordnungen $1, 2$ und $2, 1$ und nur eine einzige Nachbarvertauschung, die immer von der einen zur andern Anordnung führt. Eine ungerade Anzahl von Nachbarvertauschungen kann hier also niemals die alte Anordnung wiederherstellen.

Damit ist dieser Punkt geklärt und die Klasseneinteilung der Permutationen auf eine sichere Grundlage gestellt. Wenn man sich alle $n!$ Permutationen aufgeschrieben denkt und in ihnen zwei Elemente, z. B. 1 und 2, auswechselt, so hat man wieder alle Permutationen vor sich, nur in anderer Reihenfolge. Es hat überdies jede Permutation ihre Klasse gewechselt. Hiernach ist klar, daß die beiden Klassen gleichgroß sind, daß es also $\frac{1}{2}\,n!$ gerade und $\frac{1}{2}\,n!$ ungerade Permutationen gibt.

Man bezeichnet die in der obigen Weise definierte Determinante mit

$$\begin{vmatrix} a_{11} a_{12} \cdots a_{1n} \\ a_{21} a_{22} \cdots a_{2n} \\ \cdot \cdot \cdot \cdot \cdot \cdot \cdot \cdot \\ a_{n1} a_{n2} \cdots a_{nn} \end{vmatrix}.$$

Jedes ihrer $n!$ Glieder hat die Form

$$\operatorname{sgn}(s_1, s_2, \ldots, s_n)\, a_{1s_1} a_{2s_2} \cdots a_{ns_n},$$

besteht also aus n Faktoren, zu denen jede Zeile und ebenso jede Spalte einen und nur einen hergibt. Außerdem ist noch das Zeichen $\operatorname{sgn}(s_1, s_2, \ldots, s_n)$ angebracht, $+$ oder $-$, je nachdem $s_1, s_2, \ldots, s_n$ eine gerade oder ungerade Permutation ist. Man kann die Determinante auch in der Form schreiben

$$(\dagger) \qquad \frac{1}{n!} \sum \operatorname{sgn}(\varrho_1, \varrho_2, \ldots, \varrho_n) \operatorname{sgn}(\sigma_1, \sigma_2, \ldots, \sigma_n)\, a_{\varrho_1\sigma_2} a_{\varrho_2\sigma_2} \cdots a_{\varrho_n\sigma_n},$$

wo nun $\varrho_1, \varrho_2, \ldots, \varrho_n$ und $\sigma_1, \sigma_2, \ldots, \sigma_n$ unabhängig voneinander alle $n!$ Permutationen von $1, 2, \ldots, n$ durchlaufen. Jedes Determinantenglied tritt hier $n!$-mal auf. Wenn man nämlich zwei Faktoren des Produkts $a_{\varrho_1\sigma_1} a_{\varrho_2\sigma_2} \cdots a_{\varrho_n\sigma_n}$ auswechselt und zugleich in $\operatorname{sgn}(\varrho_1, \varrho_2, \ldots, \varrho_n)$ und $\operatorname{sgn}(\sigma_1, \sigma_2, \ldots, \sigma_n)$ die beiden ϱ und die beiden σ vertauscht, so tritt zweimal das Minuszeichen hinzu. Das Determinantenglied bleibt also ungeändert. Durch solche Vertauschungen kann man aber immer auf $\operatorname{sgn}(s_1, s_2, \ldots, s_n)\, a_{1s_1} a_{2s_2} \cdots a_{ns_n}$ kommen.

Mit Hilfe obiger Schreibung kann der Umklappungssatz leicht bewiesen werden, wie im Falle $n = 3$ ausführlich gezeigt wurde. Auch die übrigen Eigenschaften der dreireihigen Determinanten übertragen sich auf den Fall eines beliebigen n. Um z. B. zu erkennen, daß die Determinante bei Austauschung zweier Zeilen nur ihr Zeichen wechselt, kann man so vorgehen. Wird die p-te Zeile mit der q-ten vertauscht, so muß man in der Summe (†) jeden Faktor, der den ersten Index p hat, also jedes $a_{p\sigma}$, durch $a_{q\sigma}$ ersetzen und umgekehrt. Dabei verwandelt sich die Summe in

$$\frac{1}{n!} \sum \operatorname{sgn}(\varrho_1, \varrho_2, \ldots, \varrho_n) \operatorname{sgn}(\sigma_1, \sigma_2, \ldots, \sigma_n)\, a_{\varrho_1'\sigma_1} a_{\varrho_2'\sigma_2} \cdots a_{\varrho_n'\sigma_n},$$

und $\varrho_1', \varrho_2', \ldots, \varrho_n'$ bedeutet diejenige Permutation, die aus $\varrho_1, \varrho_2, \ldots, \varrho_n$ durch Auswechselung von p und q entsteht, so daß

$$\operatorname{sgn}(\varrho_1, \varrho_2, \ldots, \varrho_n) = -\operatorname{sgn}(\varrho_1', \varrho_2', \ldots, \varrho_n')$$

ist. Die Determinante lautet also nach Vertauschung der p-ten und q-ten Zeile

$$-\frac{1}{n!} \sum \operatorname{sgn}(\varrho_1', \varrho_2', \ldots, \varrho_n') \operatorname{sgn}(\sigma_1, \sigma_2, \ldots, \sigma_n)\, a_{\varrho_1'\sigma_1} a_{\varrho_2'\sigma_2} \cdots a_{\varrho_n'\sigma_n}.$$

Sie hat sich mit -1 multipliziert. Daß statt $\varrho_1, \varrho_2, \ldots, \varrho_n$ jetzt $\varrho_1', \varrho_2', \ldots, \varrho_n'$ geschrieben steht, ist belanglos. Wenn nämlich $\varrho_1, \varrho_2, \ldots, \varrho_n$ alle Permutationen von $1, 2, \ldots, n$ durchläuft, so tut $\varrho_1', \varrho_2', \ldots, \varrho_n'$ dies auch. Wenn man sich nämlich alle $n!$ Permutationen zusammengestellt denkt und in allen die Indizes p und q auswechselt, so stehen $n!$ verschiedene, also wieder alle Permutationen da. Nur die Reihenfolge hat sich geändert.

Wenn man alle Glieder der Determinante zusammenfaßt, die den Faktor a_{rs} enthalten, so entsteht ein Ausdruck von der Form $a_{rs} A_{rs}$, und A_{rs} wird das Komplement von a_{rs} genannt. Um z. B. das Komplement von a_{nn} zu finden, muß man in $\sum \operatorname{sgn}(s_1, s_2, \ldots, s_n)\, a_{1s_1} a_{2s_2} \cdots a_{ns_n}$ alle Glieder heraussuchen, die den Faktor a_{nn} enthalten. Ihre Summe lautet

$$a_{nn} \sum \operatorname{sgn}(s_1, s_2, \ldots, s_{n-1}, n)\, a_{1s_1} a_{2s_2} \cdots a_{n-1, s_{n-1}}.$$

Summiert wird hier über alle Permutationen $s_1, s_2, \ldots, s_{n-1}$ von $1, 2, \ldots, n-1$ Offenbar werden $s_1, s_2, \ldots, s_{n-1}, n$ und $1, 2, \ldots, n-1, n$ derselben oder verschiedenen Klassen angehören, je nachdem $s_1, s_2, \ldots, s_{n-1}$ und $1, 2, \ldots, n-1$ dies tun. Man kann also schreiben

$$A_{nn} = \sum \operatorname{sgn}(s_1, s_2, \ldots, s_{n-1})\, a_{1s_1} a_{2s_2} \cdots a_{n-1, s_{n-1}},$$

d. h. es ist

$$A_{nn} = \begin{vmatrix} a_{11} & a_{12} & \cdots & a_{1,n-1} \\ a_{21} & a_{22} & \cdots & a_{2,n-1} \\ \cdot & \cdot & \cdots & \cdot \\ a_{n-1,1} & a_{n-1,2} & \cdots & a_{n-1,n-1} \end{vmatrix}$$

Diese $(n-1)$-reihige Determinante entsteht aus der n-reihigen durch Streichung der n-ten Zeile und der n-ten Spalte.

Handelt es sich um das Komplement eines beliebigen Elements a_{pq}, so vertausche man zunächst die p-te Zeile nach und nach mit allen folgenden, ebenso die q-te Spalte mit allen folgenden. Durch diese $2n - p - q$ Vertauschungen je zweier Zeilen oder Spalten erhält die Determinante den Faktor $(-1)^{p+q}$. Das Element a_{pq} wird dadurch nach rechts unten gebracht, so daß uns sein Komplement bekannt ist. Man kann hieraus schließen, daß A_{pq} bis auf den Faktor $(-1)^{p+q}$ gleich der $(n-1)$-reihigen Determinante ist, die aus der n-reihigen durch Streichung der Zeile und Spalte des Elements a_{pq} entsteht.

Da jedes Determinantenglied einen und nur einen Faktor aus der p-ten Zeile enthält, so ist die Determinante gleich der Summe

$$a_{p1} A_{p1} + a_{p2} A_{p2} + \cdots + a_{pn} A_{pn}.$$

Ersetzt man die p-te Zeile durch eine andere, etwa die r-te, so entsteht eine verschwindende Determinante, nämlich eine mit zwei übereinstimmenden Zeilen. Daher ist

$$a_{r1} A_{p1} + a_{r2} A_{p2} + \cdots + a_{rn} A_{pn} = 0.$$

Mittels der Entwicklung nach einer Zeile überzeugt man sich von der Gültigkeit des Faktorensatzes, wonach sich die Determinante mit k multipliziert, wenn alle Elemente einer Zeile den Faktor k erhalten. Auch der Additions- oder Zerlegungssatz, wonach man zwei Determinanten, die sich nur in der p-ten Zeile unterscheiden, dadurch addiert, daß man unter Zusammenfassung der p-ten Zeilen eine neue Determinante bildet, wird durch Entwicklung nach der p-ten Zeile bewiesen. Dasselbe gilt von dem Umformungssatz, wonach keine Wertänderung der Determinante eintritt, wenn man zur p-ten Zeile das k-fache einer andern, etwa der r-ten Zeile, addiert.

Mit Hilfe des Faktorensatzes und des Zerlegungssatzes läßt sich zeigen, daß für n-reihige Determinanten dieselbe Multiplikationsregel gilt, wie für dreireihige. Wir schreiben sie in folgender Form:

$$\begin{vmatrix} a_{11} & a_{12} & \cdots & a_{1n} \\ a_{21} & a_{22} & \cdots & a_{2n} \\ \cdot & \cdot & \cdot & \cdot \\ a_{n1} & a_{n2} & \cdots & a_{nn} \end{vmatrix} \begin{vmatrix} b_{11} & b_{12} & \cdots & b_{1n} \\ b_{21} & b_{22} & \cdots & b_{2n} \\ \cdot & \cdot & \cdot & \cdot \\ b_{n1} & b_{n2} & \cdots & b_{nn} \end{vmatrix} = \begin{vmatrix} a_{1.}b_{1.}, & a_{1.}b_{2.}, & \ldots, & a_{1.}b_{n.} \\ a_{2.}b_{1.}, & a_{2.}b_{2.}, & \ldots, & a_{2.}b_{n.} \\ \cdot & \cdot & \cdot & \cdot \\ a_{n.}b_{1.}, & a_{n.}b_{2.}, & \ldots, & a_{n.}b_{n.} \end{vmatrix}.$$

Dabei ist

$$a_{r.}b_{s.} = a_{r1}b_{s1} + a_{r2}b_{s2} + \cdots + a_{rn}b_{sn}.$$

Durch mehrfache Anwendung des Zerlegungssatzes erkennt man, daß die aus den n-gliedrigen Summen $a_{r.}b_{s.}$ aufgebaute Determinante sich in n^n Summanden zerlegt. Jeder solche Summand kommt dadurch zustande, daß man in der ersten Spalte nur die ϱ_1-ten, in der zweiten Spalte nur die ϱ_2-ten, ..., schließlich in der n-ten Spalte nur die ϱ_n-ten Bestandteile beibehält. Der Summand lautet dann nach Herausziehung der Faktoren $b_{1\varrho_1}, b_{2\varrho_2}, \ldots, b_{n\varrho_n}$ wie folgt:

$$\begin{vmatrix} a_{1\varrho_1} & a_{1\varrho_2} & \cdots & a_{1\varrho_n} \\ a_{2\varrho_1} & a_{2\varrho_2} & \cdots & a_{2\varrho_n} \\ \cdot & \cdot & \cdot & \cdot \\ a_{n\varrho_1} & a_{n\varrho_2} & \cdots & a_{n\varrho_n} \end{vmatrix} b_{1\varrho_1} b_{2\varrho_2} \cdots b_{n\varrho_n}.$$

Sobald in der Reihe $\varrho_1, \varrho_2, \ldots, \varrho_n$ Wiederholungen auftreten, ist der Determinantenfaktor gleich Null. $\varrho_1, \varrho_2, \ldots, \varrho_n$ braucht also nur alle Permutationen von $1, 2, \ldots, n$ zu durchlaufen, und man kann offenbar schreiben

$$\begin{vmatrix} a_{11} & a_{12} & \cdots & a_{1n} \\ a_{21} & a_{22} & \cdots & a_{2n} \\ \cdot & \cdot & \cdot & \cdot \\ a_{n1} & a_{n2} & \cdots & a_{nn} \end{vmatrix} \operatorname{sgn}(\varrho_1, \varrho_2, \ldots, \varrho_n)\, b_{1\varrho_1} b_{1\varrho_2} \cdots b_{1\varrho_n}.$$

Die Summe aller dieser Ausdrücke ist tatsächlich, wie behauptet, das Determinantenprodukt.

§ 8. Lineare homogene Gleichungen und lineare Formen.

Einen Ausdruck wie $a_1x_1 + a_2x_2 + \cdots + a_nx_n$ nennt man eine lineare Form oder eine Linearform. Wir wollen ein System von Linearformen betrachten, etwa die m Linearformen $(m \leqq n)$

$$\begin{aligned} f_1 &= a_{11}x_1 + a_{12}x_2 + \cdots + a_{1n}x_n, \\ f_2 &= a_{21}x_1 + a_{22}x_2 + \cdots + a_{2n}x_n, \\ &\cdots\cdots\cdots\cdots \\ f_m &= a_{m1}x_1 + a_{m2}x_2 + \cdots + a_{mn}x_n. \end{aligned}$$

Über die Größen $x_1, x_2, \ldots, x_n$ wird nichts vorausgesetzt. Man kann ihnen beliebige Werte beilegen. Das Koeffizientenverzeichnis

$$\begin{matrix} a_{11} & a_{12} & \cdots & a_{1n} \\ a_{21} & a_{22} & \cdots & a_{2n} \\ \cdot & \cdot & \cdot & \cdot \\ a_{m1} & a_{m2} & \cdots & a_{mn}, \end{matrix}$$

das aus m Zeilen und n Spalten besteht, nennt man die Matrix der Formen $f_1, f_2, \ldots, f_m$. In dieser Matrix suchen wir zunächst ein von Null verschiedenes Element auf. Durch Vertauschung der Formen und Umnumerierung der x können wir erreichen, daß dieses Element gerade a_{11} ist. Nun prüfen wir die zweireihigen Superdeterminanten von a_{11} und sehen zu, ob es unter ihnen eine nicht verschwindende gibt. Durch Vertauschung der Formen $f_2, \ldots, f_m$ und Umnumerierung von $x_2, \ldots, x_n$ läßt sich erreichen, daß diese von Null verschiedene Determinante gerade $\begin{vmatrix} a_{11} a_{12} \\ a_{21} a_{22} \end{vmatrix}$ ist. Nun stellen wir fest, ob es unter ihren dreireihigen Superdeterminanten eine von Null verschiedene gibt und bewirken durch Umnumerierung von $x_3, \ldots, x_n$ und Vertauschung von $f_3, \ldots, f_m$, daß diese von Null verschiedene Determinante gerade $\begin{vmatrix} a_{11} a_{12} a_{13} \\ a_{21} a_{22} a_{23} \\ a_{31} a_{32} a_{33} \end{vmatrix}$ ist. In dieser Weise fahren wir fort, bis das Verfahren abbricht. Dann wird die Sachlage die sein, daß die Determinante

$$A_r = \begin{vmatrix} a_{11} a_{12} \cdots a_{1r} \\ a_{21} a_{22} \cdots a_{2r} \\ \cdot\ \cdot\ \cdot\ \cdot\ \cdot\ \cdot\ \cdot \\ a_{r1} a_{r2} \cdots a_{rr} \end{vmatrix}$$

lauter verschwindende $(r + 1)$-reihige Superdeterminanten hat, falls nicht $r = m$ ist. Im Falle $r < m$ sei h irgendeiner der Indizes $r + 1, \ldots, m$.

Bildet man die Determinante

$$\begin{vmatrix} a_{11} a_{12} \cdots a_{1r} f_1 \\ a_{21} a_{22} \cdots a_{2r} f_2 \\ \cdot\ \cdot\ \cdot\ \cdot\ \cdot\ \cdot\ \cdot \\ a_{r1} a_{r2} \cdots a_{rr} f_r \\ a_{h1} a_{h2} \cdots a_{hr} f_h \end{vmatrix},$$

so zerfällt sie, da die Linearformen n-gliedrige Summen sind, in n Summanden. Aus jedem dieser Summanden kann man einen Faktor x herausziehen. Der andere Faktor ist entweder eine Determinante mit zwei übereinstimmenden Spalten (bei $x_1, \ldots, x_r$) oder eine $(r + 1)$ reihige Superdeterminante von A_r, also auf alle Fälle gleich Null. Entwickelt man nun die obige Determinante, die auf Grund des eben Gesagten verschwindet, nach ihrer letzten Spalte, so erhält f_h den von Null verschiedenen Faktor A_r, so daß sich eine Relation von folgender Form ergibt:

$$f_h = c_{h1} f_1 + c_{h2} f_2 + \cdots + c_{hr} f_r.$$

Die Koeffizienten c sind Quotienten r-reihiger Determinanten aus der Matrix des Systems. Im Nenner steht jedesmal die Determinante A_r. Man pflegt auf Grund dieses Ergebnisses zu sagen, daß sich alle Formen des Systems aus r Grundformen linear aufbauen. Sie sind Linearformen in $f_1, \ldots, f_r$.

Setzt man in der Gleichung für f_h alle x gleich Null, bis auf x_k, so verwandelt sie sich in

$$a_{hk} = c_{h1} a_{1k} + c_{h2} a_{2k} + \cdots + c_{hr} a_{rk}.$$

Mit Hilfe dieser Beziehungen kann man sofort erkennen, daß in der Matrix des Systems alle $(r+1)$-reihigen Determinanten verschwinden. Eine solche Determinante

$$\begin{vmatrix} a_{h_1 k_1} & \cdots & a_{h_1 k_{r+1}} \\ \cdot & \cdots & \cdot \\ \cdot & \cdots & \cdot \\ a_{h_{r+1} k_1} & \cdots & a_{h_{r+1} k_{r+1}} \end{vmatrix}$$

ist nämlich das Produkt der beiden verschwindenden Determinanten

$$\begin{vmatrix} c_{h_1 1} & \cdots & c_{h_1 r} & 0 \\ \cdot & \cdots & \cdot & \cdot \\ \cdot & \cdots & \cdot & \cdot \\ c_{h_{r+1} 1} & \cdots & c_{h_{r+1} r} & 0 \end{vmatrix}$$

und

$$\begin{vmatrix} a_{1k_1} & \cdots & a_{rk_1} & 0 \\ \cdot & \cdots & \cdot & \cdot \\ \cdot & \cdots & \cdot & \cdot \\ a_{1k_{r+1}} & \cdots & a_{rk_{r+1}} & 0 \end{vmatrix}.$$

Von einer Matrix, in der alle $(r+1)$-reihigen, nicht aber alle r-reihigen Determinanten verschwinden, pflegt man zu sagen, sie habe den Rang r. Unsere Betrachtung zeigt, daß eine Matrix den Rang r hat, wenn es in ihr eine von Null verschiedene r-reihige Determinante gibt, deren $(r+1)$-reihige Superdeterminanten alle verschwinden.

Zwischen den Grundformen $f_1, f_2, \ldots, f_r$ gibt es keine Beziehung von der Form

$$c_1 f_1 + c_2 f_2 + \cdots + c_r f_r = 0.$$

In einer solchen Gleichung, die für alle Werte der x gelten soll, müssen, wie sich zeigen läßt, alle Koeffizienten gleich Null sein. Um z. B. zu erkennen, daß c_ϱ verschwinden muß, setze man $x_{r+1}, \ldots, x_n$ gleich Null und $x_1, \ldots, x_r$ gleich den Komplementen von $a_{\varrho 1}, \ldots, a_{\varrho r}$ in der Determinante A_r. Dann wird $f_\varrho = A_r$, während alle andern Grundformen in Null übergehen. Nach der fingierten Beziehung zwischen den Grundformen wäre also $c_\varrho A_r = 0$, d. h. $c_\varrho = 0$. Da alle c verschwinden, so gibt es keine solche Beziehung. Man pflegt zu sagen, die Formen seien unabhängig.

Wenn man die Formen $f_1, f_2, \ldots, f_m$ gleich Null setzt, entsteht ein System linearer homogener Gleichungen. Die Lösungen der Gleichungen

$$f_1 = 0,\ f_2 = 0,\ \ldots,\ f_m = 0$$

sind diejenigen Wertsysteme $x_1, x_2, \ldots, x_n$, die diese Gleichungen erfüllen. Stellt man neben die Matrix

$$\begin{matrix} a_{11}\, a_{12} \cdots a_{1n} \\ a_{21}\, a_{22} \cdots a_{2n} \\ \cdots\cdots\cdots \\ a_{m1}\, a_{m2} \cdots a_{mn} \end{matrix}$$

die Matrix der Lösungen, so besteht die Eigenschaft, daß jede Zeile der einen mit jeder Zeile der andern das Produkt Null gibt. Hat die Koeffizientenmatrix den Rang r, so kommt der Matrix aller Lösungen der Rang $n - r$ zu. Da alle f sich linear aus den Grundformen $f_1, \ldots, f_r$ linear aufbauen, hat man es nur mit den Gleichungen

$$f_1 = 0,\ f_2 = 0,\ \ldots,\ f_r = 0$$

zu tun. Zunächst wollen wir den Fall $r = n$ behandeln. Da lautet das Gleichungssystem

$$\begin{matrix} a_{11} x_1 + a_{12} x_2 + \cdots + a_{1n} x_n = 0, \\ a_{21} x_1 + a_{22} x_2 + \cdots + a_{2n} x_n = 0, \\ \cdots\cdots\cdots\cdots\cdots\cdots \\ a_{n1} x_1 + a_{n2} x_2 + \cdots + a_{nn} x_n = 0. \end{matrix}$$

Die Determinante A des Systems ist von Null verschieden. Faßt man die Gleichungen mit Hilfe der Faktoren $A_{1s}, A_{2s}, \ldots, A_{ns}$ zusammen, also der Komplemente der s-ten Spalte, so ergibt sich $A x_s = 0$, d. h. $x_s = 0$. Ein n-gliedriges System linearer homogener Gleichungen mit n Unbekannten und nicht verschwindender Determinante hat, wie man sieht, keine eigentliche Lösung. Es läßt sich nur dadurch erfüllen, daß man alle x gleich Null setzt. Diese triviale Lösung wird überhaupt nicht als Lösung betrachtet.

Wenn $r < n$ ist, so schreiben wir die Gleichungen $f_1 = 0, \ldots, f_r = 0$ in der Form

$$\begin{matrix} a_{11} x_1 + \cdots + a_{1r} x_r = - a_{1,r+1} x_{r+1} - \cdots - a_{1n} x_n, \\ \cdots\cdots\cdots\cdots\cdots\cdots \\ a_{r1} x_1 + \cdots + a_{rr} x_r = - a_{r,r+1} x_{r+1} - \cdots - a_{rn} x_n. \end{matrix}$$

Die Determinante A der links stehenden Koeffizienten ist nach Voraussetzung von Null verschieden. Erteilen wir $x_{r+1}, \ldots, x_n$ beliebige Werte, so sind $x_1, \ldots, x_r$ bestimmt. Wir finden nämlich durch Zusammenfassung mittels der Faktoren $A_{1\varrho}, \ldots, A_{r\varrho}$, der Komplemente von $a_{1\varrho}, \ldots, a_{r\varrho}$,

$$A x_\varrho = - x_{r+1} (A_{\cdot\varrho} a_{\cdot r+1}) - \cdots - x_n (A_{\cdot\varrho} a_{\cdot n}).$$

Dabei haben wir zur Abkürzung

$$A_{\cdot\varrho} a_{\cdot\sigma} = A_{1\varrho} a_{1\sigma} + \cdots + A_{r\varrho} a_{r\sigma}$$

gesetzt. Wenn man einer der Größe $x_{r+1}, \ldots, x_n$ den Wert -1 beilegt und alle andern zu Null macht, so ergeben sich $n - r$ Lösungen, die folgendes

Aussehen haben:

$$\begin{array}{c}\frac{A_{.1}a_{.r+1}}{A},\ldots,\frac{A_{.r}a_{.r+1}}{A},\ -1,\ldots,0\\ \cdots\cdots\cdots\cdots\cdots\cdots\\ \frac{A_{.1}a_{.n}}{A},\ldots,\frac{A_{.r}a_{.n}}{A},\ 0,\ldots,\ -1.\end{array}$$

Wir haben soeben festgestellt, daß jede Lösung $x_1, x_2, \ldots, x_n$ des Systems sich aus diesen $n-r$ Grundlösungen durch Zusammenfassung mittels der Faktoren $-x_{r+1}, \ldots, -x_n$ ergibt, daß sie, wie man zu sagen pflegt, eine lineare Verbindung dieser Grundlösungen ist. Die Grundlösungen selbst sind linear unabhängig, d. h., wenn man sie mit Hilfe von Faktoren, die nicht alle verschwinden, zusammenfaßt, so kann das Ergebnis $x_1, x_2, \ldots, x_n$ nicht aus lauter Nullen bestehen. Wenn es aus lauter Nullen bestände, so müßten $x_{r+1}, \ldots, x_n$, die abgesehen vom Minuszeichen gerade jene Faktoren sind, gleich Null sein.

Hat man sich die obigen Ergebnisse angeeignet, so ist die Frage nach den Lösungen eines inhomogenen Systems

$$\begin{array}{c}a_{11}x_1 + \cdots + a_{1n}x_n = a_1\,,\\ \cdots\cdots\cdots\cdots\cdots\\ a_{m1}x_1 + \cdots + a_{mn}x_n = a_m\end{array}$$

leicht zu erledigen. Ist $x_1, x_2, \ldots, x_n$ eine Lösung dieses Systems, so ist $x_1, x_2, \ldots, x_n, -1$ eine Lösung des homogenen Systems

$$(1)\qquad \begin{cases} a_{11}x_1 + \cdots + a_{1n}x_n + a_1 x_{n+1} = 0, \\ \cdots\cdots\cdots\cdots\cdots\cdots\cdots \\ a_{m1}x_1 + \cdots + a_{mn}x_n + a_m x_{n+1} = 0. \end{cases}$$

Umgekehrt erhält man aus jeder Lösung des homogenen Systems, sobald x_{n+1} von Null verschieden ist, dadurch eine Lösung des inhomogenen Systems, daß man die n ersten x durch $-x_{n+1}$ dividiert. Es kommt also darauf an, diejenigen Lösungen des homogenen Systems (1) zu ermitteln, die nicht zugleich Lösungen des Systems

$$(2)\qquad \begin{cases} a_{11}x_1 + \cdots + a_{1n}x_n \quad = 0, \\ \cdots\cdots\cdots\cdots\cdots\cdots \\ a_{m1}x_1 + \cdots + a_{mn}x_n \quad = 0, \\ \qquad\qquad\qquad\quad x_{n+1} = 0 \end{cases}$$

sind. Wenn r der Rang der Matrix aller a_{pq} ist, so hat die Matrix des Systems (1) entweder den Rang r oder den Rang $r+1$, während die Matrix des Systems (2) sicher vom Range $r+1$ ist. Hätten beide Matrixen den Rang $r+1$, so gäbe es für (1) gerade $n-r$ unabhängige Lösungen mit verschwindendem x_{n+1}, weil jede Lösung von (2) auch das System (1) erfüllt. Sie wären, da $n+1-(r+1)$ oder $n-r$ die Differenz zwischen Unbekanntenzahl und Rang des Systems (2) ist, die Grundlösungen, aus denen sich alle andern mit Hilfe von Faktoren aufbauen. Es gäbe also für (1) keine Lösung mit nicht verschwindendem x_{n+1}. Somit hat in diesem Falle das inhomogene System überhaupt keine Lösung. Ist aber die Matrix des Systems (1) vom Range r, so hat dieses System $n+1-r$ Grundlösungen, also außer den Lösungen des Systems (2) noch solche, die sich nicht aus den $n-r$ Grundlösungen von (2) aufbauen lassen. Ist $x_1, x_2, \ldots, x_{n+1}$ eine solche Lösung, so darf sie nicht dem System (2) genügen, d. h. es muß x_{n+1} von Null verschieden sein.

Das inhomogene System ist also dann und nur dann lösbar, wenn die beiden Matrizen

$$\begin{matrix} a_{11} \cdots a_{1n} \\ \cdots\cdots \\ a_{m1} \cdots a_{mn} \end{matrix} \quad \text{und} \quad \begin{matrix} a_{11} \cdots a_{1n}\, a_1 \\ \cdots\cdots\cdots \\ a_{m1} \cdots a_{mn}\, a_m \end{matrix}$$

denselben Rang haben. Daß dies eine notwendige Bedingung für die Lösbarkeit des inhomogenen Systems ist, kann man sofort daraus erkennen, daß im Falle der Lösbarkeit die letzte Spalte der zweiten Matrix eine lineare Verbindung der übrigen Spalten ist. Man macht sich leicht klar, daß durch Hinzufügen solcher Spalten keine Rangerhöhung eintreten kann.

§ 9. Das innere Produkt zweier Vektoren.

In der Mechanik werden Kräfte durch Strecken dargestellt. Wenn der Angriffspunkt einer Kraft eine kleine Verschiebung erfährt, so ist die hierbei geleistete Arbeit gleich der Kraft mal der in die Kraftrichtigung fallenden Verschiebungskomponente. Diese Komponente ist die senkrechte Projektion der Verschiebungsstrecke auf die Angriffslinie der Kraft. Je nachdem sie auf die Kraftstrecke oder deren Rückverlängerung fällt (vgl. Fig. 7), wird die Arbeit positiv oder negativ gerechnet.

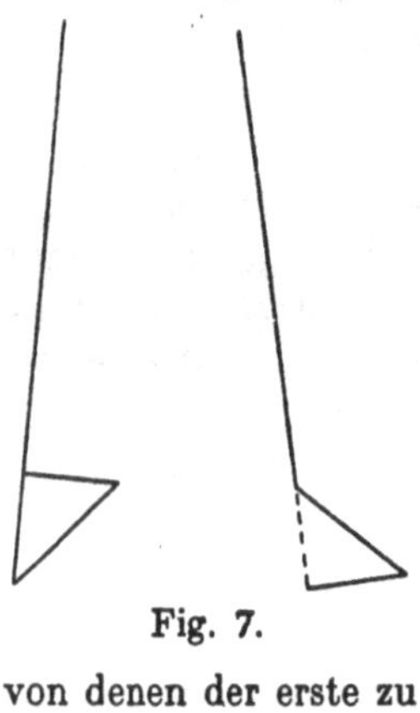

Fig. 7.

Die Arbeit ist, in der Sprache der Vektorrechnung ausgedrückt, das innere Produkt aus der Kraft und der Verschiebung des Angriffspunktes. Das innere Produkt zweier Vektoren $\mathfrak{B}_1$ und $\mathfrak{B}_2$, die zueinander parallel sind, wird definiert als das positive oder negative Produkt ihrer Längen, je nachdem sie gleich- oder entgegengesetzt gerichtet sind. Man bezeichnet es mit $\mathfrak{B}_1 \cdot \mathfrak{B}_2$. Liegt dieser Fall nicht vor, so zerfällt man $\mathfrak{B}_2$ in zwei Summanden $\mathfrak{P}_2$, $\mathfrak{S}_2$, von denen der erste zu $\mathfrak{B}_1$ parallel, der zweite senkrecht zu $\mathfrak{B}_1$ gerichtet ist, und nennt $\mathfrak{B}_1 \cdot \mathfrak{P}_2$ das innere Produkt von $\mathfrak{B}_1$ und $\mathfrak{B}_2$.

Wir werden sogleich den Koordinatenausdruck des inneren Produktes herleiten. Hierbei arbeiten wir mit gewöhnlichen rechtwinkligen Koordinaten, legen also drei Vektoren $\mathfrak{i}, \mathfrak{j}, \mathfrak{k}$ zugrunde, die die Länge 1 haben und aufeinander senkrecht stehen. Außerdem sollen sie ein Rechtstripel bilden. Anstatt die drei Grundvektoren $\mathfrak{i}, \mathfrak{j}, \mathfrak{k}$ im Anfangspunkte O anzubringen, kann man auch die positiven Koordinatenachsen Ox, Oy, Oz aufzeichnen, die durch Verlängerung der Grundvektoren über ihre Endpunkte hinaus entstehen. Die negativen Achsen sind die Rückverlängerungen der positiven (in Fig. 8 punktiert gezeichnet). Der Vollständigkeit halber sollte noch die Längeneinheit in

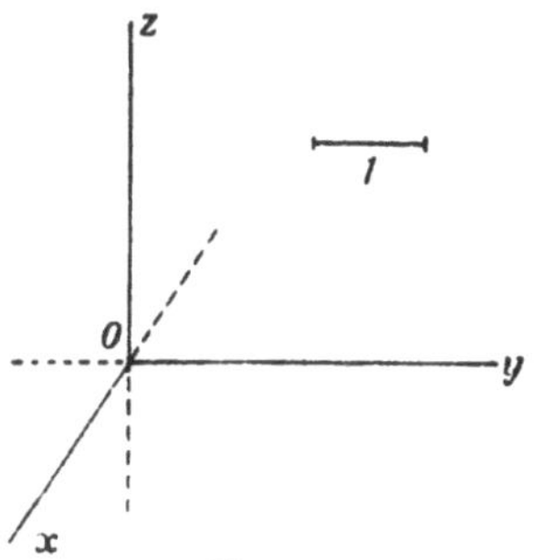

Fig. 8.

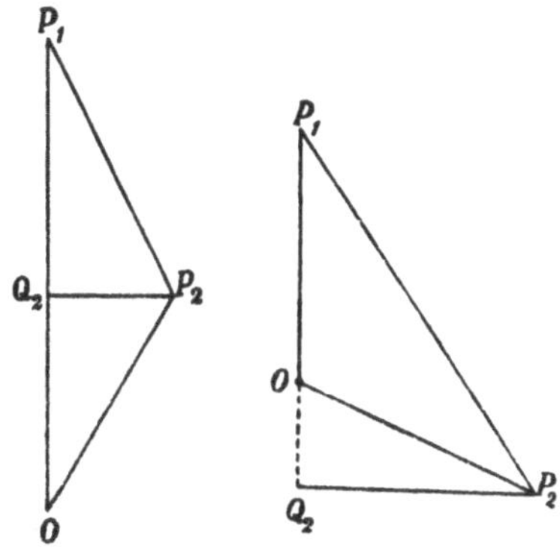

Fig. 9.

der Figur erscheinen. Man läßt sie gewöhnlich fort, ebenso die negativen Achsen.

Es sei nun (vgl. Fig. 9)

$$\mathfrak{B}_1 = OP_1 = x_1\mathfrak{i} + y_1\mathfrak{j} + z_1\mathfrak{k},$$
$$\mathfrak{B}_2 = OP_2 = x_2\mathfrak{i} + y_2\mathfrak{j} + z_2\mathfrak{k}.$$

Von P_2 ist auf die Gerade OP_1 das Lot P_2Q_2 gefällt. OQ_2 wäre also der Vektor $\mathfrak{P}_2$ und Q_2P_2 der Vektor $\mathfrak{S}_2$. Da $OQ_2 + Q_2P_1 = OP_1$ ist, so kann man

$$OQ_2 = \lambda\mathfrak{B}_1,\ Q_2P_1 = (1-\lambda)\,\mathfrak{B}_1 \text{ setzen, also}$$
$$OQ_2 = \lambda x_1\mathfrak{i} + \lambda y_1\mathfrak{j} + \lambda z_1\mathfrak{k},$$
$$Q_2P_1 = (1-\lambda)\,x_1\mathfrak{i} + (1-\lambda)\,y_1\mathfrak{j} + (1-\lambda)\,z_1\mathfrak{k}.$$

Wir wollen die Länge der Strecke Q_2P_2 mit l bezeichnen und auf die beiden rechtwinkligen Dreiecke OQ_2P_2 und $P_1Q_2P_2$ den pythagoreischen Lehrsatz anwenden. Da nach eben diesem Satze das Längenquadrat eines Vektors gleich der Quadratsumme seiner rechtwinkligen Koordinaten ist, ferner $P_1P_2 = \mathfrak{B}_2 - \mathfrak{B}_1$ die Koordinaten $x_2 - x_1$, $y_2 - y_1$, $z_2 - z_1$ hat, so können wir schreiben

$$x_2^2 + y_2^2 + z_2^2 = l^2 + \lambda^2\,(x_1^2 + y_1^2 + z_1^2),$$
$$(x_2 - x_1)^2 + (y_2 - y_1)^2 + (z_2 - z_1)^2 = l^2 + (1-\lambda)^2\,(x_1^2 + y_1^2 + z_1^2).$$

Hieraus folgt durch Subtraktion

$$\lambda = \frac{x_1x_2 + y_1y_2 + z_1z_2}{x_1^2 + y_1^2 + z_1^2}.$$

λ ist der Streckenquotient $\frac{OQ_2}{OP_1}$ oder $\frac{\mathfrak{P}_2}{\mathfrak{B}_1}$. Der Streckenquotient stellt das mit + oder — bezeichnete Längenverhältnis der beiden Strecken dar, je nachdem sie gleich oder entgegengesetzt gerichtet sind. Das innere Produkt

$\mathfrak{V}_1 \cdot \mathfrak{P}_2$ ist das mit eben diesem Zeichen versehene Längenprodukt, wird also aus dem Streckenquotienten dadurch gewonnen, daß man als Faktor das Längenquadrat von $\mathfrak{V}_1$, d. h. $x_1^2 + y_1^2 + z_1^2$, beigibt. Somit wird $\mathfrak{V}_1 \cdot \mathfrak{P}_2$ oder $\mathfrak{V}_1 \cdot \mathfrak{V}_2$ der Zähler des Bruches λ sein, d. h.

$$\mathfrak{V}_1 \cdot \mathfrak{V}_2 = x_1 x_2 + y_1 y_2 + z_1 z_2.$$

In Worten: Das innere Produkt ist gleich der Summe der Produkte aus den gleichnamigen Koordinaten.

Man sieht, daß es auf die Reihenfolge der Faktoren nicht ankommt. Das innere Produkt ist kommutativ. Fallen die beiden Vektoren zusammen, so ergibt sich $\mathfrak{V}_1 \cdot \mathfrak{V}_1 = x_1^2 + y_1^2 + z_1^2$. Das innere Produkt eines Vektors mit sich selbst ist sein Längenquadrat. Da die Grundvektoren $\mathfrak{i}, \mathfrak{j}, \mathfrak{k}$ die Koordinaten $1, 0, 0$; $0, 1, 0$; $0, 0, 1$ haben, so lauten die inneren Produkte eines Vektors $\mathfrak{V} = x\mathfrak{i} + y\mathfrak{j} + z\mathfrak{k}$ mit $\mathfrak{i}, \mathfrak{j}, \mathfrak{k}$

$$\mathfrak{V} \cdot \mathfrak{i} = x, \quad \mathfrak{V} \cdot \mathfrak{j} = y, \quad \mathfrak{V} \cdot \mathfrak{k} = z.$$

Die rechtwinkligen Koordinaten eines Vektors sind also seine inneren Produkte mit den Grundvektoren.

Stehen $\mathfrak{V}_1$ und $\mathfrak{V}_2$ aufeinander senkrecht, so fällt in Fig. 9 der Punkt Q_2 mit O zusammen, d. h. der Vektor $OQ_2 = \lambda \mathfrak{V}_1$ verschwindet, so daß $\lambda = 0$ wird. Daher hat man in diesem Falle

$$x_1 x_2 + y_1 y_2 + z_1 z_2 = 0.$$

Das Verschwinden des inneren Produktes ist also die Orthogonalitätsbedingung.

Aus der Koordinatenformel für das innere Produkt ergeben sich unmittelbar folgende Rechnungsregeln:

$$k\mathfrak{V}_1 \cdot \mathfrak{V}_2 = k(\mathfrak{V}_1 \cdot \mathfrak{V}_2),$$
$$\mathfrak{V}_1 \cdot (\mathfrak{V}_2 + \mathfrak{V}_3) = (\mathfrak{V}_1 \cdot \mathfrak{V}_2) + (\mathfrak{V}_1 \cdot \mathfrak{V}_3).$$

Die erste nennt man den Faktorensatz, die zweite den Zerlegungssatz oder das Distributivgesetz. Wenn man beachtet, daß $\mathfrak{i} \cdot \mathfrak{i}, \mathfrak{j} \cdot \mathfrak{j}, \mathfrak{k} \cdot \mathfrak{k}$ den Wert 1 haben und $\mathfrak{j} \cdot \mathfrak{k}, \mathfrak{k} \cdot \mathfrak{i}, \mathfrak{i} \cdot \mathfrak{j}$ verschwinden, so kann man mittels der obigen Rechnungsregeln nochmals nachrechnen, daß $\mathfrak{V}_1 \cdot \mathfrak{V}_2$ oder

$$(x_1\mathfrak{i} + y_1\mathfrak{j} + z_1\mathfrak{k}) \cdot (x_2\mathfrak{i} + y_2\mathfrak{j} + z_2\mathfrak{k}) = x_1 x_2 + y_1 y_2 + z_1 z_2$$

ist.

Wenn man zwei Einheitsvektoren OE_1 und OE_2 betrachtet und OE_2' die senkrechte Projektion von OE_2 auf den Träger von OE_1 ist, so hat man

$$OE_1 \cdot OE_2 = OE_1 \cdot OE_2' = \frac{OE_2'}{OE_1}.$$

Inneres Produkt und Streckenquotient sind hier gleich, weil OE_1 ein Einheitsvektor ist. Dieser Streckenquotient wird in der Trigonometrie als der Kosinus des Winkels

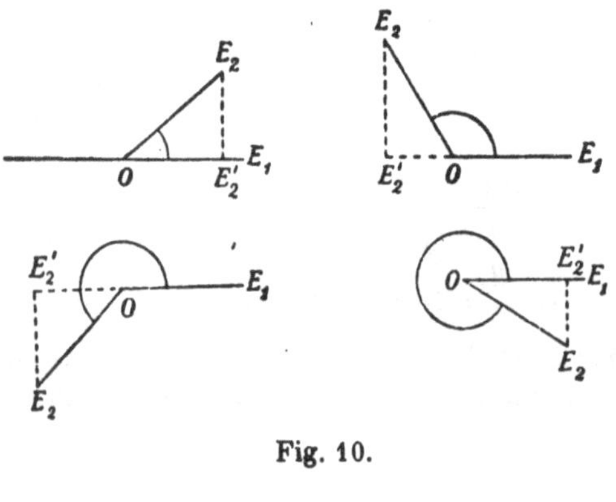

Fig. 10.

α bezeichnet, den die beiden Vektoren einschließen, und $\cos\alpha$ geschrieben. Fig. 10 erläutert die verschiedenen Möglichkeiten, die hinsichtlich des Winkels α bestehen. Er kann spitz, stumpf und überstumpf sein, mit stumpfem oder spitzem Nebenwinkel. Man sieht, daß der Kosinus eines Winkels von 0^0 bis 90^0 positiv ist, von 90^0 bis zu 270^0 negativ, von 270^0 bis zu 360^0 wieder positiv. Im ersten und letzten Falle sind nämlich OE_1 und OE_2' gleich gerichtet, im zweiten Falle entgegengesetzt.

Einen Vektor OP von der Länge r kann man durch Multiplikation mit $\frac{1}{r}$ in einen Einheitsvektor OE verwandeln. Sind OP_1, OP_2 zwei Vektoren mit den Längen r_1 und r_2 und verwandeln sie sich durch Absonderung der Faktoren r_1, r_2 in OE_1, OE_2, so hat man

$$OP_1 \cdot OP_2 = r_1 OE_1 \cdot r_2 OE_2 = r_1 r_2 \cos\alpha .$$

Das innere Produkt zweier Vektoren ist also das Produkt ihrer Längen mal dem Kosinus des eingeschlossenen Winkels.

Wenn der Ortsvektor $OP = x\mathfrak{i} + y\mathfrak{j} + z\mathfrak{k}$ eines Punktes P mit den Einheitsvektoren $\mathfrak{i}, \mathfrak{j}, \mathfrak{k}$ die Winkel α, β, γ bildet, so ist

$$OP \cdot \mathfrak{i} = r\cos\alpha, \quad OP \cdot \mathfrak{j} = r\cos\beta, \quad OP \cdot \mathfrak{k} = r\cos\gamma .$$

Andererseits sind diese innern Produkte die Koordinaten des Punktes P. Man hat also

$$x = r\cos\alpha, \quad y = r\cos\beta, \quad z = r\cos\gamma .$$

Im Falle $r = 1$ werden die Koordinaten gleich $\cos\alpha$, $\cos\beta$, $\cos\gamma$. Diese Größen nennt man die Richtungskosinusse des Vektors OP. Nach der Koordinatenformel des innern Produktes ist

$$\cos\alpha_1 \cos\alpha_2 + \cos\beta_1 \cos\beta_2 + \cos\gamma_1 \cos\gamma_2 = \cos\vartheta ,$$

wenn ϑ den Winkel der beiden beteiligten Einheitsvektoren bedeutet. Wir erwähnen noch die Beziehung

$$\cos^2\alpha + \cos^2\beta + \cos^2\gamma = 1 ,$$

die für jedes Tripel von Richtungskosinussen gilt und von dem Ausdruck für das Längenquadrat eines Vektors herkommt.

Aus $AB + BC = AC$ folgt nach den Rechnungsregeln für innere Produkte

$$AC \cdot AC = AB \cdot AB + BC \cdot BC + 2AB \cdot BC$$

oder

$$AC \cdot AC = AB \cdot AB + BC \cdot BC - 2BA \cdot BC ,$$

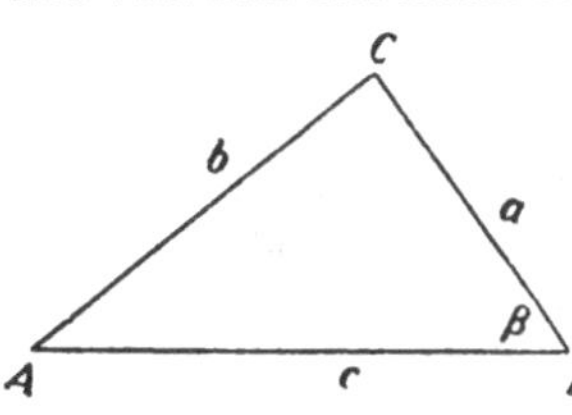

Fig. 11.

d. h. (vgl. Fig. 11)

$$b^2 = a^2 + c^2 - 2ac\cos\beta .$$

Das ist der bekannte Kosinussatz.

§ 10. Das äußere Produkt zweier Vektoren.

Das Volumprodukt $[\mathfrak{V}_0 \mathfrak{V}_1 \mathfrak{V}_2]$ der drei Vektoren

$$\mathfrak{V}_0 = x_0 \mathfrak{i} + y_0 \mathfrak{j} + z_0 \mathfrak{k}, \quad \mathfrak{V}_1 = x_1 \mathfrak{i} + y_1 \mathfrak{j} + z_1 \mathfrak{k},$$
$$\mathfrak{V}_2 = x_2 \mathfrak{i} + y_2 \mathfrak{j} + z_2 \mathfrak{k}$$

ist gleich der Koordinatendeterminante

$$\begin{vmatrix} x_0 & y_0 & z_0 \\ x_1 & y_1 & z_1 \\ x_2 & y_2 & z_2 \end{vmatrix},$$

weil $[\mathfrak{i}\mathfrak{j}\mathfrak{k}] = 1$ ist, da die orthogonalen Einheitsvektoren $\mathfrak{i}, \mathfrak{j}, \mathfrak{k}$ ein Rechtstripel bilden. Entwickelt man die Determinante nach der ersten Zeile, so ergibt sich

$$x_0 \begin{vmatrix} y_1 & z_1 \\ y_2 & z_2 \end{vmatrix} + y_0 \begin{vmatrix} z_1 & x_1 \\ z_2 & x_2 \end{vmatrix} + z_0 \begin{vmatrix} x_1 & y_1 \\ x_2 & y_2 \end{vmatrix}.$$

Dieser Ausdruck läßt sich als ein inneres Produkt ansehen, und zwar als das innere Produkt aus $\mathfrak{V}_0$ und dem Vektor

$$\begin{vmatrix} y_1 & z_1 \\ y_2 & z_2 \end{vmatrix} \mathfrak{i} + \begin{vmatrix} z_1 & x_1 \\ z_2 & x_2 \end{vmatrix} \mathfrak{j} + \begin{vmatrix} x_1 & y_1 \\ x_2 & y_2 \end{vmatrix} \mathfrak{k}.$$

Dieser Vektor, der sich in besonderer Weise aus den Koordinaten von $\mathfrak{V}_1$ und $\mathfrak{V}_2$ aufbaut und auch in der Form

$$\begin{vmatrix} \mathfrak{i} & \mathfrak{j} & \mathfrak{k} \\ x_1 & y_1 & z_1 \\ x_2 & y_2 & z_2 \end{vmatrix}$$

geschrieben werden kann, wird als äußeres Produkt von $\mathfrak{V}_1$ und $\mathfrak{V}_2$ bezeichnet und durch $\mathfrak{V}_1 \times \mathfrak{V}_2$ dargestellt, $\mathfrak{V}_1$ Kreuz $\mathfrak{V}_2$ gelesen. Im Gegensatz zum inneren Produkt $\mathfrak{V}_1 \cdot \mathfrak{V}_2$, das man $\mathfrak{V}_1$ Punkt $\mathfrak{V}_2$ ausspricht, ist das äußere Produkt ein Vektor. Das innere Produkt, das eine Zahl oder ein Skalar ist, nennt man auch skalares, das äußere vektorielles Produkt.

Aus obiger Erklärung des äußeren Produkts lassen sich sofort die Rechnungsregeln

$$\mathfrak{V}_2 \times \mathfrak{V}_1 = -(\mathfrak{V}_1 \times \mathfrak{V}_2), \quad k\mathfrak{V}_1 \times \mathfrak{V}_2 = k(\mathfrak{V}_1 \times \mathfrak{V}_2),$$
$$(\mathfrak{V}_1 + \mathfrak{V}_1') \times \mathfrak{V}_2 = (\mathfrak{V}_1 \times \mathfrak{V}_2) + (\mathfrak{V}_1' \times \mathfrak{V}_2)$$

ablesen. Während das innere Produkt kommutativ war, ist das äußere, wie die erste Rechnungsregel besagt, alternierend, d. h. es erhält bei Vertauschung der beiden Vektoren den Faktor -1. Faktorensatz und Zerlegungssatz gelten hier, wie bei den innern Produkten. Nur muß immer die Reihenfolge der Faktoren gewahrt bleiben. Auf Grund der ersten Rechnungsregel sind beide Sätze auch für den zweiten Faktor gültig.

Da

$$[\mathfrak{V}_0 \mathfrak{V}_1 \mathfrak{V}_2] = \mathfrak{V}_0 \cdot (\mathfrak{V}_1 \times \mathfrak{V}_2)$$

ist, bezeichnet man die Volumprodukte als gemischte Produkte. Bei der Bildung eines solchen Produktes wirken beide Arten der Multiplikation, die innere und die äußere, mit. Ersetzt man in $[\mathfrak{B}_0 \mathfrak{B}_1 \mathfrak{B}_2]$ den Vektor $\mathfrak{B}_0$ durch $\mathfrak{B}_1$ oder $\mathfrak{B}_2$, so kommt Null heraus. Daher ist

$$\mathfrak{B}_1 \cdot (\mathfrak{B}_1 \times \mathfrak{B}_2) = 0, \quad \mathfrak{B}_2 \cdot (\mathfrak{B}_1 \times \mathfrak{B}_2) = 0,$$

d. h. der Vektor $\mathfrak{B}_1 \times \mathfrak{B}_2$ steht senkrecht auf $\mathfrak{B}_1$ und $\mathfrak{B}_2$. Nachdem dies feststeht, können wir leicht volle Klarheit über den Vektor $\mathfrak{B}_1 \times \mathfrak{B}_2$ gewinnen. Dazu brauchen wir einen Einheitsvektor $\mathfrak{n}$, der senkrecht auf $\mathfrak{B}_1$ und $\mathfrak{B}_2$ steht und so gerichtet ist, daß $\mathfrak{n}$, $\mathfrak{B}_1$, $\mathfrak{B}_2$ ein Rechtstripel bilden. Da $\mathfrak{B}_1 \times \mathfrak{B}_2$ und $\mathfrak{n}$ beide auf $\mathfrak{B}_1$ und $\mathfrak{B}_2$ senkrecht stehen, können wir $\mathfrak{B}_1 \times \mathfrak{B}_2 = p\mathfrak{n}$ setzen, wobei p ein Zahlenfaktor ist. Es wird dann

$$[\mathfrak{n} \mathfrak{B}_1 \mathfrak{B}_2] = \mathfrak{n} \cdot p\mathfrak{n} = p.$$

Hiermit ist p bestimmt. Um den Sinn des Ergebnisses zu erkennen, denke man sich die drei Vektoren $\mathfrak{n}$, $\mathfrak{B}_1$, $\mathfrak{B}_2$ nach O verschoben ($\mathfrak{n} = ON$, $\mathfrak{B}_1 = OP_1$, $\mathfrak{B}_2 = OP_2$). Da $\mathfrak{n}$, $\mathfrak{B}_1$, $\mathfrak{B}_2$ ein Rechtstripel bilden, ist $[\mathfrak{n}\mathfrak{B}_1\mathfrak{B}_2]$ der positive Inhalt des durch $\mathfrak{n}, OP_1, OP_2$ bestimmten Blocks (vgl. Fig. 12). Dieser Block hat zur Basis das Parallelogramm OP_1QP_2. Seine Höhe ist gleich 1, sein Inhalt also numerisch gleich dem Inhalt der Basis. Da nun $\mathfrak{B}_1 \times \mathfrak{B}_2 = p\mathfrak{n}$ ist, so folgt, daß $\mathfrak{B}_1 \times \mathfrak{B}_2$, $\mathfrak{B}_1$, $\mathfrak{B}_2$ ebenso $\mathfrak{B}_1$, $\mathfrak{B}_2$, $\mathfrak{B}_1 \times \mathfrak{B}_2$, ein Rechtstripel bilden und die Länge des Vektors $\mathfrak{B}_1 \times \mathfrak{B}_2$ zahlenmäßig mit dem Inhalt des durch OP_1, OP_2 bestimmten Parallelogramms übereinstimmt. Der personifizierte Vektor $\mathfrak{B}_1 \times \mathfrak{B}_2$, den wir uns in O angebracht denken, sieht $\mathfrak{B}_1$ zur Rechten und $\mathfrak{B}_2$ zur Linken. Man erinnere sich, daß das rechte, das linke Bein und der Oberkörper eines sitzenden Menschen ein Rechtstripel bilden. Hätte man statt $ON = \mathfrak{n}$ den Vektor $ON' = -\mathfrak{n}$ benutzt, so wäre, wenn $\mathfrak{B}_1 \times \mathfrak{B}_2 = p'ON'$ gesetzt wird, p' der negative Inhalt des Parallelogramms OP_1QP_2. Man kann die Formel für das äußere Produkt so fassen, daß es gleichgültig ist, welcher der beiden Normalvektoren ON, ON' benutzt wird. Wenn der Vektor OP_1 sich innerhalb der Parallelogrammebene um O solange dreht, bis er in die Richtung des Vektors OP_2 hineinkommt, so soll der dabei beschriebene Drehungswinkel vom Normalvektor aus beobachtet und positiv oder negativ gerechnet werden, je nachdem die Drehung für den personifizierten Normalvektor nach links oder nach rechts erfolgt. Wird dieser mit einem Zeichen behaftete Drehungswinkel mit α bezeichnet, während die Längen der Vektoren r_1, r_2 heißen, so gilt die Formel

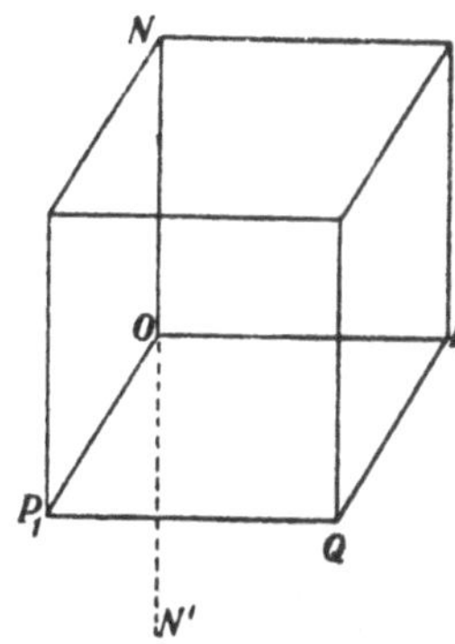

Fig. 12.

$$\mathfrak{B}_1 \times \mathfrak{B}_2 = \mathfrak{n} r_1 r_2 \sin\alpha.$$

Wir haben hier den Zahlenfaktor $r_1 r_2 \sin\alpha$, der im Falle $\mathfrak{n} = ON$ das Parallelogramm OP_1QP_2 positiv angibt, hinter den Vektor $\mathfrak{n}$ geschrieben, was man sehr häufig tut. In obiger Formel kann nun $\mathfrak{n}$ sowohl der Vektor ON als auch der Vektor ON' sein. Geht man nämlich von dem einen zum andern

Normalvektor über, so verwandelt sich $\mathfrak{n}$ in $-\mathfrak{n}$, zugleich aber auch α in $-\alpha$ und daher $\sin\alpha$ in $-\sin\alpha$, so daß der Faktor -1 zweimal hinzutritt, also im ganzen keine Änderung erfolgt.

Setzt man $\mathfrak{B}_1 = \mathfrak{i}$, $\mathfrak{B}_2 = x\mathfrak{i} + y\mathfrak{j}$, $\mathfrak{n} = \mathfrak{k}$ und ist ϑ der Drehungswinkel, der bei der Hineindrehung von $\mathfrak{B}_1$ in die Richtung von $\mathfrak{B}_2$ beschrieben wird, wobei $\mathfrak{k}$ den Beobachter abgibt, so hat man

$$\mathfrak{B}_1 \times \mathfrak{B}_2 = \mathfrak{k} r \sin\vartheta.$$

r bezeichnet hierbei die Länge des Vektors $x\mathfrak{i} + y\mathfrak{j}$. Bildet man auch das innere Produkt, so ergibt sich

$$\mathfrak{B}_1 \cdot \mathfrak{B}_2 = r\cos\vartheta.$$

Nach den Koordinatenformeln für beide Produkte ist $\mathfrak{B}_1 \cdot \mathfrak{B}_2 = x$ und

$$\mathfrak{B}_1 \times \mathfrak{B}_2 = \begin{vmatrix} \mathfrak{i} & \mathfrak{j} & \mathfrak{k} \\ 1 & 0 & 0 \\ x & y & 0 \end{vmatrix} = \mathfrak{k} y.$$

Es gelten daher die Beziehungen

$$x = r\cos\vartheta, \qquad y = r\sin\vartheta,$$

die man auch in $x\mathfrak{i} + y\mathfrak{j} = r(\mathfrak{i}\cos\vartheta + \mathfrak{j}\sin\vartheta)$ zusammenziehen kann. Faßt man $\mathfrak{B}_2$ als Ortsvektor eines Punktes P auf, $\mathfrak{B}_2 = OP$, so sind x, y die Koordinaten von P in bezug auf die rechtwinkligen Achsen Ox und Oy, also nach unserer früheren Bezeichnungsweise $x = \overline{OP_1}$ und $y = \overline{P_1P}$ (vgl. Fig. 13).

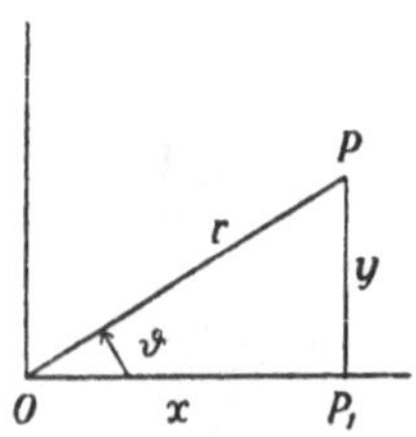

Fig. 13.

r und ϑ nennt man die Polarkoordinaten des Punktes P. Die erste Polarkoordinate r wird als Radiusvektor, die zweite ϑ als Amplitude des Punktes P bezeichnet. Die Amplitude ist der Winkel, um den die positive x-Achse sich drehen muß, um in die Richtung OP zu kommen. Man muß sie solange drehen, bis sie den Radiusvektor in sich aufnimmt. Der Drehungswinkel wird positiv oder negativ gerechnet, je nachdem die Drehung für den Vektor $\mathfrak{k}$, der auf diesem Blatte in O senkrecht steht und über dem Blatte liegt, nach links oder nach rechts herum erfolgt. Die Achsen Ox, Oy sind so beschaffen, daß Ox durch Linksdrehung um 90^0 in Oy übergeht.

Wir wollen hier gleich erwähnen, daß es in der höheren Mathematik üblich ist, Winkel nicht in Graden, sondern in Bogenmaß auszudrücken. Man denke sich um den Scheitel des Winkels einen Kreis vom Radius 1 beschrieben und achte auf das Kreisbogenstück, das zwischen den Schenkeln des Winkels liegt. Seine Länge ist das Bogenmaß des Winkels. Ein Winkel von 360^0 hat das Bogemaß 2π, ein gestreckter Winkel (180^0) das Bogenmaß π, ein rechter Winkel (90^0) das Bogenmaß $\frac{\pi}{2}$. Der Übergang vom Grad- zum Bogenmaß ist sehr einfach. Der Winkel 1^0 hat das Bogenmaß $\frac{\pi}{180}$, der Winkel vom Bogenmaß 1 das Gradmaß $\frac{180}{\pi}$.

Wenn $r = 1$ ist, so sind $\cos\vartheta$, $\sin\vartheta$ die rechtwinkligen Koordinaten des Punktes P. Dieser liegt auf einem um O beschriebenen Kreise vom Radius 1 und hat die Amplitude ϑ.

Wir wollen zwei Punkte P_1 und P_2 auf dem eben genannten Einheitskreise betrachten. Ihre Amplituden seien ϑ_1 und ϑ_2. Wenn man das Dreieck OP_1P_2 als starre Figur um O dreht, wobei der Drehungswinkel α heißen möge, so bleibt sowohl das innere Produkt $OP_1 \cdot OP_2$ als auch das äußere Produkt $OP_1 \times OP_2$ ungeändert. Das geht aus der Definition dieser Produkte hervor. Da nun $OP_1 \cdot OP_2 = x_1x_2 + y_1y_2$ und

$$OP_1 \times OP_2 = \begin{vmatrix} \mathfrak{i} & \mathfrak{j} & \mathfrak{k} \\ x_1 & y_1 & 0 \\ x_2 & y_2 & 0 \end{vmatrix} = (x_1y_2 - x_2y_1)\,\mathfrak{k}$$

ist, so haben die Ausdrücke $x_1x_2 + y_1y_2$ und $x_1y_2 - x_2y_1$ oder

$$\cos\vartheta_1\cos\vartheta_2 + \sin\vartheta_1\sin\vartheta_2 \quad \text{und} \quad \cos\vartheta_1\sin\vartheta_2 - \sin\vartheta_1\cos\vartheta_2$$

die Eigenschaft, bei Drehungen um O ihre Werte zu behalten. Bei einer Drehung mit dem Drehungswinkel α erfahren offenbar alle Amplituden ϑ den Zuwachs α. Daher gelten folgende Gleichungen:

$$\begin{gathered}\cos(\vartheta_1+\alpha)\cos(\vartheta_2+\alpha) + \sin(\vartheta_1+\alpha)\sin(\vartheta_2+\alpha)\\ = \cos\vartheta_1\cos\vartheta_2 + \sin\vartheta_1\sin\vartheta_2,\\ \cos(\vartheta_1+\alpha)\sin(\vartheta_2+\alpha) - \sin(\vartheta_1+\alpha)\cos(\vartheta_2+\alpha)\\ = \cos\vartheta_1\sin\vartheta_2 - \sin\vartheta_1\cos\vartheta_2.\end{gathered}$$

Setzt man hier $\alpha = -\vartheta_1$ und bedenkt, daß

$\cos 0 = 1$, $\sin 0 = 0$ ist, so ergibt sich

$$\begin{gathered}\cos(\vartheta_2 - \vartheta_1) = \cos\vartheta_1\cos\vartheta_2 + \sin\vartheta_1\sin\vartheta_2,\\ \sin(\vartheta_2 - \vartheta_1) = \cos\vartheta_1\sin\vartheta_2 - \sin\vartheta_1\cos\vartheta_2.\end{gathered}$$

Aus diesen wichtigen Gleichungen folgt, wenn man $\vartheta_2 = 0$ setzt, $\cos(-\vartheta_1) = \cos\vartheta_1$ und $\sin(-\vartheta_1) = -\sin\vartheta_1$, was sich aber auch direkt aus der Definition entnehmen läßt. Schreibt man in jenen Gleichungen $-\vartheta_1$ statt ϑ_1, so nehmen sie folgende Gestalt an:

$$\begin{gathered}\cos(\vartheta_1 + \vartheta_2) = \cos\vartheta_1\cos\vartheta_2 - \sin\vartheta_1\sin\vartheta_2,\\ \sin(\vartheta_1 + \vartheta_2) = \sin\vartheta_1\cos\vartheta_2 + \cos\vartheta_1\sin\vartheta_2.\end{gathered}$$

Schon in der Elementarmathematik lernt man das Rechnungssymbol $i = \sqrt{-1}$ kennen, das die Eigenschaft $i^2 = -1$ hat. Bildet man mit Hilfe dieses Symbols die beiden Ausdrücke

$$\cos\vartheta_1 + i\sin\vartheta_1 \quad \text{und} \quad \cos\vartheta_2 + i\sin\vartheta_2,$$

so liefern sie mit Rücksicht auf $i^2 = -1$ das Produkt

$$(\cos\vartheta_1\cos\vartheta_2 - \sin\vartheta_1\sin\vartheta_2) + i(\sin\vartheta_1\cos\vartheta_2 + \cos\vartheta_1\sin\vartheta_2),$$

das nach unsern obigen Formeln gleich

$$\cos(\vartheta_1 + \vartheta_2) + i\sin(\vartheta_1 + \vartheta_2)$$

ist. Es gilt also die Gleichung

$$(\cos\vartheta_1 + i\sin\vartheta_1)(\cos\vartheta_2 + i\sin\vartheta_2) = \cos(\vartheta_1 + \vartheta_2) + i\sin(\vartheta_1 + \vartheta_2),$$

die man die **Moivresche Formel** nennt. Man sieht, daß zwei Ausdrücke von der Form $\cos\vartheta + i\sin\vartheta$ als Prodrukt wieder einen solchen Ausdruck ergeben, wobei sich die ϑ-Werte addieren. Im Falle gleicher Faktoren findet man

$$(\cos\vartheta + i\sin\vartheta)^n = \cos n\vartheta + i\sin n\vartheta.$$

Im Falle $n = 2$ ergibt sich z. B. $\cos 2\vartheta = \cos^2\vartheta - \sin^2\vartheta$, $\sin 2\vartheta = 2\cos\vartheta\sin\vartheta$. Setzt man $\vartheta_1 = \vartheta$ und $\vartheta_2 = -1$, so ergibt sich

$$(\cos\vartheta + i\sin\vartheta)(\cos\vartheta - i\sin\vartheta) = 1.$$

Die linke Seite ist übrigens nichts anderes als $\cos^2\vartheta + \sin^2\vartheta$. Man sieht, daß $\cos\vartheta - i\sin\vartheta$ der reziproke Wert von $\cos\vartheta + i\sin\vartheta$ ist.

Ein Ausdruck von der Form $x + iy$, wo x und y reelle Zahlen bedeuten, wird als **komplexe Zahl** bezeichnet. Ersetzt man x, y durch $r\cos\vartheta$, $r\sin\vartheta$, so entsteht die **trigonometrische Darstellung** der komplexen Zahl. r nennt man den **absoluten Betrag** von $x + iy$ und ϑ die **Amplitude**. Beim Multiplizieren komplexer Zahlen multiplizieren sich die absoluten Beträge, während die Amplituden sich addieren. Beim Dividieren dividieren sich die absoluten Beträge, während die Amplituden sich subtrahieren. Die reellen Zahlen bilden eine Teilmenge des Bereichs der komplexen Zahlen. Die positiven reellen Zahlen ergeben sich, wenn man die Amplitude gleich Null, die negativen, wenn man sie gleich 180^0 oder π setzt. In beiden Fällen wird nämlich $\sin\vartheta$ gleich Null und $\cos\vartheta$ gleich $+1$ oder -1. Als geometrisches Abbild einer komplexen Zahl $x + iy$ gilt der Punkt P mit den rechtwinkligen Koordinaten x, y oder auch sein Ortsvektor OP, den man noch irgendwie parallel mit sich verschieben darf. Als Summe der beiden komplexen Zahlen $x_1 + iy_1$ und $x_2 + iy_2$ gilt $(x_1 + x_2) + i(y_1 + y_2)$. Beim Addieren komplexer Zahlen addieren sich ihre Bildvektoren. Multipliziert man $x + iy$ mit der reellen Zahl k, so ergibt sich $kx + iky$. Der Bildvektor OP erhält hierbei ebenfalls den Faktor k. Bei positivem k spricht man von einer **Streckung** (Streckungszentrum O). Multipliziert man $x + iy$ oder $r(\cos\vartheta + i\sin\vartheta)$ mit der komplexen Zahl $\cos\alpha + i\sin\alpha$, so ergibt sich

$$r\{\cos(\vartheta + \alpha) + i\sin(\vartheta + \alpha)\}.$$

Der Bildvektor OP behält also seine Länge und vermehrt seine Amplitude. Es findet eine **Drehung** um O mit dem Drehungswinkel α statt. Die Multiplikation mit einer beliebigen komplexen Zahl kann als die Aufeinanderfolge einer Streckung von O aus und einer Drehung um O gedeutet werden, weil sich jede solche Zahl in der Form $k(\cos\alpha + i\sin\alpha)$ mit positivem k schreiben läßt. Da die Faktoren vertauschbar sind, darf man die beiden Operationen auch in umgekehrter Reihenfolge anwenden. Das Endergebnis ist dasselbe.

Wir kehren nach dieser Zwischenbetrachtung zur Vektorrechnung zurück. Es darf nicht unerwähnt bleiben, was das Verschwinden des äußeren Produktes $\mathfrak{V}_1 \times \mathfrak{V}_2$ bedeutet. Denken wir an den Ausdruck $\mathfrak{V}_1 \times \mathfrak{V}_2 = p\mathfrak{n}$, wobei p das durch $OP_1 = \mathfrak{V}_1$ und $OP_2 = \mathfrak{V}_2$ bestimmte Parallelogramm mißt, so ist klar, daß nur im Falle $p = 0$ das äußere Produkt verschwindet. Dann liegen OP_1 und OP_2 auf einer Geraden. $\mathfrak{V}_1 \times \mathfrak{V}_2 = 0$ ist also die Bedingung für den Parallelismus der beiden Vektoren $\mathfrak{V}_1$, $\mathfrak{V}_2$.

Von den mehrfachen Vektorprodukten haben wir bereits das gemischte Produkt $\mathfrak{V}_1 \cdot (\mathfrak{V}_2 \times \mathfrak{V}_3)$ besprochen und festgestellt, daß es dem Volumprodukt $[\mathfrak{V}_1 \mathfrak{V}_2 \mathfrak{V}_3]$ gleich ist. Nun wollen wir noch das Doppelkreuzprodukt $\mathfrak{V}_1 \times (\mathfrak{V}_2 \times \mathfrak{V}_3)$ betrachten. Wir wissen, daß

$$\mathfrak{V}_2 \times \mathfrak{V}_3 = \begin{vmatrix} \mathfrak{i} & \mathfrak{j} & \mathfrak{k} \\ x_2 & y_2 & z_2 \\ x_3 & y_3 & z_3 \end{vmatrix}$$

ist oder in ausgerechneter Form

$$(y_2 z_3 - z_2 y_3)\,\mathfrak{i} + (z_2 x_3 - x_2 z_3)\,\mathfrak{j} + (x_2 y_3 - y_2 x_3)\,\mathfrak{k}.$$

Der Koordinatenausdruck von $\mathfrak{V}_1 \times (\mathfrak{V}_2 \times \mathfrak{V}_3)$ wird daher lauten

$$\begin{vmatrix} \mathfrak{i} & \mathfrak{j} & \mathfrak{k} \\ x_1 & y_1 & z_1 \\ y_2 z_3 - z_2 y_3, & z_2 x_3 - x_2 z_3, & x_2 y_3 - y_2 x_3 \end{vmatrix}$$

Es genügt, den Faktor von $\mathfrak{i}$ zu berechnen. Die Faktoren von $\mathfrak{j}$ und $\mathfrak{k}$ ergeben sich aus ihm durch zyklische Vertauschung von x, y, z, d. h. dadurch, daß man x, y, z zuerst durch y, z, x und weiter durch z, x, y ersetzt. Der Faktor von $\mathfrak{i}$ ist die Determinante

$$\begin{vmatrix} y_1 & z_1 \\ z_2 x_3 - x_2 z_3, & x_2 y_3 - y_2 x_3 \end{vmatrix}$$

oder

$$y_1 (x_2 y_3 - y_2 x_3) - z_1 (z_2 x_3 - x_2 z_3).$$

Sammelt man alles, was mit x_2, und alles, was mit x_3 behaftet ist, so ergibt sich

$$x_2 (y_1 y_3 + z_1 z_3) - x_3 (y_1 y_2 + z_1 z_2)$$

oder nach Hinzufügung von $x_2 x_1 x_3$ und $- x_3 x_1 x_2$

$$x_2 (x_1 x_3 + y_1 y_3 + z_1 z_3) - x_3 (x_1 x_2 + y_1 y_2 + z_1 z_2),$$

d. h. $x_2 (\mathfrak{V}_1 \cdot \mathfrak{V}_3) - x_3 (\mathfrak{V}_1 \cdot \mathfrak{V}_2)$. Die Faktoren von $\mathfrak{j}$ und $\mathfrak{k}$ werden lauten $y_2 (\mathfrak{V}_1 \cdot \mathfrak{V}_3) - y_3 (\mathfrak{V}_1 \cdot \mathfrak{V}_2)$, $z_2 (\mathfrak{V}_1 \cdot \mathfrak{V}_3) - z_3 (\mathfrak{V}_1 \cdot \mathfrak{V}_2)$ und das Doppelkreuzprodukt

$$\{x_2 (\mathfrak{V}_1 \cdot \mathfrak{V}_3) - x_3 (\mathfrak{V}_1 \cdot \mathfrak{V}_2)\}\,\mathfrak{i} + \{y_2 (\mathfrak{V}_1 \cdot \mathfrak{V}_3) - y_3 (\mathfrak{V}_1 \cdot \mathfrak{V}_2)\}\,\mathfrak{j} \\ + \{z_2 (\mathfrak{V}_1 \cdot \mathfrak{V}_3) - z_3 (\mathfrak{V}_1 \cdot \mathfrak{V}_2)\}\,\mathfrak{k}.$$

Man hat also

$$\mathfrak{V}_1 \times (\mathfrak{V}_2 \times \mathfrak{V}_3) = (\mathfrak{V}_1 \cdot \mathfrak{V}_3)\,\mathfrak{V}_2 - (\mathfrak{V}_1 \cdot \mathfrak{V}_2)\,\mathfrak{V}_3$$

oder in Determinantenform

$$\mathfrak{V}_1 \times (\mathfrak{V}_2 \times \mathfrak{V}_3) = \begin{vmatrix} \mathfrak{V}_2, & \mathfrak{V}_3 \\ \mathfrak{V}_1 \cdot \mathfrak{V}_2, & \mathfrak{V}_1 \cdot \mathfrak{V}_3 \end{vmatrix}.$$

In der ersten Zeile stehen die eingeklammerten Vektoren $\mathfrak{V}_2$, $\mathfrak{V}_3$, in der zweiten ihre inneren Produkte mit dem dritten Vektor.

Die gemischten Produkte $(\mathfrak{B}_1 \times \mathfrak{B}_2) \cdot \mathfrak{B}_3$ und $\mathfrak{B}_1 \cdot (\mathfrak{B}_2 \times \mathfrak{B}_3)$ haben beide denselben Wert. Das erste ist die Entwicklung der Koordinatendeterminante $[\mathfrak{B}_1 \mathfrak{B}_2 \mathfrak{B}_3]$ nach der dritten, das zweite die nach der ersten Zeile. Dagegen besteht zwischen $(\mathfrak{B}_1 \times \mathfrak{B}_2) \times \mathfrak{B}_3$ und $\mathfrak{B}_1 \times (\mathfrak{B}_2 \times \mathfrak{B}_3)$ ein großer Unterschied. Es ist nämlich

$$(\mathfrak{B}_1 \times \mathfrak{B}_2) \times \mathfrak{B}_3 = -(\mathfrak{B}_3 \times (\mathfrak{B}_1 \times \mathfrak{B}_2)) = -\begin{vmatrix} \mathfrak{B}_1, & \mathfrak{B}_2 \\ \mathfrak{B}_1 \cdot \mathfrak{B}_3, & \mathfrak{B}_2 \cdot \mathfrak{B}_3 \end{vmatrix}$$

oder

$$(\mathfrak{B}_1 \times \mathfrak{B}_2) \times \mathfrak{B}_3 = (\mathfrak{B}_1 \cdot \mathfrak{B}_3)\, \mathfrak{B}_2 - (\mathfrak{B}_2 \cdot \mathfrak{B}_3)\, \mathfrak{B}_1.$$

Sowohl bei $\mathfrak{B}_1 \times (\mathfrak{B}_2 \times \mathfrak{B}_3)$ als auch bei $(\mathfrak{B}_1 \times \mathfrak{B}_2) \times \mathfrak{B}_3$ steht an erster Stelle der mittlere Vektor $\mathfrak{B}_2$, multipliziert mit dem inneren Produkt der beiden andern. Dann kommt mit dem Minuszeichen der andere eingeklammerte Vektor, im ersten Falle $\mathfrak{B}_3$, im zweiten $\mathfrak{B}_1$, wieder multipliziert mit dem inneren Produkt der beiden andern Vektoren. Man nennt diese Aussage über das Doppelkreuzprodukt den Entwicklungssatz. Daß der Vektor Doppelkreuzprodukt sich aus den eingeklammerten Vektoren aufbaut, kann man voraussehen. Er muß nämlich senkrecht auf ihrem äußeren Produkt stehen, das im Doppelkreuzprodukt als Faktor auftritt.

Interessant ist ein Satz, der sich auf das innere Produkt aus zwei äußeren Produkten bezieht, also auf ein Gebilde folgender Art: $(\mathfrak{A}_1 \times \mathfrak{A}_2) \cdot (\mathfrak{B}_1 \times \mathfrak{B}_2)$. Man kann diesen Ausdruck als das Volumprodukt aus $\mathfrak{A}_1, \mathfrak{A}_2, \mathfrak{B}_1 \times \mathfrak{B}_2$ ansehen und davon Gebrauch machen, daß der Übergang zu $\mathfrak{A}_2, \mathfrak{B}_1 \times \mathfrak{B}_2, \mathfrak{A}_1$ nichts an diesem Produkt ändert. Es ist demnach

$$(\mathfrak{A}_1 \times \mathfrak{A}_2) \cdot (\mathfrak{B}_1 \times \mathfrak{B}_2) = (\mathfrak{A}_2 \times (\mathfrak{B}_1 \times \mathfrak{B}_2)) \cdot \mathfrak{A}_1$$
$$= (\mathfrak{B}_1 (\mathfrak{A}_2 \cdot \mathfrak{B}_2) - \mathfrak{B}_2 (\mathfrak{A}_2 \cdot \mathfrak{B}_1)) \cdot \mathfrak{A}_1 = (\mathfrak{A}_1 \cdot \mathfrak{B}_1)(\mathfrak{A}_2 \cdot \mathfrak{B}_2) - (\mathfrak{A}_1 \cdot \mathfrak{B}_2)(\mathfrak{A}_2 \cdot \mathfrak{B}_1),$$

d. h.

$$(\mathfrak{A}_1 \times \mathfrak{A}_2) \cdot (\mathfrak{B}_1 \times \mathfrak{B}_2) = \begin{vmatrix} \mathfrak{A}_1 \cdot \mathfrak{B}_1, & \mathfrak{A}_1 \cdot \mathfrak{B}_2 \\ \mathfrak{A}_2 \cdot \mathfrak{B}_1, & \mathfrak{A}_2 \cdot \mathfrak{B}_2 \end{vmatrix}.$$

Rechts steht die Determinante aller inneren Produkte, die man aus einem Vektor $\mathfrak{A}$ und einem Vektor $\mathfrak{B}$ bilden kann. Drückt man die Vektoren durch ihre Koordinaten aus, so ergibt sich folgende nach Lagrange benannte Beziehung:

$$\begin{vmatrix} a_{12} & a_{13} \\ a_{22} & a_{23} \end{vmatrix} \begin{vmatrix} b_{12} & b_{13} \\ b_{22} & b_{23} \end{vmatrix} + \begin{vmatrix} a_{11} & a_{13} \\ a_{21} & a_{23} \end{vmatrix} \begin{vmatrix} b_{11} & b_{13} \\ b_{21} & b_{23} \end{vmatrix} + \begin{vmatrix} a_{11} & a_{12} \\ a_{21} & a_{22} \end{vmatrix} \begin{vmatrix} b_{11} & b_{12} \\ b_{21} & b_{22} \end{vmatrix}$$
$$= \begin{vmatrix} a_{1.}\, b_{1.}, & a_{1.}\, b_{2.} \\ a_{2.}\, b_{1.}, & a_{2.}\, b_{2.} \end{vmatrix}.$$

Links ist jede zweireihige Determinante der Matrix

$$\begin{matrix} a_{11} & a_{12} & a_{13} \\ a_{21} & a_{22} & a_{23} \end{matrix}$$

mit der entsprechenden Determinante der Matrix

$$\begin{matrix} b_{11} & b_{12} & b_{13} \\ b_{21} & b_{22} & b_{23} \end{matrix}$$

multipliziert und die Summe dieser Produkte gebildet. Die Determinante auf der rechten Seite hat zu Elementen die Produkte der Zeilen der ersten mit denen der zweiten Matrix. Es handelt sich hier um einen verallgemeinerungsfähigen Matrizensatz. Wenn zwei Matrizen vorliegen,

$$\begin{matrix} a_{11}\, a_{12} \cdots a_{1n} \\ a_{21}\, a_{22} \cdots a_{2n} \\ \cdots\cdots\cdots \\ a_{m1}\, a_{m2} \cdots a_{mn} \end{matrix}$$

und

$$\begin{matrix} b_{11}\, b_{12} \cdots b_{1n} \\ b_{21}\, b_{22} \cdots b_{2n} \\ \cdots\cdots\cdots \\ b_{m1}\, b_{m2} \cdots b_{mn}, \end{matrix}$$

wobei wir $m < n$ voraussetzen, so kann man die Determinante der Zeilenprodukte bilden

$$\begin{vmatrix} a_{1\cdot}\, b_{1\cdot},\ a_{1\cdot}\, b_{2\cdot}, \ldots, a_{1\cdot}\, b_{m\cdot} \\ a_{2\cdot}\, b_{1\cdot},\ a_{2\cdot}\, b_{2\cdot}, \ldots, a_{2\cdot}\, b_{m\cdot} \\ \cdots\cdots\cdots\cdots \\ a_{m\cdot}\, b_{1\cdot},\ a_{m\cdot}\, b_{2\cdot}, \ldots, a_{m\cdot}\, b_{m\cdot} \end{vmatrix}.$$

Sie zerfällt nach dem Zerlegungs- und dem Faktorensatz in Bestandteile von der Form

$$\begin{vmatrix} a_{1r_1}\, a_{1r_2} \cdots a_{1r_m} \\ a_{2r_1}\, a_{2r_2} \cdots a_{2r_m} \\ \cdots\cdots\cdots \\ a_{mr_1}\, a_{mr_2} \cdots a_{mr_m} \end{vmatrix} b_{1r_1} b_{2r_2} \cdots b_{mr_m}.$$

Sobald in der Reihe $r_1, r_2, \ldots, r_m$ Wiederholungen vorkommen, ist der erste Faktor gleich Null. Man darf also annehmen, daß $r_1, r_2, \ldots, r_m$ voneinander verschieden sind. Nun entstehe $\varrho_1, \varrho_2, \ldots, \varrho_m$ aus $1, 2, \ldots, n$ dadurch, daß man $n - m$ Streichungen vornimmt. Ist $r_1, r_2, \ldots, r_m$ eine Permutation von $\varrho_1, \varrho_2, \ldots, \varrho_m$, so kann man den obigen Ausdruck in folgender Form schreiben:

$$\begin{vmatrix} a_{1\varrho_1}\, a_{1\varrho_2} \cdots a_{1\varrho_m} \\ a_{2\varrho_1}\, a_{2\varrho_2} \cdots a_{2\varrho_m} \\ \cdots\cdots\cdots \\ a_{m\varrho_1}\, a_{m\varrho_2} \cdots a_{m\varrho_m} \end{vmatrix} \operatorname{sgn}(r_1, r_2, \ldots, r_m)\, b_{1r_1} b_{2r_2} \cdots b_{mr_m}.$$

Summiert man über alle Permutationen von $\varrho_1, \varrho_2, \ldots, \varrho_m$, so ergibt sich

$$\begin{vmatrix} a_{1\varrho_1}\, a_{1\varrho_2} \cdots a_{1\varrho_m} \\ a_{2\varrho_1}\, a_{2\varrho_2} \cdots a_{2\varrho_m} \\ \cdots\cdots\cdots \\ a_{m\varrho_1}\, a_{m\varrho_2} \cdots a_{m\varrho_m} \end{vmatrix} \begin{vmatrix} b_{1\varrho_1}\, b_{2\varrho_2} \cdots b_{1\varrho_m} \\ b_{2\varrho_1}\, b_{2\varrho_2} \cdots b_{2\varrho_m} \\ \cdots\cdots\cdots \\ b_{m\varrho_1}\, b_{m\varrho_2} \cdots b_{m\varrho_m} \end{vmatrix}.$$

Die Summe dieser Produkte, erstreckt über alle aus $1, 2, \ldots, n$ zu bildenden

m-gliedrigen Indexgruppen $\varrho_1, \varrho_2, \ldots, \varrho_m$ $(\varrho_1 < \varrho_2 < \cdots < \varrho_m)$, wird der Determinante der Zeilenprodukte $a_{r.} b_{s.}$ gleich sein.

Läßt man die beiden Matrizen zusammenfallen, so kommt man zu folgender Aussage:

$$\begin{vmatrix} a_{1\cdot} a_{1\cdot}, & a_{1\cdot} a_{2\cdot}, \ldots, & a_{1\cdot} a_{m\cdot} \\ a_{2\cdot} a_{1\cdot}, & a_{2\cdot} a_{2\cdot}, \ldots, & a_{2\cdot} a_{m\cdot} \\ \cdots & \cdots & \cdots \\ a_{m\cdot} a_{1\cdot}, & a_{m\cdot} a_{2\cdot}, \ldots, & a_{m\cdot} a_{m\cdot} \end{vmatrix} = \sum \begin{vmatrix} a_{1\varrho_1} & a_{1\varrho_2} & \ldots & a_{1\varrho_m} \\ a_{2\varrho_1} & a_{2\varrho_2} & \ldots & a_{2\varrho_m} \\ \cdots & \cdots & \cdots & \cdots \\ a_{m\varrho_1} & a_{m\varrho_2} & \ldots & a_{m\varrho_m} \end{vmatrix}^2 .$$

Hieraus kann man bei reellen a eine wichtige Folgerung ziehen. Die Determinante der Zeilenprodukte ist dann und nur dann gleich Null, wenn sämtliche m-reihigen Determinanten der Matrix aller a verschwinden. Will man z. B. wissen, ob es unter den Gleichungen

$$\begin{aligned} a_{11} x_1 + a_{12} x_2 + \cdots + a_{1n} x_n &= 0, \\ a_{21} x_1 + a_{22} x_2 + \cdots + a_{2n} x_n &= 0, \\ \cdots\cdots\cdots\cdots\cdots\cdots & \\ a_{m1} x_1 + a_{m2} x_2 + \cdots + a_{mn} x_n &= 0 \end{aligned}$$

eine entbehrliche gibt, d. h. eine solche, die eine Folge der übrigen ist, aus denen sie sich mit Hilfe von Faktoren zusammenbauen läßt, so braucht man nur zuzusehen, ob die Determinante der Zeilenprodukte $a_{r.} a_{s.}$ verschwindet. Man braucht nicht alle m-reihigen Determinanten der Koeffizientenmatrix einzeln zu berechnen, sondern nur eine einzige m-reihige Determinante.

§ 11. Drehungen um eine Achse.

Wir betrachten die Drehungen um eine Achse, auf der wir uns den Einheitsvektor $\mathfrak{a} = OA$ angebracht denken. Er wird als Person gedacht, die ihre Füße in O, ihren Kopf in A hat. Bei Drehungen, die für diese Person nach links herum erfolgen, geben wir dem Drehungswinkel das Pluszeichen, bei solchen, die nach rechts herum gehen, das Minuszeichen. Wenn wir von der Drehung ϑ sprechen, so ist ϑ der Drehungswinkel einschließlich des Vorzeichens. Zum Beispiel ist die Drehung $\frac{\pi}{2}$ eine Linksdrehung, die Drehung $-\frac{\pi}{2}$ eine Rechtsdrehung um 90°.

Nun sei $\mathfrak{R} = OP$ ein Vektor, der auf $\mathfrak{a}$ senkrecht steht. Unterwerfen wir ihn der Drehung $\frac{\pi}{2}$ um $\mathfrak{a}$, so entsteht ein Vektor $OP^* = \mathfrak{R}^*$, der senkrecht auf $\mathfrak{a}$ und OP steht und dieselbe Länge hat wie $\mathfrak{R}$. Außerdem bilden $\mathfrak{a}, \mathfrak{R}, \mathfrak{R}^*$ ein Rechtstripel. Genau dieselben Aussagen gelten für den Vektor $\mathfrak{a} \times \mathfrak{R}$, weil in dem von OA und OP gebildeten Rechteck die eine Seite gleich 1 ist, also der Inhalt numerisch gleich der Länge der andern Seite. Man sieht also, daß $\mathfrak{R}^* = \mathfrak{a} \times \mathfrak{R}$ ist. Unterwerfen wir OP der Drehung ϑ um $\mathfrak{a}$, so geht er in $\mathfrak{R}_1 = OP_1$

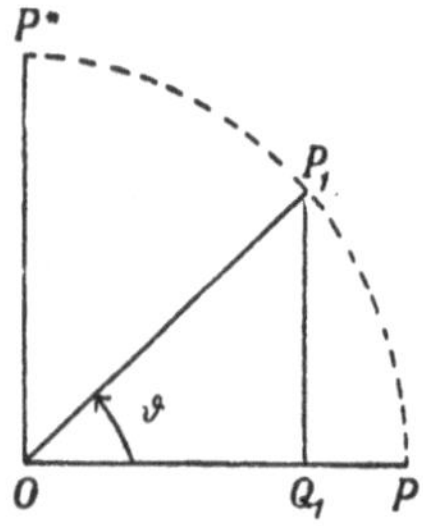

Fig. 14.

über. Zerlegen wir OP_1 in die beiden Summanden OQ_1 und Q_1P_1, so ist (vgl. Fig. 14)

$$OQ_1 = \mathfrak{R} \cos \vartheta, \quad Q_1P_1 = \mathfrak{R}^* \sin \vartheta.$$

Man hat also

$$(1) \qquad \mathfrak{R}_1 = \mathfrak{R} \cos \vartheta + (\mathfrak{a} \times \mathfrak{R}) \sin \vartheta.$$

Diese Formel sagt uns, wie die Drehung ϑ auf die Vektoren einer zu $\mathfrak{a}$ senkrechten Ebene einwirkt. Der um ϑ gedrehte Vektor $\mathfrak{R}$ setzt sich aus $\mathfrak{R}$ und dem um $\frac{\pi}{2}$ gedrehten Vektor $\mathfrak{R}$ mittels der Faktoren $\cos \vartheta$ und $\sin \vartheta$ zusammen. Man könnte diese Aussage zur Definition des Kosinus und des Sinus benutzen.

An Hand der grundlegenden Formel (1) kann man die Zusammensetzung der Drehungen bequem behandeln. Es folge auf die Drehung ϑ eine zweite Drehung ϑ_1, die $\mathfrak{R}_1$ in $\mathfrak{R}_2$ überführt. Dann schließt sich an (1) die Gleichung

$$(2) \qquad \mathfrak{R}_2 = \mathfrak{R}_1 \cos \vartheta_1 + (\mathfrak{a} \times \mathfrak{R}_1) \sin \vartheta_1.$$

Setzt man in (2) für $\mathfrak{R}_1$ den Ausdruck (1) ein, so verwandelt sich die rechte Seite zunächst in

$$\{\mathfrak{R} \cos \vartheta + (\mathfrak{a} \times \mathfrak{R}) \sin \vartheta\} \cos \vartheta_1 + \{(\mathfrak{a} \times \mathfrak{R}) \cos \vartheta + (\mathfrak{a} \times (\mathfrak{a} \times \mathfrak{R})) \sin \vartheta\} \sin \vartheta_1.$$

Nun ist nach dem Entwicklungssatz

$$\mathfrak{a} \times (\mathfrak{a} \times \mathfrak{R}) = (\mathfrak{a} \cdot \mathfrak{R})\, \mathfrak{a} - (\mathfrak{a} \cdot \mathfrak{a})\, \mathfrak{R} = -\mathfrak{R},$$

weil $\mathfrak{a} \cdot \mathfrak{R} = 0$ und $\mathfrak{a} \cdot \mathfrak{a} = 1$ ist. Es ergibt sich somit

$$\begin{aligned} \mathfrak{R}_2 &= \mathfrak{R} (\cos \vartheta \cos \vartheta_1 - \sin \vartheta \sin \vartheta_1) + (\mathfrak{a} \times \mathfrak{R}) (\sin \vartheta \cos \vartheta_1 + \cos \vartheta \sin \vartheta_1) \\ &= \mathfrak{R} \cos (\vartheta + \vartheta_1) + (\mathfrak{a} \times \mathfrak{R}) \sin (\vartheta + \vartheta_1). \end{aligned}$$

Bei der Zusammensetzung zweier Drehungen um $\mathfrak{a}$ addieren sich also die Drehungswinkel, was auch anschaulich klar ist.

In einem rechtwinkligen Achsensystem seien $\mathfrak{i}$, $\mathfrak{j}$, $\mathfrak{k}$ die Einheitsvektoren auf den Achsen. Betrachten wir die Drehung ϑ um $\mathfrak{k}$ und lassen sie auf $\mathfrak{R} = x\mathfrak{i} + y\mathfrak{j}$ einwirken, so geht dieser Vektor in $\mathfrak{R}_1 = x_1\mathfrak{i} + y_1\mathfrak{j}$ über, und es ist nach (1) mit Rücksicht auf $\mathfrak{k} \times (x\mathfrak{i} + y\mathfrak{j}) = x\,(\mathfrak{k} \times \mathfrak{i}) + y\,(\mathfrak{k} \times \mathfrak{j}) = x\mathfrak{j} - y\mathfrak{i}$

$$x_1\mathfrak{i} + y_1\mathfrak{j} = (x\mathfrak{i} + y\mathfrak{j}) \cos \vartheta + (x\mathfrak{j} - y\mathfrak{i}) \sin \vartheta,$$

also

$$(3) \qquad \begin{cases} x_1 = x \cos \vartheta - y \sin \vartheta, \\ y_1 = x \sin \vartheta + y \cos \vartheta. \end{cases}$$

Das ist die Koordinatendarstellung einer Drehung um den Punkt O in der Ebene Ox, Oy. Setzt man $\mathfrak{R} = OP$, $\mathfrak{R}_1 = OP_1$, so sind x, y die Koordinaten von P und x_1, y_1 die von P_1. Man sieht aus (3), welche Lageänderung die Punkte der Ebene bei der betrachteten Drehung erfahren. Von (3) aus kann man eine frühere Angabe bestätigen. Wir stellten seinerzeit fest, daß bei der Drehung ϑ die komplexe Zahl $x + iy$ mit $\cos \vartheta + i \sin \vartheta$ multipliziert wird. Aus den Gleichungen (3) folgt tatsächlich

$$x_1 + iy_1 = x \cos \vartheta + i^2 y \sin \vartheta + i (x \sin \vartheta + y \cos \vartheta)$$
$$= (x + iy) (\cos \vartheta + i \sin \vartheta).$$

Am bequemsten gelangt man zu den Formeln (3), wenn man Polarkoordinaten r, φ zugrunde legt. In Polarkoordinaten drückt sich die Drehung ϑ so aus:

$$r_1 = r, \quad \varphi_1 = \varphi + \vartheta.$$

Nun ist $x = r \cos \varphi$, $y = r \sin \varphi$ und $x_1 = r_1 \cos \varphi_1$, $y_1 = r_1 \sin \varphi_1$, mithin

$$x_1 = r \cos (\varphi + \vartheta) = r \cos \varphi \cos \vartheta - r \sin \varphi \sin \vartheta,$$
$$y_1 = r \sin (\varphi + \vartheta) = r \cos \varphi \sin \vartheta + r \sin \varphi \cos \vartheta.$$

Ersetzt man hier $r \cos \varphi$, $r \sin \varphi$ durch x, y, so ergeben sich die Gleichungen (3).

Nachdem wir die Koordinatendarstellung einer Drehung um O in der Ebene Ox, Oy hergeleitet haben, sei noch über Streckung und Translation ein kurzes Wort gesagt. Bei einer Streckung von O aus erhalten alle Ortsvektoren OP denselben positiven Faktor k. Derselbe Faktor tritt zu den Koordinaten. Wenn man auf die Drehung ϑ noch die Streckung k folgen läßt, so sind x_1, y_1 mit k zu multiplizieren. Die Drehstreckung k, ϑ wird also, wenn man noch $k \cos \vartheta = a$, $k \sin \vartheta = b$ setzt, durch folgende Gleichungen dargestellt:

$$x^* = ax - by,$$
$$y^* = bx + ay.$$

Beide Gleichungen lassen sich mit Hilfe des Symbols i in

$$x^* + iy^* = (x + iy) (a + ib)$$

zusammenziehen. Bei einer Translation in der Ebene Ox, Oy erhalten alle Ortsvektoren OP denselben vektoriellen Zuwachs PP'. Sind p und q die Koordinaten dieses festen Vektors PP', der sich an alle Ortsvektoren anfügt, so kann man schreiben

$$x' = x + p, \quad y' = y + q.$$

Das ist die Koordinatendarstellung einer Translation. Der Anfangspunkt $x = 0$, $y = 0$ geht bei ihr in den Punkt $x' = p$, $y' = q$ über. Läßt man auf die Drehung (3) die eben betrachtete Translation folgen, so treten zu x_1 und y_1 die Bestandteile p, q hinzu. Man gelangt also vom Punkte x, y zu

$$(4) \qquad \begin{cases} x^* = x \cos \vartheta - y \sin \vartheta + p, \\ y^* = x \sin \vartheta + y \cos \vartheta + q. \end{cases}$$

Das sind die Formeln für eine Bewegung in der Ebene Ox, Oy. Jede solche Bewegung kann man in ihrer Wirkung ersetzen durch eine Drehung um O und eine darauffolgende Translation. Die Formeln (4), die sich unter Benutzung komplexer Zahlen in eine einzige Gleichung

$$x^* + iy^* = (x + iy) (\cos \vartheta + i \sin \vartheta) + p + iq$$

zusammenziehen lassen, beherrschen die ebene Kinematik, die Lehre von den Bewegungen in einer Ebene.

Wir kehren nun zu unserem ursprünglichen Problem zurück und wollen jetzt die Drehung ϑ um $\mathfrak{a}$ in voller Allgemeinheit behandeln, uns also nicht mehr auf eine Ebene senkrecht zu $\mathfrak{a}$ beschränken. P sei ein beliebiger Punkt im Raume und $OP = \mathfrak{r}$ sein Ortsvektor. Wir zerlegen (vgl. Fig. 15) $\mathfrak{r}$ in zwei Summanden, deren einer parallel zur Drehungsachse läuft und daher in der Form $k\mathfrak{a}$ darstellbar ist, während der andere $OQ = \mathfrak{R}$ senkrecht auf $\mathfrak{a}$ steht, so daß $\mathfrak{a} \cdot \mathfrak{R} = 0$ ist. Multipliziert man $\mathfrak{r} = \mathfrak{R} + k\mathfrak{a}$ innerlich mit $\mathfrak{a}$, so ergibt sich $k = \mathfrak{a} \cdot \mathfrak{r}$, so daß wir schreiben können

$$(5) \qquad \mathfrak{r} = \mathfrak{R} + (\mathfrak{a} \cdot \mathfrak{r})\, \mathfrak{a}.$$

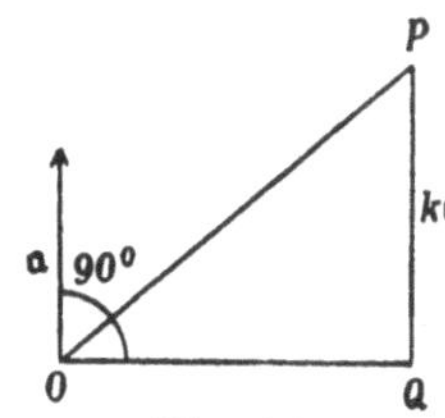

Fig. 15.

$(\mathfrak{a} \cdot \mathfrak{r})\, \mathfrak{a}$ nennt man die $\mathfrak{a}$-Komponente des Vektors $\mathfrak{r}$. Diese Komponente bleibt offenbar bei allen Drehungen um $\mathfrak{a}$ nach Größe und Richtung unverändert. Wird also $OP = \mathfrak{r}$ durch die Drehung ϑ in $OP_1 = \mathfrak{r}_1$ übergeführt, so ändert sich von $\mathfrak{r}$ nur der Bestandteil $\mathfrak{R}$, und zwar verwandelt er sich nach Formel (1) in $\mathfrak{R} \cos \vartheta + (\mathfrak{a} \times \mathfrak{R}) \sin \vartheta$. Es wird demnach

$$\mathfrak{r}_1 = \mathfrak{R} \cos \vartheta + (\mathfrak{a} \times \mathfrak{R}) \sin \vartheta + (\mathfrak{a} \cdot \mathfrak{r})\, \mathfrak{a}.$$

Da $(\mathfrak{a} \cdot \mathfrak{r})\, \mathfrak{a}$ mit $\mathfrak{a}$ das äußere Produkt Null liefert, so folgt aus (5)

$$\mathfrak{a} \times \mathfrak{r} = \mathfrak{a} \times \mathfrak{R}.$$

Ersetzt man außerdem $\mathfrak{R}$ durch $\mathfrak{r} - (\mathfrak{a} \cdot \mathfrak{r})\, \mathfrak{a}$, so ergibt sich folgende Darstellung des gedrehten Vektors durch $\mathfrak{a}$, $\mathfrak{r}$ und $\mathfrak{a} \times \mathfrak{r}$:

$$(6) \qquad \mathfrak{r}_1 = \mathfrak{a}\, (\mathfrak{a} \cdot \mathfrak{r})\, (1 - \cos \vartheta) + \mathfrak{r} \cos \vartheta + (\mathfrak{a} \times \mathfrak{r}) \sin \vartheta.$$

Man kann dieser Drehungsformel noch eine andere, besonders elegante Gestalt geben, wenn man den Vektor $\mathfrak{a} \times (\mathfrak{a} \times \mathfrak{r})$, d. h. $(\mathfrak{a} \cdot \mathfrak{r})\, \mathfrak{a} - (\mathfrak{a} \cdot \mathfrak{a})\, \mathfrak{r}$ oder $(\mathfrak{a} \cdot \mathfrak{r})\, \mathfrak{a} - \mathfrak{r}$, heranzieht und in Formel (6) statt $\mathfrak{a}\, (\mathfrak{a} \cdot \mathfrak{r})$ den Ausdruck $\mathfrak{r} + (\mathfrak{a} \times (\mathfrak{a} \times \mathfrak{r}))$ einsetzt. Dann ergibt sich

$$(6^*) \qquad \mathfrak{r}_1 = \mathfrak{r} + (\mathfrak{a} \times \mathfrak{r}) \sin \vartheta + (\mathfrak{a} \times (\mathfrak{a} \times \mathfrak{r}))\, (1 - \cos \vartheta).$$

Hier baut sich $\mathfrak{r}_1$ aus den Vektoren $\mathfrak{r}$, $\mathfrak{a} \times \mathfrak{r}$, $\mathfrak{a} \times (\mathfrak{a} \times \mathfrak{r})$ auf. Bemerkenswert ist an Formel (6*), daß nur die äußere Multiplikation Verwendung findet.

Zweites Kapitel.

Lehre von den Grenzwerten.

§ 1. Zahlenfolgen.

Die einfachste Erscheinungsform des Unendlichen steht in der unendlichen Nummernfolge 1, 2, 3, ... vor uns und ist allen geläufig. Wir nennen diese Nummernfolge die Grundfolge. Denkt man sich jedes Glied der Grundfolge durch eine rationale oder irrationale Zahl ersetzt, also 1 durch eine Zahl x_1, 2 durch eine Zahl x_2 und allgemein jede Nummer n durch eine Zahl x_n, so entsteht ein Gebilde, das als Zahlenfolge oder kurz als Folge bezeichnet wird. Eine Zahlenfolge hat also folgende Gestalt:

$$x_1,\, x_2,\, x_3,\, \ldots$$

Man kann niemals *alle* Glieder einer solchen Folge wirklich aufschreiben. Das liegt im Wesen des Unendlichen. Die Folge ist immer durch irgendein *Gesetz* bestimmt, das genau vorschreibt, welches Glied an der n-ten Stelle stehen soll. Dieses Gesetz kann z. B. dahin lauten, daß $x_n = \frac{(-1)^n}{n}$ sein soll. Die Folge lautet dann

$$-1, \tfrac{1}{2}, -\tfrac{1}{3}, \tfrac{1}{4}, \ldots$$

Oft kann man, wenn ein Abschnitt der Folge aufgeschrieben vorliegt, das Gesetz, das die Folge beherrscht, leicht erraten.

Betrachtet man die Glieder der Zahlenfolge $x_1, x_2, x_3, \ldots$ als Abszissen, so entspricht ihr eine *Punktfolge* $P_1, P_2, P_3, \ldots$ auf der Zahlenlinie, wobei also immer P_n die Abszisse x_n hat. Liegen zwei Zahlenfolgen $x_1, x_2, x_3, \ldots$ und $y_1, y_2, y_3, \ldots$ vor, so kann man x_n und y_n als Abszisse und Ordinate eines Punktes in bezug auf zwei Achsen Ox, Oy ansehen und erhält dann eine Punktfolge in der Ebene. Ebenso gehört zu drei Zahlenfolgen eine Punktfolge im Raume. Diese geometrische Deutung der Zahlenfolge, sowie der Paare und Tripel solcher Folgen, ist sehr bequem. Anstatt von Zahlenfolgen kann man immer von Punktfolgen reden und aus der Anschaulichkeit Nutzen ziehen.

$P_1, P_2, P_3, \ldots$ sei eine Punktfolge auf einer Geraden und Q ein Punkt der Geraden. Dann heißt Q eine *Häufungsstelle* oder ein *Häufungspunkt* der Folge, wenn in *jeder Umgebung* von Q unendlich viele Glieder dieser Folge enthalten sind. Hiermit wollen wir sagen (vgl. Fig. 16), daß in jedes Intervall AB mit dem Innenpunkt Q unendlich viele Punkte P_n fallen. Denkt man sich also in der Folge $P_1, P_2, P_3, \ldots$ alle Punkte ausgemerzt, die nicht dem Intervall AB angehören, so soll nicht etwa nur eine endliche Anzahl von Punkten stehenbleiben, sondern eine ganze Folge $P_{n_1}, P_{n_2}, P_{n_3}, \ldots$, und dies soll gelten, wie klein man auch das Intervall AB wählen mag. Spricht man nur von Zahlenfolgen, ohne die zugehörigen Punktfolgen in Betracht zu ziehen, so wendet man statt Häufungsstelle die Bezeichnung *Häufungswert* an.

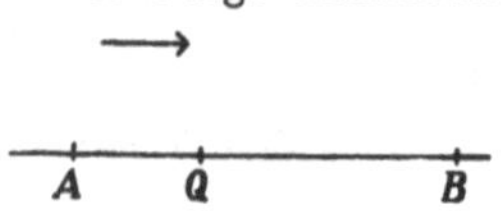

Fig. 16.

Vielleicht wird dieser äußerst wichtige Begriff noch klarer, wenn man sich fragt, wie die Sachlage sein muß, wenn Q kein Häufungspunkt ist. Dann wird nicht mehr *jede* Umgebung unendlich viele Glieder der Folge $P_1, P_2, P_3, \ldots$ enthalten. Es wird sich vielmehr das Intervall AB so wählen lassen, daß nur eine endliche Anzahl von Punkten der Folge darin enthalten ist. Gehört Q selbst nicht zur Folge, so kann man durch Verkleinerung des Intervalls AB erreichen, daß überhaupt kein Punkt der Folge darin anzutreffen ist. Gehört Q zur Folge, so darf sich dieser Punkt in der Folge nur eine endliche Anzahl von Malen wieherholen. Durch Verkleinerung von AB läßt sich dann bewirken, daß außer diesen endlich vielen mit Q zusammenfallenden Punkten kein Glied der Folge in AB vorkommt.

Die Folge $\frac{1}{3}, \frac{2}{3}, \frac{1}{4}, \frac{3}{4}, \ldots$, die von den Brüchen $\frac{1}{n}, \frac{2}{n}, \ldots, \frac{n-1}{n}$

immer nur den ersten und letzten enthält, wobei n jeden der Werte 3, 4, 5, ... annimmt, hat die beiden Häufungswerte 0 und 1, die selbst nicht zur Folge gehören. Fügen wir noch die Glieder 0 und 1 hinzu, so entsteht die Folge $0, 1, \frac{1}{3}, \frac{2}{3}, \frac{1}{4}, \frac{3}{4}, \ldots$, Sie hat ebenfalls die Häufungswerte 0 und 1, die hier aber mit zur Folge gehören.

Wenn man alle Rationalzahlen des Intervalls von 0 bis 1 betrachtet, so läßt sich eine Folge aufbauen, die alle diese Zahlen und jede nur einmal enthält. Man bilde zunächst die Folge $\frac{1}{2}, \frac{1}{3}, \frac{2}{3}, \frac{1}{4}, \frac{2}{4}, \frac{3}{4}, \frac{1}{5}, \frac{2}{5}, \frac{3}{5}, \frac{4}{5}, \ldots$, die jeden der Brüche $\frac{1}{n}, \frac{2}{n}, \ldots, \frac{n-1}{n}$ aufnimmt, wobei n die Werte 2, 3, 4, ... durchläuft. Dann streiche man in dieser Folge alle Brüche, die sich kürzen lassen, also $\frac{2}{4}, \frac{2}{6}, \frac{3}{6}, \frac{4}{6}, \ldots$ Die übrigbleibende Folge hat die gewünschte Eigenschaft. Hier liegt nun eine Folge mit unendlich vielen Häufungspunkten vor, die das ganze Intervall von 0 bis 1 ausfüllen. Man sieht dies sofort, wenn man das Intervall halbiert, jede Hälfte wieder halbiert usw. Die so erhaltenen Halbierungspunkte oder vielmehr ihre Abszissen bilden nur eine Teilfolge der vorliegenden Folge und haben bereits die Eigenschaft, daß in jede Umgebung irgendeiner Stelle des betrachteten Intervalls unendlich viele von ihnen hineinfallen.

§ 2. Der Satz von Weierstraß.

Es gibt Zahlenfolgen, die keinen Häufungswert besitzen, wie z. B. die Folge 1, 2, 3, ... Auf der Zahlenlinie ist keine Stelle vorhanden, die in jeder Umgebung unendlich viele Punkte mit ganzzahligen Koordinaten aufweisen kann. Wenn nämlich die Länge einer solchen Umgebung kleiner als 1 ist, nimmt sie nicht einmal zwei solche Punkte in sich auf.

Wir werden jetzt eine Klasse von Folgen kennenlernen, bei denen man sicher sein kann, daß wenigstens *eine* Häufungsstelle vorhanden ist. Es sind das die *beschränkten* Zahlenfolgen. Sie sind dadurch gekennzeichnet, daß es sowohl eine *obere* Schranke b gibt, die alle Glieder der Folge übertrifft, als auch eine *untere* Schranke a, die sie alle untertrifft. Die ganze Folge ist also in dem Intervall $a \cdots b$ enthalten. *Weierstraß* hat den grundlegenden Satz aufgestellt, *daß eine beschränkte Zahlenfolge mindestens einen Häufungswert hat.*

Der Beweis wird mit Hilfe eines Dedekindschen Schnittes geführt. Man teilt die sämtlichen Rationalzahlen in eine untere und eine obere Klasse ein. Zur unteren Klasse gehören alle Rationalzahlen, die von *unendlich vielen* Gliedern der Folge übertroffen werden, zur oberen Klasse alle anderen. Zur unteren Klasse gehört z. B. jede Rationalzahl, die kleiner ist als die untere Schranke a, zur oberen jede Rationalzahl, die größer ist als die obere Schranke b. Nun gibt es, wie wir wissen, auf alle Fälle eine rationale oder irrationale Trennungszahl h, die beide Klassen gegeneinander abgrenzt, so daß jede Rationalzahl, die größer als h ist, in die obere Klasse fällt, jede, die kleiner als h

ist, in die untere. Jede Rationalzahl und überhaupt jede Zahl unterhalb h wird daher von unendlich vielen Gliedern der Folge übertroffen, während oberhalb h keine Zahl diese Eigenschaft aufweist. Konstruiert man also um h eine beliebige Umgebung $h - \varepsilon \cdots h + \varepsilon$, so gibt es in der betrachteten Folge unendlich viele Glieder, die $h - \varepsilon$ übertreffen. Von ihnen werden aber nur endlich viele über $h + \varepsilon$ hinausgreifen. In jede Umgebung von h fallen daher unendlich viele Glieder der Folge, d. h. h ist eine Häufungsstelle.

Wir können über den hier gewonnenen Häufungswert h noch die weitere Aussage machen, daß es oberhalb h keinen andern Häufungswert mehr gibt. h ist der größte Häufungswert oder die oberste Häufungsstelle. Wäre h' ebenfalls ein Häufungswert der vorliegenden Folge und h' größer als h, so könnte man um h' eine Umgebung $h' - \varepsilon \cdots h' - \varepsilon$ so klein konstruieren, daß sie ganz oberhalb h liegt. In dieser Umgebung gäbe es unendlich viele Glieder der Folge, die dann alle größer wären als eine zwischen h und $h' - \varepsilon$ herausgegriffene Rationalzahl. Zu dieser Rationalzahl könnte es aber, weil sie größer als h ist, unmöglich so viele Übertreffer in der Folge geben.

Durch eine kleine Abänderung des Verfahrens, das zu dem größten Häufungswert führte, kommt man zu dem kleinsten Häufungswert oder zur untersten Häufungsstelle. Bei jeder beschränkten Folge gibt es diese beiden äußersten Häufungspunkte. Es kann auch vorkommen, daß sie zusammenfallen. Dann liegt eine beschränkte Folge vor, die nur einen Häufungswert hat. Diese beschränkten Folgen, die an Häufungswerten möglichst arm sind, haben eine ganz besondere Wichtigkeit. Mit ihnen müssen wir uns genauer beschäftigen.

$x_1, x_2, x_3, \ldots$ sei eine beschränkte Folge mit einem einzigen Häufungswert g. Wird um g eine Umgebung $g - \varepsilon \cdots g + \varepsilon$ konstruiert, so liegen darin unendlich viele Glieder der Folge. Die Glieder, die sich dieser Umgebung nicht einordnen, wollen wir als Ausnahmeglieder bezeichnen. Es läßt sich nun zeigen, daß es nur eine endliche Anzahl solcher Ausnahmeglieder geben kann. Gäbe es deren unendlich viele, so würden sie eine Teilfolge $x_1', x_2', x_3', \ldots$ von $x_1, x_2, x_3, \ldots$ bilden. Diese Teilfolge hätte dann einen Häufungswert h', während offenbar g kein Häufungswert von ihr ist, da alle x_n' außerhalb von $g - \varepsilon \cdots g + \varepsilon$ liegen. Da nun in jeder Umgebung von h' unendlich viele x_n' liegen, und die x_n' alle der Folge $x_1, x_2, x_3, \ldots$ angehören, so kann man ebensogut sagen, daß jede Umgebung von h' unendlich viele x_n enthält. h' wäre also ein von g verschiedener Häufungswert der Folge $x_1, x_2, x_3, \ldots$, die doch nur einen Häufungswert g haben sollte. Damit ist die oben aufgestellte Behauptung bewiesen, daß es nur endlich viele Ausnahmeglieder gibt, die von dem Intervall $g - \varepsilon \cdots g + \varepsilon$ nicht erfaßt werden. In jeder Umgebung von g liegen also alle Glieder der Folge mit einer endlichen Anzahl von Ausnahmen, oder, wie wir kurz sagen, fast alle Glieder der Folge.

Steht eine Folge $x_1, x_2, x_3, \ldots$ zu einer Zahl g in solcher Beziehung, daß in jeder Umgebung von g fast alle Glieder der Folge enthalten sind, so sagt man, sie habe den Grenzwert g. Derartige Folgen heißen konvergent.

Unter Anwendung dieser Ausdrucksweise können wir unser obiges Ergebnis in folgender Weise aussprechen: Eine beschränkte Zahlenfolge, die nur einen einzigen Häufungswert g besitzt, ist konvergent und hat g zum Grenzwert oder, noch kürzer ausgedrückt, sie konvergiert nach g. Umgekehrt läßt sich zeigen, daß eine Folge, die nach g konvergiert, beschränkt ist und den einzigen Häufungswert g hat. Da außerhalb $g - \varepsilon \cdots g + \varepsilon$ nur endlich viele Glieder der Folge liegen, eben die Ausnahmeglieder, so braucht man, um eine obere Schranke der Folge zu gewinnen, nur $g + \varepsilon$ so stark nach oben zu rücken, daß es die Ausnahmeglieder übertrifft. Ebenso wird $g - \varepsilon$ eine untere Schranke der Folge, wenn es so weit nach unten rückt, daß die Ausnahmeglieder untertroffen werden. Eine konvergente Folge ist also stets beschränkt. Der Grenzwert g ist offenbar ein Häufungswert, weil fast alle immer unendlich viele sind. Er duldet aber keinen andern Häufungswert neben sich. Wäre h ein solcher, so ließen sich um g und h Umgebungen $g - \varepsilon \cdots g + \varepsilon$ und $h - \varepsilon \cdots h + \varepsilon$ konstruieren, die sich vollkommen ausschließen (vgl. Fig. 17). Da die erste Umgebung fast alle Glieder der Folge absorbiert, so blieben für die zweite nur endlich viele übrig, während doch in diese zweite Umgebung unendlich viele Glieder der Folge hineinfallen müßten, wenn h ein Häufungswert sein soll.

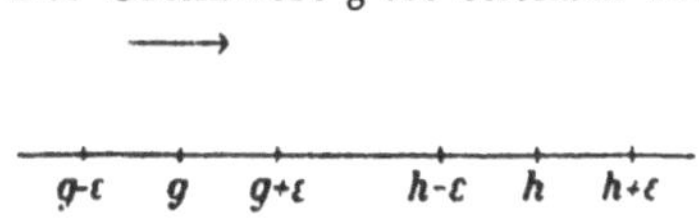

Fig. 17.

Wir wissen auf Grund obiger Betrachtungen, daß konvergente Zahlenfolgen und beschränkte Zahlenfolgen mit nur einem Häufungswert ein und dasselbe sind.

§ 3. Sieben Grundeigenschaften der konvergenten Folgen.

Wenn man mit konvergenten Folgen zu tun hat, so muß man sich sehr häufig auf folgende Grundeigenschaften dieser Folgen stützen. Es genügt, sie auszusprechen und kurze Andeutungen über den Beweis zu machen.

1. Hat eine Folge den Grenzwert g, so konvergiert auch jede Teilfolge nach g.

Wenn man eine Umgebung um g konstruiert, so liegen stets nur endlich viele Glieder der Folge, also erst recht nur endlich viele Glieder der Teilfolge außerhalb dieser Umgebung. Fast alle sind in der Umgebung enthalten.

2. Hat die Folge $x_1, x_2, x_3, \ldots$ den Grenzwert g, so gilt dasselbe von der Folge $a_1, a_2, \ldots, a_p, x_1, x_2, x_3, \ldots$ Die Hinzufügung endlich vieler Glieder stört in keiner Weise die Grenzwertbeziehung.

Fast alle Glieder der alten sind auch fast alle Glieder der neuen Folge.

3. Hat die Folge $x_1, x_2, x_3, \ldots$ den Grenzwert g, so gilt dasselbe von der Folge

$$\underbrace{x_1, x_1, \ldots, x_1}_{p_1\text{—mal}}, \quad \underbrace{x_2, x_2, \ldots, x_2}_{p_2\text{—mal}}, \quad \underbrace{x_3, x_3, \ldots, x_3}_{p_3\text{—mal}}, \ldots$$

Es ändert sich nichts an der Grenzwertbeziehung, wenn jedes Glied der Folge eine endliche Anzahl von Malen aufgeschrieben wird.

Jede Umgebung von g umschließt fast alle Glieder der ursprünglichen Folge. Nur endlich viele Ausnahmeglieder bleiben draußen. Da jedes solche Glied in der neuen Folge endlich oft wiederholt wird, gibt es auch bei ihr nur endlich viele Ausnahmeglieder.

4. Eine nach g konvergierende Folge behält diese Eigenschaft, wenn man aus ihr durch Umordnen der Glieder eine neue Folge bildet.

Wir sagen, daß die Folge $x_{n_1}, x_{n_2}, x_{n_3}, \ldots$ aus $x_1, x_2, x_3, \ldots$ durch Umordnen der Glieder entsteht, wenn in der Folge $n_1, n_2, n_3, \ldots$ jede der Nummern $1, 2, 3, \ldots$ genau einmal auftritt und sonst kein anderes Glied.

Die obige Behauptung ist richtig, weil die Aussage, daß in jeder Umgebung von g fast alle Glieder der Folge liegen, nichts mit irgendeiner Reihenfolge der Glieder zu tun hat.

5. Haben die Folgen $x_1, x_2, x_3, \ldots$ und $x_1', x_2', x_3', \ldots$ beide denselben Grenzwert g, so gilt dies auch von der aus beiden zusammengesetzten Folge $x_1, x_1', x_2, x_2', x_3, x_3', \ldots$

Da in jeder Umgebung von g fast alle x_n und fast alle x_n' liegen, so sind darin fast alle Glieder der zusammengesetzten Folge enthalten.

6. Haben die Folgen $x_1, x_2, x_3, \ldots$ und $x_1', x_2', x_3', \ldots$ beide denselben Grenzwert g und liegt z_n immer zwischen x_n und x_n', so konvergiert die Folge $z_1, z_2, z_3, \ldots$ ebenfalls nach g.

Wenn nämlich in jeder Umgebung von g fast alle x_n und fast alle x_n' liegen, so sind darin auch fast alle z_n enthalten.

7. Sind alle Glieder einer Folge gleich x, so ist x ihr Grenzwert, d. h. die Folge $x, x, x, \ldots$ hat den Grenzwert x.

In jeder Umgebung von x liegen nicht nur fast alle, sondern sogar alle Glieder der Folge.

§ 4. Aufsteigende und absteigende Folgen.

Eine Folge $x_1, x_2, x_3, \ldots$ heißt aufsteigend, wenn $x_1 \leqq x_2 \leqq x_3 \leqq \cdots$ ist, also kein Glied größer als das folgende. Ist $x_1 \geqq x_2 \geqq x_3 \geqq \ldots$, also kein Glied kleiner als das folgende, so liegt eine absteigende Folge vor. Absteigende und aufsteigende Folgen nennt man monotone Folgen.

Ist $x_1, x_2, x_3, \ldots$ eine aufsteigende Folge, so bieten sich zwei Möglichkeiten. Entweder gibt es eine obere Schranke, also eine Zahl X, die alle Glieder der Folge übertrifft, oder eine solche Schranke ist nicht vorhanden. Im ersten Falle liegt die Folge in dem Intervall $x_1 \cdots X$, ist also beschränkt und hat daher nach dem Weierstraßschen Satze einen Häufungswert g. Wäre nun irgendein Glied x_n größer als g, so ließe sich um g eine Umgebung konstruieren, die x_n und um so mehr $x_{n+1}, x_{n+2}, \ldots$ außerhalb läßt. In dieser Umgebung wäre also nur eine endliche Anzahl von Gliedern enthalten, was dem Wesen eines Häufungswertes widerspricht. Wir können demnach schließen, daß g von keinem Gliede der Folge übertroffen wird, also eine obere Schranke der Folge ist. Gäbe es noch eine kleinere obere Schranke k, so ließe sich um g eine Umgebung konstruieren, die k außerhalb läßt. In diese Umgebung könnte dann überhaupt kein Glied der Folge eindringen, weil keins von ihnen über k hinaus kann. Dies steht im Widerspruch damit, daß g ein Häufungswert ist. Man ersieht hieraus, daß g die kleinste obere Schranke der Folge ist, d. h. die kleinste Zahl, die von keinem Glied der Folge übertroffen wird. Eine solche Zahl kann ihrem Wesen nach nur in einem Exemplar vorhanden sein. Außer g wird es daher keinen andern Häufungswert geben. Damit haben wir bewiesen, daß eine beschränkt aufsteigende Folge stets konvergent ist. Ihr Grenzwert ist die kleinste obere Schranke der Folge.

Entsprechendes gilt für eine beschränkt absteigende Folge. Dort gibt es eine größte untere Schranke, die zugleich der Grenzwert der Folge ist. Hat eine aufsteigende Folge keine obere Schranke, so wird jede Zahl X, wie groß man sie auch wählen mag, von irgend einem Glied übertroffen und um so mehr von allen folgenden Gliedern. In diesem Falle ist überhaupt kein Häufungswert vorhanden, weil in jedem Intervall $a \cdots b$ nur endlich viele Glieder der Folge liegen können, da fast alle Glieder größer als b sind. Wenn eine Folge so beschaffen ist, ist, daß jede noch so große Zahl von fast allen Gliedern übertroffen wird, so pflegt man zu sagen, die Folge habe den uneigentlichen Grenzwert $+\infty$ (plus Unendlich). Dies gilt insbesondere von jeder unbeschränkt aufsteigenden Folge.

Hat eine Folge die Eigenschaft, daß jede Zahl von fast allen Gliedern untertroffen wird, so sagt man, die Folge habe den uneigentlichen Grenzwert $-\infty$ (minus Unendlich). Dies gilt insbesondere von jeder unbeschränkt absteigenden Folge.

Von einer monotonen Folge kann man also folgendes sagen: Ist die Folge beschränkt, so hat sie einen eigentlichen Grenzwert, ist sie unbeschränkt aufsteigend, den uneigentlichen Grenzwert $+\infty$, ist sie unbeschränkt absteigend, den uneigentlichen Grenzwert $-\infty$.

Nun noch ein Wort über die Zurückführung beliebiger konvergenter Folgen auf monotone! Hat eine Folge $x_1, x_2, x_3, \ldots$ den Grenzwert g, so kann man ihre Glieder in drei Klassen einteilen, erstens solche, die kleiner als g, zweitens solche, die größer als g, und drittens solche, die gleich g sind. Zu jeder Klasse können endlich viele oder unendlich viele Glieder gehören. Gibt es in der dritten Klasse unendlich viele Glieder, so bilden sie die Folge $g, g, g, \cdots$ Enthält die zweite Klasse unendlich viele Glieder, so kann man sie derart anordnen, daß sie eine absteigende Folge bilden, und zwar mit dem Grenzwert g (vgl. Nr. 1 und 4 in § 3). Diese Anordnung ergibt sich auf folgende Weise. Da in jeder Umgebung von g fast alle Glieder enthalten sind, so gibt es nur endlich viele, die größer als $g + 1$ sind, endlich viele, die zwar nicht größer als $g + 1$, aber wenigstens größer als $g + \frac{1}{2}$ sind, endlich viele, die zwar nicht größer als $g + \frac{1}{2}$, aber wenigstens größer als $g + \frac{1}{3}$ sind, usw. In jeder dieser Gliedergruppen, von denen manche aus null Gliedern bestehen können, läßt sich eine Ordnung nach absteigender Größe durchführen. Endlich viele Zahlen kann man immer in dieser Weise ordnen. Schreibt man die so geordneten Gliedergruppen nacheinander auf, so entsteht eine absteigende Folge, die aus allen Gliedern der zweiten Klasse gebildet ist. Daß tatsächlich keins dieser Glieder ausgelassen wird, beruht darauf, daß im Falle $g < x_p$ bei genügend großem n auch $g + \frac{1}{n} < x_p$ sein wird. Es genügt nämlich, die Ungleichung $n > \frac{1}{x_p - g}$ herbeizuführen. Ebenso überzeugt man sich, daß die Glieder erster Klasse aufsteigend geordnet werden können.

Im ganzen ergeben sich hiernach folgende 7 Typen konvergenter Zahlenfolgen:

1. Jede Klasse enthält unendlich viele Glieder. Die Folge hat dann nach geeigneter Anordnung der Glieder die Gestalt

$$g, a_1, b_1, g, a_2, b_2, g, a_3, b_3, \ldots,$$

wobei $a_1, a_2, a_3, \ldots$ aufsteigend und $b_1, b_2, b_3, \ldots$ absteigend nach g konvergiert, was auch im folgenden so bleibt $(a_n < g < b_n)$.

2. Nur die erste und dritte Klasse oder nur die zweite und dritte enthalten unendlich viele Glieder. Die Folge läßt sich nach endlich vielen Streichungen zu

$$g, a_1, g, a_2, g, a_3, \ldots \quad \text{oder} \quad g, b_1, g, b_2, g, b_3, \ldots$$

umordnen.

3. Nur die erste und die zweite Klasse enthalten unendlich viele Glieder. Die Folge kann nach endlich vielen Streichungen zu

$$a_1, b_1, a_2, b_2, a_3, b_3, \ldots$$

umgeordnet werden.

4. Nur die erste oder nur die zweite Klasse enthält unendlich viele Glieder. Die Folge lautet nach endlich vielen Streichungen und geeigneter Umordnung

$$a_1, a_2, a_3, \ldots \quad \text{oder} \quad b_1, b_2, b_3, \ldots$$

5. Nur die dritte Klasse enthält unendlich viele Glieder. Hier kommt man mit Hilfe endlich vieler Streichungen zu

$$g, g, g, \ldots$$

Aus den drei Grundtypen $a_1, a_2, a_3, \ldots$ und $b_1, b_2, b_3, \ldots$ und $g, g, g, \ldots$ ergeben sich die andern durch Zusammensetzung.

Wenn man sich an die Eigenschaft 3 in § 3 erinnert, so kann man noch von den monotonen Folgen $a_1, a_2, a_3, \ldots$ und $b_1, b_2, b_3, \ldots$ zu rein monotonen übergehen. Betrachten wir z. B. die aufsteigende Folge $a_1, a_2, a_3, \ldots$, so kann es beim Durchlaufen der Folge neben wirklichem Aufstieg $(a_n < a_{n+1})$ auch Stillstand geben $(a_n = a_{n+1})$. Es ist aber ausgeschlossen, daß ein permanenter Stillstand eintritt. Sonst wäre in der Folge eine Teilfolge von der

Form $a_n, a_n, a_n, \ldots$ enthalten, die den Grenzwert a_n hätte, der kleiner als g ist. Dies widerspräche der Eigenschaft 1 in § 3. Wenn also in der aufsteigenden Folge $a_1, a_2, a_3, \ldots$ irgendwo ein Stillstand vorkommt, so kann er nur vorübergehend sein. Die Folge geht dann offenbar aus einer rein aufsteigenden dadurch hervor, daß man jedes Element mehrfach, aber doch nur eine endliche Anzahl von Malen aufschreibt. Hierdurch wird nach Nr. 3 in § 3 nichts an der Grenzwertbeziehung geändert.

Zusammenfassend kann also folgendes gesagt werden:

Es gibt drei Grundtypen konvergenter Folgen, die beim Durchlaufen reinen Aufstieg oder reinen Abstieg oder dauernden Stillstand darbieten. Jede konvergente Folge baut sich aus diesen Grundtypen mittels der vier Operationen auf, die in Nr. 2, 3, 4, 5 genannt sind.

Zunächst werden die Bausteine $a_1, a_2, a_3, \ldots$ und $b_1, b_2, b_3, \ldots$, soweit sie beteiligt sind und soweit es nötig ist, durch Wiederholungen von Gliedern in unrein monotone Folgen verwandelt (Nr. 3 in § 3). Ferner wird durch Zusammensetzung aller mitwirkenden Bausteine eine einheitliche Folge hergestellt (Nr. 5 in § 3). Nötigenfalls werden dann noch endlich viele Glieder hinzugefügt, sofern nicht alle drei Grundtypen teilnehmen (Nr. 2 in § 3). Endlich wird, falls dies erforderlich ist, noch umgeordnet (Nr. 4 in § 3). Es braucht kaum gesagt zu werden, daß alle beteiligten Grundtypen den Grenzwert g haben müssen.

Jedes Hinstreben zu einem Grenzwert g läßt sich also aufbauen aus reinem Aufstieg zu g, aus reinem Abstieg zu g und dauerndem Stillstand bei g. Entweder wirken alle drei Grundtypen des Konvergierens nach g mit oder zwei von ihnen (drei Möglichkeiten) oder nur einer (wieder drei Möglichkeiten), so daß es, wie oben schon gesagt wurde, 7 Arten konvergenter Folgen gibt, die man durch folgende Stichworte kennzeichnen kann:

1. Aufstieg, Abstieg, Stillstand,
2. Aufstieg, Abstieg,
3. Aufstieg, Stillstand,
4. Abstieg, Stillstand,
5. Aufstieg,
6. Abstieg,
7. Stillstand.

Um eine gegebene Folge in diese Einteilung einzureihen, muß man feststellen, ob es in ihr eine rein aufsteigende Teilfolge gibt, eine rein absteigende, eine stillstehende. Den obigen Stichworten entsprechen folgende Antworten auf diese drei Fragen: 1. Ja, ja, ja, 2. Ja, ja, nein, 3. Ja, nein, ja, 4. Nein, ja, ja, 5. Ja, nein, nein, 6. Nein, ja, nein, 7. Nein, nein, ja.

§ 5. Nullfolgen.

Eine Nullfolge ist eine Folge mit dem Grenzwert 0. Diese besondern Folgen sind deshalb so wichtig, weil eine konvergente Folge mit beliebigem

Grenzwert g in eine Nullfolge übergeht, sobald man den Anfangspunkt nach g verlegt. Ist $x_1, x_2, x_3, \ldots$ eine nach g strebende Folge und denkt man an die Punkte mit den Abszissen $x_1, x_2, x_3, \ldots$ und g, so ist die Grenzwertbeziehung als etwas rein Geometrisches von der Wahl des Anfangspunktes völlig unabhängig. Besagt sie doch nur, daß in jeder Umgebung des Grenzpunktes g fast alle Glieder der Punktfolge liegen. Hier wird mit keiner Silbe der Anfangspunkt erwähnt, den wir lediglich zur zahlenmäßigen Festlegung der Punkte brauchen. Wenn wir nun den Anfangspunkt von seinem alten Platz nach dem Grenzpunkt verlegen, so verwandeln sich die Abszissen x_n in $x_n - g$, und g geht über in $g - g = 0$. Aus der nach g strebenden Folge $x_1, x_2, x_3, \ldots$ wird die Nullfolge $x_1 - g, x_2 - g, x_3 - g, \ldots$ Die Aussage, daß $x_1, x_2, x_3, \ldots$ nach g konvergiert, ist völlig gleichbedeutend mit der Aussage, daß $x_1 - g, x_2 - g, x_3 - g, \ldots$ nach Null konvergiert.

Es ist sehr bequem, sich folgender Redeweise zu bedienen: Eine Größe x konvergiert oder strebt nach g, wenn sie irgendeine Folge $x_1, x_2, x_3, \ldots$ mit dem Grenzwert g durchläuft. Das Durchlaufen muß man sich so denken, daß die Größe x der Reihe nach die Werte $x_1, x_2, x_3, \ldots$ annimmt. Zuerst ist sie also gleich x_1, dann gleich x_2, dann gleich x_3 usw. Der zu x gehörige Punkt springt auf der Zahlenlinie von der Stelle x_1 nach x_2, von dort nach x_3 usw. Unter Verwendung des lateinischen Ausdrucks limes für Grenze drückt man die Beziehung zwischen x und g durch die Formel $\lim x = g$ aus (limes x gleich g). Diese Formel besagt also, daß x irgendeine Folge $x_1, x_2, x_3, \ldots$ mit dem Grenzwert g durchläuft. Die oben festgestellte Beziehung zwischen einer beliebigen konvergenten Folge und einer Nullfolge läßt sich mit Hilfe der hier eingeführten Symbole kurz so formulieren: Die Aussage $\lim x = g$ ist gleichbedeutend mit $\lim (x - g) = 0$.

Über den Vorgang des Durchlaufens einer Folge sei noch eine Bemerkung angefügt. Man darf sich nicht daran stoßen, daß es sich hier um etwas Unvollendbares handelt. Nirgends wird, so oft bei uns von jenem Vorgang die Rede ist, seine Vollendbarkeit irgendwie gefordert. Daher ist es völlig unbedenklich, diese Ausdrucksweise zu gebrauchen.

Konvergente Folgen und insbesondere Nullfolgen kommen schon bei den Mathematikern des Altertums vor. Man denke z. B. an das berühmte Paradoxon des Philosophen Zeno (495—435 v. Chr.) von Achilles und der Schildkröte. Achilles läuft mit der Geschwindigkeit V, die Schildkröte nur mit $v = qV$, wobei q kleiner als 1 ist. Zu Anfang habe die Schildkröte den Vorsprung a. Legt Achilles zunächst die Strecke a zurück, so ist die Schildkröte um aq vorgerückt (Fig. 18). Der Vorsprung hat sich auf aq verkleinert.

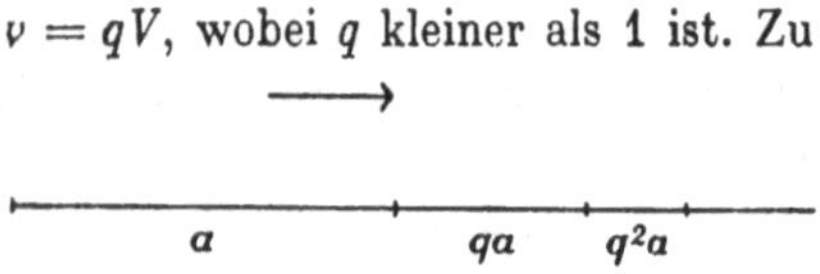

Fig. 18.

Durchläuft Achilles die Strecke aq, so ist die Schildkröte um aq^2 weitergekommen. Erreicht hat Achilles sie immer noch nicht. Es nützt ihm auch nichts, wenn er noch die Strecke aq^2 zurücklegt, weil die Schildkröte inzwischen um aq^3 vorrückt. So geht es unbegrenzt weiter. Der Philosoph behauptet auf Grund dieses Tatbestandes, daß Achilles die Schildkröte überhaupt niemals einholen wird. Dieses paradoxe Ergebnis läßt sich durch eine andere Betrachtung widerlegen. x sei die Strecke, die Achilles bis zur Erreichung der Schildkröte zurücklegen muß. Da die Schildkröte den Vorsprung a hat, durchläuft sie in derselben Zeit den Weg $x - a$. Die Wege verhalten sich wie die Geschwindigkeiten, also wie 1 zu q. Es ist demnach $x - a = qx$, woraus sich $x = \frac{a}{1-q}$ ergibt.

Man kann aus der Überlegung Zenos mathematische Folgerungen ziehen. Wir sahen, daß Achilles, wenn er der Reihe nach die Strecken $a, aq, aq^2, \ldots$ durchläuft, die Schildkröte nicht erreicht. Daher werden die Summen $a, a + aq, a + aq + aq^2, \ldots$ alle kleiner als $\frac{a}{1-q}$ sein. Hat Achilles den Weg $a + aq + \cdots + aq^{n-1}$ zurückgelegt, so beträgt der Vorsprung der Schildkröte noch aq^n. Will er sie erreichen, so muß er noch um $\frac{aq^n}{1-q}$ weiterlaufen. Das können wird deshalb so glatt sagen, weil wir wissen, daß beim Vorsprung a bis zur Erreichung der Weg $\frac{a}{1-q}$ zurückzulegen ist. Beim Vorsprung aq^n führt also der Weg $\frac{aq^n}{1-q}$ zum Ziele. Er liefert zu $a + aq + \cdots + aq^{n-1}$ addiert den Gesamtweg $\frac{a}{1-q}$, d. h. es besteht die Gleichung

$$(*) \qquad a + aq + \cdots + aq^{n-1} + \frac{aq^n}{1-q} = \frac{a}{1-q}.$$

Man schreibt sie gewöhnlich in der Form

$$a + aq + \cdots + aq^{n-1} = \frac{a - aq^n}{1-q}$$

und nennt sie die Summenformel der geometrischen Reihe. Man kann ihre Richtigkeit dadurch bestätigen, daß man beiderseits mit $1 - q$ multipliziert und $(1-q)(a + aq + \cdots + aq^{n-1})$ in $a + aq + \cdots + aq^{n-1}$ und $-(aq + aq^2 + \cdots + aq^n)$ zerlegt. Man sieht dann zugleich, daß sie für alle Werte von q außer $q = 1$ gültig ist.

Wir halten daran fest, daß q zwischen 0 und 1 liegt, und betrachten die absteigende Folge $a, aq, aq^2, \ldots$ Sie hat die untere Schranke 0 und ist daher konvergent. Ihr Grenzwert g ist, wie wir wissen, die größte untere Schranke. Im Falle $g > 0$ wäre die n-gliedrige Summe $a + aq + \cdots + aq^{n-1}$ größer als ng. Nach Gleichung (*) würde dann die Ungleichung $ng < \frac{a}{1-q}$, also $n < \frac{a}{(1-q)g}$ gelten. Das wäre aber eine Schranke für den freien Index n, also eine Unmöglichkeit. Daher kann nur $g = 0$ sein, d. h. $a, aq, aq^2, \ldots$ ist eine Nullfolge. Es ist mit andern Worten $\lim aq^n = 0$. Ersetzt man a durch $\frac{a}{1-q}$, so ergibt sich $\lim \frac{aq^n}{1-q} = 0$. Nach Formel (*) ist aber $\frac{aq^n}{1-q}$ der Unterschied zwischen $a + aq + \cdots + aq^{n-1}$ und $\frac{a}{1-q}$. Dieser Unterschied konvergiert bei wachsendem n nach Null, d. h. es gilt die Grenzwertbeziehung

$$(**) \qquad \lim (a + aq + \cdots + aq^{n-1}) = \frac{a}{1-q}.$$

Die der Zenonischen Einteilung entsprechenden Wege $a, a + aq, a + aq + aq^2, ..$ konvergieren also aufsteigend nach $\frac{a}{1-q}$. Der Weg, den Achilles bis zum Einholen der Schildkröte durchlaufen muß, ist der Grenzwert, dem jene unzulänglichen Wege zustreben. Man pflegt auf Grund des Tatbestandes (**) zu sagen, daß die unendliche Reihe $a + aq + aq^2 + \cdots$ die Summe $\frac{a}{1-q}$ hat, und schreibt statt jener Limesbeziehung

$$(\dagger) \qquad a + aq + aq^2 + \cdots = \frac{a}{1-q}.$$

So oft eine solche Gleichung auftritt, also eine Gleichung von der Form

$$u_1 + u_2 + u_3 + \cdots = s,$$

ist sie völlig gleichbedeutend mit der Limesrelation

$$\lim (u_1 + u_2 + \cdots + u_n) = s,$$

wonach die Folge der Partialsummen $u_1, u_1 + u_2, u_1 + u_2 + u_3, \ldots$ der unendlichen Reihe $u_1 + u_2 + u_3 + \cdots$ dem Grenzwert s zustrebt. Diesen Grenzwert der Partialsummen bezeichnet man, wenn er existiert, als die Summe der unendlichen Reihe $u_1 + u_2 + u_3 + \cdots$ Reihen, die eine Summe besitzen, nennt man konvergent, alle andern divergent.

Wir haben bisher angenommen, daß $0 < q < 1$ ist. Diese Bedingung läßt sich noch etwas lockern. Wir wissen, daß die Folge $a, aq, aq^2, \ldots$ nach Null konvergiert. Kehren wir nun auf der Zahlenlinie die positive Richtung um, so wird nichts an der Limesbeziehung geändert. Daher wird auch die Folge $-a, -aq, -aq^2, \ldots$ der Null zustreben, was man sich übrigens auch auf andere Weise klarmachen kann. Ebenso hat die Folge $a, -a, aq, -aq, aq^2, -aq^2, \ldots$ den Grenzwert Null. Dasselbe gilt von ihren Teilfolgen, also auch von $a, a(-q), a(-q)^2, \ldots$ Schreibt man nun in Gleichung (*) $-q$ statt q, so ergibt sich, daß bei wachsendem n der Unterschied zwischen der n-ten Partialsumme der Reihe $a + a(-q) + a(-q)^2 + \cdots$ und $\frac{a}{1+q}$ der Null zustrebt. Man sieht hieraus, daß die Summenformel (†) auch nach Ersetzung von q durch $-q$ noch gilt. Da sie offenbar auch für $q = 0$ richtig ist, besteht sie im ganzen Innern des Intervalls $-1 \cdots 1$ zu Recht. Damit ist ihr Gültigkeitsbereich erschöpft. Die Reihe $a + aq + aq^2 + \cdots$ ist außerhalb dieses Bereiches überhaupt nicht mehr konvergent. Im Falle $q = 1$ z. B.

lautet die n-te Partialsumme na und wächst mit n über alle Grenzen. Im Falle $q = -1$ springt die n-te Partialsumme zwischen den Werten a und 0 beständig hin und her, so daß von einem Grenzwert nicht die Rede sein kann. Ist $q > 1$, so braucht man die n-te Partialsumme nur in der Form $\frac{aq^n}{q-1} - \frac{a}{q-1}$ zu schreiben, um zu erkennen, das sie bei wachsendem n über jede Schranke hinaus zunimmt. Dies beruht darauf, daß q^n der reziproke Wert der nach Null konvergierenden Größe $\left(\frac{1}{q}\right)^n$ ist. Im Falle $q < -1$ haben die Partialsummen mit geraden Index den uneigentlichen Grenzwert $-\infty$, die mit ungeradem Index den uneigentlichen Grenzwert ∞.

So ist also die Reihe (†) tatsächlich nur konvergent, solange q zwischen -1 und 1 liegt. Hat q eine größere Differenz gegen die Null, so hört die Reihe zu konvergieren auf. Man nennt sie die geometrische Reihe. Ihre Summe lautet im Konvergenzfalle $\frac{a}{1-q}$. Diese wichtigen Ergebnisse haben wir aus dem Zenonischen Paradoxon herausgezogen. Daß Achilles die Schildkröte trotz des Zenonischen Unmöglich doch einholt, beruht, wenn man die Zenonische Aufteilung des ganzen Vorgangs beibehält, auf der Konvergenz der dort auftretenden geometrischen Reihe. Die Summe dieser von Zeno konstruierten Reihe ist gerade die Strecke, die Achilles bis zur Erreichung der Schildkröte zurücklegen muß.

§ 6. Hauptsätze der Grenzwertrechnung.

Wenn die Folgen $x_1, x_2, x_3, \ldots$ und $x_1', x_2', x_3', \ldots$ beide dem Grenzwert g zustreben, so ist $x_1 - x_1', x_2 - x_2', x_3 - x_3', \ldots$ eine Nullfolge. Konstruiert man nämlich um g eine Umgebung von der Länge $\frac{1}{2}\varepsilon$, so werden in ihr fast alle x_n und fast alle x_n' liegen. Da sich zwei Werte, die jener Umgebung angehören, offenbar um weniger als ε unterscheiden, so werden fast alle Glieder der Folge $x_1 - x_1', x_2 - x_2', x_3 - x_3', \ldots$ im Intervall $-\varepsilon \cdots \varepsilon$ enthalten sein. Dies gilt nun wie man auch ε wählen mag. Daher ist die Folge der $x_n - x_n'$ eine Nullfolge. Man kann dieses Ergebnis kurz so formulieren: Aus $\lim x = g$ und $\lim x' = g$ folgt $\lim (x - x') = 0$. In der Tat bedeuten die beiden ersten Formeln, daß x und x' zwei Folgen $x_1, x_2, x_3, \ldots$ und $x_1', x_2', x_3', \ldots$ mit demselben Grenzwert g durchlaufen. $x - x'$ durchläuft dann die Nullfolge $x_1 - x_1', x_2 - x_2', x_3 - x_3', \ldots$, was uns zur Aufstellung der dritten Formel $\lim (x - x') = 0$ berechtigt.

Jetzt betrachten wir zwei Folgen $x_1, x_2, x_3, \ldots$ und $y_1, y_2, y_3, \ldots$ mit beliebigen Grenzwerten g und h. Wenn man den Anfangspunkt auf der Zahlenlinie verschiebt, erhalten alle Abszissen denselben Zuwachs. Da sich an der Limesbeziehung hierdurch nichts ändert, so können wir schließen, daß $x_1 + a, x_2 + a, x_3 + a, \ldots$ nach $g + a$, ebenso $y_1 + b, y_2 + b, y_3 + b, \ldots$ nach $h + b$ konvergiert. Setzt man $a = h$ und $b = g$, so erhält man zwei Folgen $x_1 + h, x_2 + h, x_3 + h, \ldots$ und $y_1 + g, y_2 + g, y_3 + g, \ldots$ mit dem gemeinsamen Grenzwert $g + h$. Daher können wir schließen, daß die Folge der Differenzen, also $x_1 - y_1 + h - g$, $x_2 - y_2 + h - g$, $x_3 - y_3 + h - g, \ldots$, dem Grenzwert 0 zustrebt. Durch Verschiebung des Anfangspunktes ergibt sich hieraus die Aussage, daß die Folge $x_1 - y_1$, $x_2 - y_2$, $x_3 - y_3, \ldots$ nach $g - h$ konvergiert. Es braucht nur zu allen Abszissen der Zuwachs $g - h$ hinzuzutreten, was durch geeignete Verschiebung des Anfangspunktes stets erreichbar ist. Das hier gewonnene Ergebnis kann kurz so ausgesprochen werden: Aus $\lim x = g$ und $\lim y = h$ folgt $\lim (x - y) = g - h$, d. h. der Grenzwert einer Differenz ist gleich der Differenz der Grenzwerte.

Daß auch der Grenzwert einer Summe gleich der Summe der Grenzwerte ist, kann man auf folgende Weise erkennen: Bei Umkehrung der positiven Richtung auf der Zahlenlinie ändern alle Abszissen ihr Zeichen. Andererseits bleibt hierbei die Grenzwertbeziehung, die etwas Geometrisches ist, erhalten. Weiß man also, daß $\lim y = h$ ist, so folgt sofort $\lim (-y) = -h$. Aus $\lim x = g$ und $\lim (-y) = -h$ ergibt sich dann $\lim (x + y) = g + h$.

Wenn k ein fester Faktor ist, so folgt aus $\lim x = g$ stets $\lim (kx) = kg$. Konvergiert also die Folge $x_1, x_2, x_3, \ldots$ nach g, so wird $kx_1, kx_2, kx_3, \ldots$ dem Grenzwert kg zustreben. Im Falle $k = 0$ ist dieser Satz offenbar richtig. Ist k positiv, so genügt es, die Längeneinheit auf der Zahlenlinie passend abzuändern, um zu bewirken, daß sich alle Abszissen mit dem Faktor k multiplizieren. Ist k negativ, so muß außerdem die positive Richtung umgekehrt werden. Hierdurch wird die Grenzwertbeziehung nicht erschüttert.

Im Falle $g = 0$ besagt obiger Satz, daß aus einer Nullfolge $x_1, x_2, x_3, \ldots$ wieder eine Nullfolge entsteht, wenn man alle Glieder mit demselben Faktor k versieht. Dieses Ergebnis läßt sich noch verallgemeinern. Man braucht nicht allen x_n denselben Faktor k zu geben, sondern kann jedem x_n seinen besonderen Faktor k_n bewilligen. Wenn diese Faktoren $k_1, k_2, k_3, \ldots$ eine beschränkte Folge bilden, sich also alle in ein Intervall $a \cdots b$ einschließen lassen, dann wird immer noch $k_1 x_1, k_2 x_2, k_3 x_3, \ldots$ ebenso wie $x_1, x_2, x_3, \ldots$ eine Nullfolge sein. Zunächst sind $ax_1, ax_2, ax_3, \ldots$ und $bx_1, bx_2, bx_3, \ldots$ Nullfolgen. Da nun k_n zwischen a und b liegt, so wird $k_n x_n$ zwischen ax_n und bx_n enthalten sein. Wir können also auf Grund der Eigenschaft 6 in § 3 schließen, daß die Folge $k_1 x_1, k_2 x_2, k_3 x_3, \ldots$ ebenso wie $ax_1, ax_2, ax_3, \ldots$ und $bx_1, bx_2, bx_3, \ldots$ eine Nullfolge ist. Es folgt also aus $\lim x = 0$ auch dann noch $\lim (kx) = 0$, wenn der Faktor k zwar nicht fest bleibt, sich aber zwischen zwei festen Grenzen hält, d. h. eine beschränkte Folge durchläuft.

Jetzt können wir beweisen, daß der Grenzwert eines Produktes gleich dem Produkt der Grenzwerte ist, daß also aus $\lim x = g$ und $\lim x = h$ die Folgerung $\lim (xy) = gh$ gezogen werden kann. Da eine konvergente Folge stets beschränkt ist, so folgt aus $\lim x = g$, d. h. $\lim (x - g) = 0$, nach dem soeben Bewiesenen $\lim (xy - gy) = 0$. Anderseits kann man aus $\lim y = h$ schließen $\lim (gy) = gh$. Die Summe $xy - gy + gy$, d. h. xy, konvergiert also auf Grund des Summensatzes nach gh.

Der Übergang von x zu $\lim x$, also zu dem Grenzwert einer von x durchlaufenen Folge, kann als eine Operation betrachtet werden, die auf x angewandt $\lim x$ liefert. Man bezeichnet sie als Limesoperation oder Grenzübergang, d. h. Übergang zur Grenze, zum Grenzwert. Diese Operation ist, so kann man die oben gefundenen Ergebnisse kurz zusammenfassen, mit den elementaren Rechnungsoperationen Addition, Subtraktion und Multiplikation vertauschbar. Wir werden jetzt noch ihre Vertauschbarkeit mit der Division nachweisen, indem wir zunächst zeigen, daß aus $\lim x = g$ bei nicht verschwindendem g die Folgerung $\lim\left(\frac{1}{x}\right) = \frac{1}{g}$ gezogen werden kann. x durchlaufe die Folge $x_1, x_2, x_3, \ldots$ mit dem Grenzwert g. Wenn wir um g die Umgebung $\frac{1}{2}g \cdots \frac{3}{2}g$ konstruieren, so werden fast alle Glieder der Folge in diese Umgebung fallen. Ihre reziproken Werte gehören dem Intervall $\frac{2}{g} \cdots \frac{2}{3g}$ an. Wir können, wenn unter den x_n keine Nullen vorhanden sind, dieses Intervall so vergrößern, daß alle Glieder der Folge $\frac{1}{x_1}, \frac{1}{x_2}, \frac{1}{x_3}, \ldots$ hineinfallen. Diese Folge ist also beschränkt, ebenso $\frac{1}{gx_1}, \frac{1}{gx_2}, \frac{1}{gx_3}, \ldots$ Nun hat man $\frac{1}{x} - \frac{1}{g} = \frac{g - x}{gx}$ und kann mit Rücksicht auf $\lim(g - x) = 0$ schließen $\lim\left(\frac{1}{x} - \frac{1}{g}\right) = 0$, d.h. $\lim\left(\frac{1}{x}\right) = \frac{1}{g}$. Es liegt im Wesen der Limesbeziehung, daß man immer eine endliche Anzahl von Gliedern der betreffenden Folge ausschalten kann, weil es nur darauf ankommt, daß fast alle Glieder die bewußte Eigenschaft haben. Daher dürfen uns die in der Folge $x_1, x_2, x_3, \ldots$ etwa auftretenden endlichvielen Nullen in keiner Weise stören.

Nachdem wir wissen, daß aus $\lim x = g$, falls g nicht verschwindet, $\lim\left(\frac{1}{x}\right) = \frac{1}{g}$ folgt, können wir aus $\lim x = g$, $\lim y = h$ schließen $\lim\left(\frac{y}{x}\right) = \frac{h}{g}$. Der Quotient $\frac{y}{x}$ ist nämlich das Produkt aus $\frac{1}{x}$ und y. Wir sehen, daß der Grenzwert eines Quotienten gleich dem Quotienten der Grenzwerte ist, falls der Grenzwert im Nenner von Null verschieden ist.

Wir wollen den absoluten Betrag einer Zahl a nach Weierstraß mit $|a|$ bezeichnen, so daß also $|a|$ nichts anderes ist als die Entfernung des Punktes a vom Anfangspunkt. Der Übergang von a zu $|a|$ ist eine Operation, deren Vertauschbarkeit mit der Limesoperation sich leicht erkennen läßt. Wenn die Folge $x_1, x_2, x_3, \ldots$ nach einem von Null verschiedenen Grenzwert g konvergiert, so denke man sich um g eine Umgebung konstruiert, der die Null nicht angehört. Alle Zahlen dieser Umgebung haben dann das gleiche Zeichen wie g. Dasselbe wird demnach von fast allen x_n gelten. Daher wird eine der

5*

beiden Aussagen $\lim x = g$ und $\lim(-x) = -g$ mit $\lim |x| = |g|$ gleichbedeutend sein, da entweder fast alle x_n zusammen mit g positiv sind oder fast alle x_n zusammen mit g negativ. Man denke immer daran, daß man bei einer Limesrelation von endlich vielen störenden Gliedern stets absehen kann. Im Falle $g = 0$ ist $-x_1, -x_2, -x_3, \ldots$ ebenso wie $x_1, x_2, x_3, \ldots$ eine Nullfolge. Dasselbe gilt von $x_1, -x_1, x_2, -x_2, x_3, -x_3, \ldots$ Hierin steckt aber $|x_1|, |x_2|, |x_3|, \ldots$ als Teilfolge und ist daher ebenfalls eine Nullfolge. Die Beziehung $\lim |x| = |g|$ bleibt also auch hier bestehen. Zusammenfassend können wir sagen, daß der Grenzwert eines absoluten Betrages gleich dem absoluten Betrage des Grenzwertes ist. Bemerkt sei noch, daß im Falle $\lim |x| = 0$ auch $\lim x = 0$ ist, weil $x_1, x_2, x_3, \ldots$ als Teilfolge in $|x_1|, -|x_1|, |x_2|, -|x_2|, |x_3|, -|x_3|, \ldots$ steckt. Die Aussagen $\lim x = 0$ und $\lim |x| = 0$ sind also gleichbedeutend.

Ist $\lim x = g$ und $\lim y = h$, so läßt sich aus $x \leqq y$ schließen $g \leqq h$, d. h. $\lim x \leqq \lim y$. Da $y - x \geqq 0$ ist, so kann der Grenzwert $h - g$ von $y - x$ unmöglich negativ sein. Um eine negative Zahl lassen sich nämlich Umgebungen konstruieren, die nur negative Zahlen enthalten. In eine solche Umgebung könnten unmöglich fast alle Differenzen $y_n - x_n$ hineinfallen. Es muß also $h - g \geqq 0$, also $g \leqq h$ sein. Läßt man die eine der beiden Folgen aus lauter gleichen Gliedern c bestehen, so erkennt man, daß man von $y \geqq c$ auf $\lim y \geqq c$ und von $x \leqq c$ auf $\lim x \leqq c$ schließen kann. In der Limesrelation kann das Gleichheitszeichen eintreten, auch wenn es vorher nicht da war. Beispiel: $\frac{1}{2^n} > 0$, aber $\lim\left(\frac{1}{2^n}\right) = 0$.

§ 7. Häufungswerte als Grenzwerte von Teilfolgen.

Wir kehren jetzt noch einmal zu den Häufungswerten zurück, die den Ausgangspunkt unserer Betrachtungen bildeten. Ist h ein Häufungswert der Folge $x_1, x_2, x_3, \ldots$, so umfaßt jede Umgebung $h - \varepsilon \cdots h + \varepsilon$ von h unendlich viele x_n. Wir wollen nun eine Folge solcher Umgebungen betrachten, die wir $\mathfrak{U}_1, \mathfrak{U}_2, \mathfrak{U}_3, \ldots$ nennen. Ihre Längen $l_1, l_2, l_3, \ldots$ sollen eine absteigende Nullfolge bilden. Dies wird z. B. der Fall sein, wenn wir $l_n = \frac{1}{2^n}$ annehmen. Nun sei beim Durchlaufen der Folge $x_1, x_2, x_3, \ldots$ x_1' das erste Glied, das zu $\mathfrak{U}_1$, x_2' das zweite Glied, das zu $\mathfrak{U}_2$, x_3' das dritte Glied, das zu $\mathfrak{U}_3$ gehört, usw., allgemein x_n' das n-te Glied, das in $\mathfrak{U}_n$ hineinfällt. Da in jedem $\mathfrak{U}_n$ unendlich viele Glieder der Folge liegen, so findet die hier getroffene Auswahl von Gliedern kein Hindernis. In dem mit x_n' endenden Abschnitt der Folge $x_1, x_2, x_3, \ldots$ ist x_n' das n-te Glied, das zu $\mathfrak{U}_n$ gehört. Da x_{n+1}' das $(n+1)$-te Glied sein soll, das in $\mathfrak{U}_{n+1}$, also auch in $\mathfrak{U}_n$ liegt, so kann x_{n+1}' nicht etwa in jenem Abschnitt enthalten sein, der doch nur n Glieder aus $\mathfrak{U}_n$ aufweist. x_{n+1}' kommt also, wenn man die Folge $x_1, x_2, x_3, \ldots$ durchläuft, hinter x_n', so daß $x_1', x_2', x_3', \ldots$ eine Teilfolge von jener ist. Sind nun a_n und b_n

die beiden Grenzen von $\mathfrak{U}_n$, so unterscheiden sie sich von h um $\frac{l_n}{2} = \frac{1}{2^{n+1}}$. Da dieser Unterschied nach Null konvergiert, so streben a_n und b_n nach h. Auf Grund der Bemerkung 6 in § 3 folgt dann, daß auch die zwischen a_n und b_n enthaltene Größe x'_n nach h konvergiert. Jeder Häufungswert ist demnach der Grenzwert einer Teilfolge. Ist umgekehrt $x'_1, x'_2, x'_3, \ldots$ eine konvergente Teilfolge von $x_1, x_2, x_3, \ldots$, so ist ihr Grenzwert ein Häufungswert von $x_1, x_2, x_3, \ldots$ In jeder Umgebung des Grenzwertes liegen nämlich fast alle x'_n, jedenfalls also unendlich viele x_n.

Wenn eine Folge $x_1, x_2, x_3, \ldots$ keine obere Schranke hat, so läßt sich aus ihr eine Teilfolge $x'_1, x'_2, x'_3, \ldots$ herausheben, die aufsteigend dem uneigentlichen Grenzwert ∞ zustrebt. Eine solche Teilfolge läßt sich nach folgendem Verfahren gewinnen: x'_1 sei das erste Glied in $x_1, x_2, x_3, \ldots$, das größer als 1, x'_2 das zweite, das größer als 2, x'_3 das dritte, das größer als 3 ist, usw., allgemein x'_n das n-te Glied, das größer als n ist. Man stößt bei dieser Auswahl auf kein Hindernis, weil jede Zahl von unendlich vielen Gliedern der Folge $x_1, x_2, x_3, \ldots$ übertroffen wird. Unter endlich vielen Übertreffern gäbe es nämlich einen größten, der dann eine obere Schranke der Folge wäre. Da es in dem mit x'_n endenden Abschnitt der Folge nur n Glieder gibt, die größer als n sind, so kann x'_{n+1}, das $(n+1)$-te Glied oberhalb $n+1$, also auch oberhalb n, nicht in jenem Abschnitt enthalten sein. Demnach ist $x'_1, x'_2, x'_3, \ldots$ eine Teilfolge von $x_1, x_2, x_3, \ldots$ Sie hat, da $x'_n > n$ ist, den uneigentlichen Grenzwert ∞. Ähnlich zeigt man, daß es in einer Folge, die keine untere Schranke hat, eine Teilfolge gibt, die dem uneigentlichen Grenzwert $-\infty$ zustrebt.

Wir wollen bei dieser Gelegenheit auf einen wesentlichen Unterschied zwischen eigentlichen und uneigentlichen Grenzwerten hinweisen. Wenn eine Folge $x_1, x_2, x_3, \ldots$ dem eigentlichen Grenzwert g zustrebt, so hat auch jede Teilfolge $x'_1, x'_2, x'_3, \ldots$ den Grenzwert g, und es gilt, wie wir wissen, die Limesrelation $\lim (x'_n - x_n) = 0$. Strebt $x_1, x_2, x_3, \ldots$ dem uneigentlichen Grenzwert ∞ zu, wird also jede noch so große Zahl von fast allen x_n übertroffen, so hat zwar auch jede Teilfolge $x'_1, x'_2, x'_3, \ldots$ den uneigentlichen Grenzwert ∞. Es braucht aber nicht $\lim (x'_n - x_n) = 0$ zu sein. Um eine Teilfolge zu konstruieren, die sich dieser Limesrelation nicht fügt, kann man so vorgehen: x'_1 sei in der Folge $x_1, x_2, x_3, \ldots$ das erste Glied, das größer als $x_1 + 1$, x'_2 hinter x'_1 das erste, das größer ist als $x_2 + 2$, x'_3 hinter x'_2 das erste, das größer ist als $x_3 + 3$, usw., allgemein x'_n hinter x'_{n-1} das erste, das größer ist als $x_n + n$. Offenbar ist dann $x'_1, x'_2, x'_3, \ldots$ eine Teilfolge von $x_1, x_2, x_3, \ldots$ Da die Ungleichung $x'_n - x_n > n$ besteht, so konvergiert die Folge $x'_1 - x_1$, $x'_1 - x_2$, $x'_3 - x_3, \ldots$ durchaus nicht nach Null, sondern vielmehr nach ∞. Ähnliches gilt im Falle des uneigentlichen Grenzwertes $-\infty$.

§ 8. Cauchys Konvergenzkriterium.

Wenn eine Folge $x_1, x_2, x_3, \ldots$ nach g konvergiert, so gilt dasselbe von jeder Teilfolge $x'_1, x'_2, x'_3, \ldots$, und es ist dann, wie wir wissen $\lim (x'_n - x_n) = 0$. Steht umgekehrt die Folge $x_1, x_2, x_3, \ldots$ zu jeder ihrer Teilfolgen in dieser Limesbeziehung, so läßt sich zeigen, daß sie konvergent ist, d. h. einem Grenzwert g zustrebt. Zunächst wollen wir uns überzeugen, daß eine solche Folge beschränkt ist. Wäre sie es nicht, so gäbe es eine Teilfolge mit dem uneigentlichen Grenzwert ∞ oder eine Teilfolge mit dem uneigentlichen Grenzwert $-\infty$. Es sei $x'_1, x'_2, x'_3, \ldots$ eine solche Teilfolge. Dann läßt sich, wie oben gezeigt wurde, aus $x'_1, x'_2, x'_3, \ldots$ eine Teilfolge $x''_1, x''_2, x''_3, \ldots$ herausheben, derart, daß $x''_1 - x'_1, x''_2 - x'_2, x''_3 - x'_3, \ldots$ nicht dem Grenzwert Null zustrebt, sondern vielmehr demselben Unendlich wie $x'_1, x'_2, x'_3, \ldots$ Da nun angenommen wird, daß die Folge $x_1, x_2, x_3, \ldots$ mit jeder Teilfolge nach Null konvergierende Differenzen bildet, so hat man $\lim (x'_n - x_n) = 0$ und $\lim (x''_n - x_n) = 0$. Hieraus folgt aber nach dem Subtraktionssatz $\lim (x''_n - x'_n) = 0$, während doch diese Limesrelation gerade nicht besteht. Nachdem nunmehr feststeht, daß eine beschränkte Folge vorliegt, gibt es für sie einen Häufungswert g, der zugleich der Grenzwert einer Teilfolge $x^*_1, x^*_2, x^*_3, \ldots$ ist. Aus $\lim x^*_n = g$ und $\lim (x_n - x^*_n) = 0$ folgt mit Rücksicht auf $x_n = x^*_n + (x_n - x^*_n)$ sofort $\lim x_n = g$.

Eine konvergente Zahlenfolge ist also dadurch gekennzeichnet, daß sie mit jeder ihrer Teilfolgen nach Null konvergierende Differenzen bildet. Man nennt dies das Cauchysche Konvergenzkriterium.

Drittes Kapitel.

Differential- und Integralrechnung.

§ 1. Veränderliche und Funktionen.

Als Veränderliche oder Variable bezeichnet man eine Größe, die verschiedene Werte annimmt, während eine Konstante an einen festen Wert gebunden ist. Zum Beispiel ist der Kurs irgendeiner Ware eine Veränderliche, die im Laufe der Zeit Schwankungen erfährt. Luftdruck und Temperatur an einem bestimmten Beobachtungsort sind weitere Beispiele. Konstanten sind z. B. die Einheiten, die wir zur Wertbestimmung solcher Größen brauchen.

Überall begegnen wir nun Abhängigkeiten zwischen Veränderlichen, und zwar ist es in den einfachsten Fällen so, daß jedem Wert einer Veränderlichen x ein Wert einer anderen Veränderlichen y entspricht. Man sagt alsdann, y sei eine Funktion von x. Der Kurs einer Ware ist z. B. eine Funktion der Zeit, ebenso Luftdruck und Temperatur. Der Funktionsbegriff ist im weiten Gebiet der Naturwissenschaften auf Schritt und Tritt anzutreffen. Jedes physikalische Gesetz spricht eine funktionale Abhängigkeit zwischen gewissen Veränderlichen aus, und zwar ist das Ausdrucksmittel die mathematische Formel. Die Endgeschindigkeit v eines ohne Widerstand fallenden Körpers hängt mit der Fallhöhe s durch die Formel $v^2 = 2gs$ zusammen. Man kann nun sowohl v als Funktion von s betrachten und darüber die Aussage $v = \sqrt{2gs}$ machen oder auch s als Funktion von v, wobei dann $s = \frac{v^2}{2g}$ ist. Im ersten Falle ist s die **unabhängige** und v die **abhängige** Veränderliche. Im zweiten Falle haben sie ihre Rollen vertauscht.

Um auszudrücken, daß y eine Funktion von x ist, schreibt man $y = f(x)$, zu lesen: y gleich f von x. Hat man gleichzeitig mit verschiedenen Funktionen zu tun, so werden statt f andere Buchstaben benutzt. Man schreibt also $g(x)$, $h(x), \ldots$ oder $\varphi(x)$, $\psi(x), \ldots$ Es kommt sehr oft vor, daß man y einmal als Funktion von x, eine anderes Mal als Funktion einer anderen Veränderlichen $\mathfrak{x}$ betrachten muß. In solchem Falle kann man der Tatsache, daß beidemal die gleiche abhängige Veränderliche in Frage kommt, dadurch Rechnung tragen, daß man denselben Buchstaben f verwendet, aber anders geformte Klammern benutzt, daß man also z. B. schreibt

$$y = f(x) = f\{\mathfrak{x}\}.$$

Der Funktionsbegriff gestattet mancherlei Abwandlungen und Verallgemeinerungen. Er überträgt sich z. B. auf mehrere unabhängige Veränderliche. Man nennt z eine Funktion von x und y, wenn zu jedem Wertsystem x, y ein Wert z gehört. x und y sind hier die unabhängigen Veränderlichen, z die abhängige. Man schreibt $z = f(x, y)$ und benutzt statt f nötigenfalls auch andere Buchstaben. Handelt es sich um dieselbe Veränderliche z, die einmal als Funktion von x, y, ein anderes Mal als Funktion von $\mathfrak{x}$, $\mathfrak{y}$ betrachtet wird, so kann man diese verschiedenen Abhängigkeiten auch durch verschieden geformte Klammern andeuten und im zweiten Falle schreiben $z = f\{\mathfrak{x}, \mathfrak{y}\}$. Der Inhalt eines Rechtecks ist z. B. eine Funktion der beiden Seiten, das Volumen einer Gasmenge eine Funktion von Druck und Temperatur. In entsprechender Weise definiert man Funktionen von drei, vier, ... Veränderlichen oder gar, wie es neuerdings geschieht, von einer unendlichen Folge Veränderlicher.

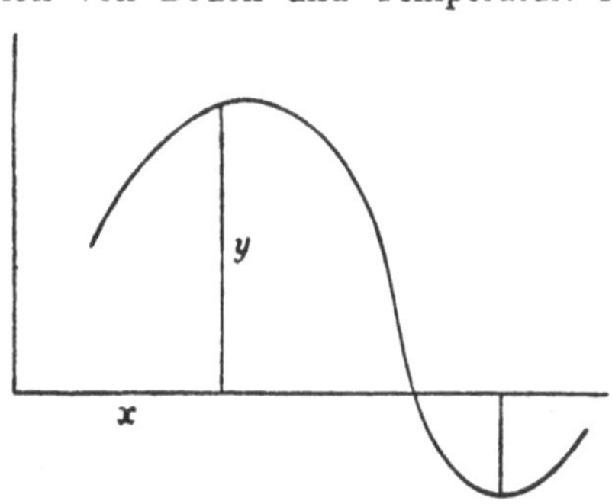

Fig. 19.

Die cartesischen Koordinaten bieten ein einfaches Mittel zur geometrischen Darstellung oder Veranschaulichung von Funktionen. Liegt z. B. die Funktion $y = f(x)$ vor, so kann man x als Abszisse, y als Ordinate in bezug auf zwei rechtwinklige Achsen betrachten. Zu jeder Abszisse gehört dann eine bestimmte Ordinate y, die im Endpunkt der Abszisse als Lot auf der x-Achse errichtet wird, nach oben oder nach unten, je nachdem y positiv oder negativ ist (vgl. Fig. 19). Die Endpunkte dieser Lote liegen auf der Bildkurve der Funktion, $y = f(x)$ heißt die Gleichung der Kurve. Von dieser graphischen Darstellung der Funktionen wird in ausgiebiger Weise Gebrauch gemacht, vielfach so stark, daß man fast von Mißbrauch sprechen könnte. Der Wert solcher Schaubilder von Funktionen liegt darin, daß die Funktionswerte sich alle zusammen vor dem Beschauer ausbreiten, nicht erst einzeln aus der Formel herausgeholt zu werden brauchen. Der ganze Inhalt der Formel ist im Schaubild ausgeschüttet. Man kann den Gang der Funktion, d. h. ihr Steigen und Fallen bei wachsendem x mit einem Blick übersehen, die Höhepunkte und Tiefpunkte treten deutlich hervor, an manchen Stellen zeigt sich ein besonders starker Anstieg oder Abfall.

Um eine Funktion zweier Veränderlicher, $z = f(x, y)$, anschaulich darzustellen, wird man drei rechtwinklige Achsen Ox, Oy, Oz benutzen. Jedem Wertsystem x, y entspricht ein Punkt in der Ebene Ox, Oy. In ihm wird als Lot auf dieser Ebene der Funktionswert errichtet, und zwar nach oben oder nach unten, je nachdem er positiv oder negativ ist. Die Endpunkte dieser Lote liegen auf der Bildfläche der Funktion (Fig. 20). Vielfach werden bei diesen Darstellungen alle Lote mit einem gemeinsamen Faktor versehen, der sie verkleinert oder vergrößert. Dasselbe geschieht bei den Bildkurven. Man erhält dadurch manchmal eine bequemere Form des Bildes.

Eine ganz andersartige, aber nicht minder wichtige Darstellung der Funktionen beruht auf dem Gedanken der Funktionsskala und findet z. B. beim Rechenschieber Verwendung. Ist $y = f(x)$ eine doublettenfreie Funktion, also eine solche, die verschiedenen x-Werten stets verschiedene y-Werte

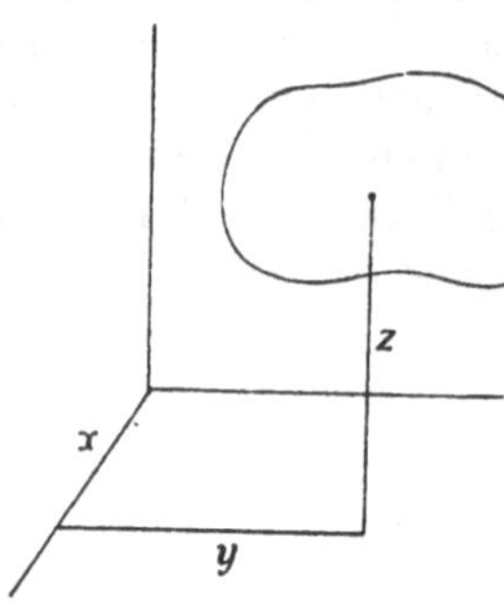

Fig. 20.

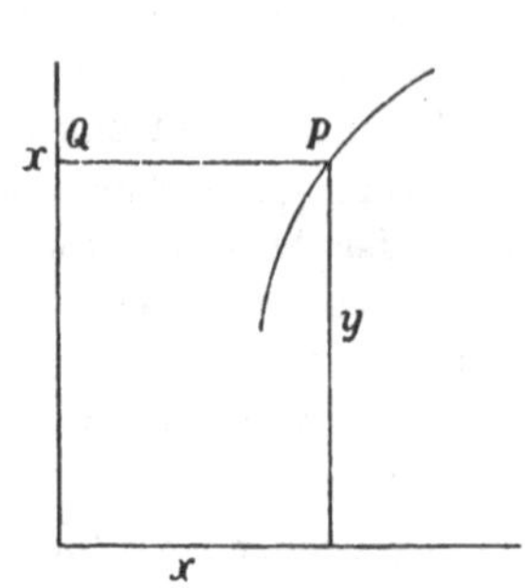

Fig. 21.

zuordnet (vgl. Fig. 21), so denke man sich die Punkte P der Bildkurve senkrecht auf die y-Achse projiziert und neben der Projektion Q des Punktes P den Abszissenwert x des Punktes P notiert. Der Ordinatenwert y ist gleich $\overline{OQ}$, braucht also nicht besonders notiert zu werden. Diese mit x-Notierungen bedeckte y-Achse nennt man die Skala der Funktion. Solche Skalen werden gewöhnlich in der Weise konstruiert, daß man eine Reihe äquidistanter

Punkte Q verwendet und in ihnen die x-Notierungen anbringt. Man kommt von der Skala zur Bildkurve, wenn man in den Punkten Q die notierten x als Lote QP errichtet.

Bei Funktionen zweier Veränderlicher bedient man sich zur Veranschaulichung vielfach der Schicht- oder Niveaulinien. Wenn man alle Punkte der Ebene Ox, Oy betrachtet, denen derselbe Funktionswert entspricht, so bilden sie eine Schicht- oder Niveaulinie. Bei der Funktion $z = x^2 + y^2$ sind z. B. die Niveaulinien lauter Kreise um O. Hat man eine Reihe solcher Linien gezeichnet und jedesmal den zugehörigen Funktionswert eingetragen, so ist das Schichtlinienbild der Funktion fertig. In der Geographie bilden die Isohypsen ein Beispiel dieser Darstellungsart, die deshalb so wichtig ist, weil die Bildfläche einer Funktion $f(x, y)$ im Raume liegt und doch alles in der Ebene gezeichnet werden muß.

Es ist eine überraschende Tatsache, daß man im weiten Gebiet der angewandten Mathematik mit wenigen Funktionen auskommt, die als elementare Funktionen bezeichnet werden. Allerdings muß man sich dabei oft mit einer angenäherten Wiedergabe der tatsächlich vorliegenden Abhängigkeiten begnügen. Ein berühmtes Beispiel für die Unzulänglichkeit der elementaren Funktionen zur genauen Erfassung ganz einfacher Vorgänge bietet das mathematische Pendel.

Wir kommen nun zur Aufzählung der elementaren Funktionen. Die einfachste, aber völlig uninteressante Funktion ist die Konstante. Bei ihr wird allen x-Werten derselbe y-Wert zugeordnet. Die Bildkurve ist eine Parallele zur x-Achse.

Die verschiedenen Potenzen von x, also $x, x^2, x^3, \ldots$ sind Funktionen von x. Eine lineare Zusammenfassung dieser Potenzen, wozu noch als nullte Potenz die 1 mitgenommen wird, also die Funktion

$$y = a_0 + a_1 x + a_2 x^2 + \cdots + a_n x^n,$$

wird als Polynom bezeichnet. Die Konstanten und die Potenzen $x, x^2, x^3, \ldots$ sind spezielle Polynome. Die Polynome bilden eine Funktionenklasse, mit der sich die Algebra eingehend beschäftigt. Es werden dort z. B. die Wurzeln der Polynome betrachtet, d. h. die x-Werte, denen ein verschwindender Funktionswert entspricht, oder geometrisch gesprochen die Schnittpunkte der Bildkurve mit der x-Achse.

Wenn a_n nicht verschwindet, also die n-te Potenz von x wirklich in dem Ausdruck vorkommt, spricht man von einem Polynom n-ten Grades und nennt die Bildkurve eine Newtonsche Parabel n-ten Grades. Im Falle $n = 1$ ist diese Bildkurve eine Gerade, im Falle $n = 2$ eine gewöhnliche Parabel, deren Achse parallel zur y-Achse läuft.

§ 2. Rationale Potenzen von x.

Zu jedem positiven x gehört ein positives y, dessen p-te Potenz gleich x ist. Hierbei hat man sich unter p eine positive ganze Zahl zu denken. Die Beziehung zwischen x und y wird durch die Gleichung $y^p = x$ ausgedrückt, wozu noch die Bedingungen $x > 0$, $y > 0$ hinzukommen. Um zu zeigen, daß es ein y von der verlangten Art gibt, kann man folgendermaßen verfahren: Man betrachte die Brüche $\frac{1}{2^r}, \frac{2}{2^r}, \frac{3}{2^r}, \ldots$, deren gemeinsamer Nenner die r-te Potenz von 2 ist. Sie bilden eine nach ∞ aufsteigende Folge. Dasselbe gilt von ihren p-ten Potenzen. Unter jenen Brüchen sei nun y_r der erste, dessen p-te Potenz x übertrifft. Geht man von r zu $r + 1$ über, so wird zwischen je zwei Glieder der Folge $0, \frac{1}{2^r}, \frac{2}{2^r}, \frac{3}{2^r}, \ldots$ ein neues eingeschaltet, und zwar tritt zwischen $\frac{m}{2^r}$ und $\frac{m+1}{2^r}$ oder $\frac{2m}{2^{r+1}}$ und $\frac{2m+2}{2^{r+1}}$ als neues Glied $\frac{2m+1}{2^{r+1}}$. Die Folge $0, \frac{1}{2^{r+1}}, \frac{2}{2^{r+1}}, \frac{3}{2^{r+1}}, \ldots$ enthält also alle Glieder der alten Folge. Da nun y_{r+1} das erste Glied der neuen Folge ist, dessen p-te Potenz über x hinausgeht, so wird $y_{r+1} \leqq y_r$ sein. Die Folge $y_0, y_1, y_2, \ldots$ ist daher absteigend, und zwar beschränkt absteigend, da ihre Glieder sämtlich positiv sind. Es existiert infolgedessen $\lim y_r = y$. Da nun y_r in der Folge $0, \frac{1}{2^r}, \frac{2}{2^r}, \frac{3}{2^r}, \ldots$ das erste Glied sein sollte, dessen p-te Potenz über x hinausgeht, wird das vorangehende Glied $y_r - \frac{1}{2^r}$ diese Eigenschaft noch nicht haben. Daher gelten die Ungleichungen

$$\left(y_r - \frac{1}{2^r}\right)^p \leqq x < y_r^p,$$

so daß x zwischen zwei Größen liegt, die beide dem Grenzwert y^p zustreben, also diesem gleich ist. Wir wenden hierbei den Satz an, daß der Grenzwert eines Produkts dem Produkt der Grenzwerte gleichkommt.

Die obige Betrachtung hat ergeben, daß es zu jedem positiven x ein positives y gibt, dessen p-te Potenz gleich x ist. Dieses y heißt die p-te Wurzel aus x und wird mit $\sqrt[p]{x}$ bezeichnet oder auch mit $x^{\frac{1}{p}}$. Daß es nur ein solches y gibt und nicht etwa noch ein zweites, kann man sich von vornherein klarmachen. Aus $y^p = x$ und $z^p = x$ würde man schließen $z^p - y^p = 0$. Geht man nun von dem Produkt y^p zu z^p dadurch über, daß man zuerst einen der p Faktoren y durch z ersetzt, dann einen zweiten usw., so führt folgende Brücke von y^p nach z^p:

$$y^p,\ y^{p-1}z,\ y^{p-2}z^2, \ldots,\ y^2z^{p-2},\ yz^{p-1},\ z^p.$$

Beim Übergang von Glied zu Glied entstehen die Änderungen

$$y^{p-1}(z-y),\ y^{p-2}z(z-y), \ldots,\ yz^{p-2}(z-y),\ z^{p-1}(z-y).$$

Ihre Summe ist gleich der Gesamtänderung, die beim direkten Übergang von y^p zu z^p eintritt, d. h. es besteht die Gleichung

$$z^p - y^p = (z - y)\,(y^{p-1} + y^{p-2}z + \cdots + y z^{p-2} + z^{p-1}),$$

die übrigens mit der Summenformel der geometrischen Reihe zusammenfällt. Sind nun y und z beide positiv, so gilt dies auch von dem zweiten Faktor der rechten Seite. Daher haben $z^p - y^p$ und $z - y$ beide dasselbe Zeichen. Der größeren Zahl entspricht immer die größere p-te Potenz. y^p und z^p können also nur im Falle $z = y$ einander gleich sein.

$y = y^{\frac{1}{p}}$ ist eine nur im Bereich positiver x-Werte definierte Funktion von x. Diese Wurzelfunktionen sind die Umkehrungen der Potenzfunktionen. Wenn man in $y = x^p$ die Benennungen x und y auswechselt, so ergibt sich $y^p = x$, d. h. $y = x^{\frac{1}{p}}$. Hat man die Bildkurve von x^p gezeichnet, so entsteht also durch Achsenvertauschung die Bildkurve von $x^{\frac{1}{p}}$.

Wenn man die q-te Potenz von $x^{\frac{1}{p}}$ bildet, wobei $q = 1, 2, 3, \ldots$ zu denken ist, so entsteht eine Funktion, die man mit $x^{\frac{q}{p}}$ bezeichnet und eine rationale Potenz von x nennt. Dieselbe Funktion kommt heraus, wenn man aus x^q die p-te Wurzel zieht, d. h. es ist $(x^{\frac{1}{p}})^q = (x^q)^{\frac{1}{p}}$. Man braucht sich nur an die Bedeutung der Symbole zu erinnern, um die Richtigkeit dieser Aussage zu erkennen. Setzt man $x^{\frac{1}{p}} = u$, so ist $u^p = x$. Hieraus folgt $u^{pq} = x^q$ oder $(u^q)^p = x^q$, d h. $u^q = (x^q)^{\frac{1}{p}}$. Eine Potenzierung (Übergang zur q-ten Potenz) und eine Wurzelausziehung (Übergang zur p-ten Wurzel) sind also vertauschbare Operationen. $x^{\frac{kq}{kp}}$ würde, wenn k eine positive ganze Zahl ist, die kq-te Potenz der kp-ten Wurzel bedeuten. Da $x^{\frac{q}{p}} = v$ der Gleichung $v^p = x^q$ genügt und daher auch der Gleichung $v^{kp} = x^{kq}$, so ist $x^{\frac{q}{p}} = x^{\frac{kq}{kp}}$. Hierin steckt als Spezialfall die Aussage $x^{\frac{p}{p}} = x$, wonach die p-te Potenz der p-ten Wurzel von x wieder x ist. Bildet man nacheinander die Größen $x_1 = x^{\frac{q_1}{p_1}}$, $x_2 = x_1^{\frac{q_2}{p_2}}, \ldots, x_n = x_{n-1}^{\frac{q_n}{p_n}}$, so hat man n gewöhnliche Potenzierungen und n Wurzelausziehungen vorgenommen. Da Potenzbildung und Wurzelbildung vertauschbare Operationen sind, so kann man auch zuerst alle n Wurzelbildungen durchführen und dann alle n Potenzbildungen folgen lassen. Die n Potenzierungen lassen sich durch eine einzige mit dem Exponenten $q_1 q_2 \cdots q_n$ ersetzen. Bei aufeinanderfolgenden Wurzelbildungen multiplizieren sich ebenfalls die Exponenten. Aus $v = u^{\frac{1}{p}}$, $w = v^{\frac{1}{p'}}$ folgt nämlich $w = u^{\frac{1}{pp'}}$, weil die Gleichungen $v^p = u$, $w^{p'} = v$ offenbar $w^{pp'} = v^p = u$ nach sich ziehen. Wir können also schließen, daß

$$x_n = x^{\frac{q_1 q_2 \cdots q_n}{p_1 p_2 \cdots p_n}}$$

sein wird. Hiernach sind n Potenzierungen mit rationalen Exponenten $r_1, r_2, \ldots, r_n$ nacheinander ausgeführt ersetzbar durch eine einzige Potenzierung mit dem Exponenten $r_1 r_2 \cdots r_n$. Der einfachste Fall dieser Regel lautet $(x^{r_1})^{r_2} = x^{r_1 r_2}$.

Das Produkt zweier rationaler Potenzen von x ist wieder eine solche und der neue Exponent die Summe der beiden alten, man hat also $x^{r_1} x^{r_2} = x^{r_1 + r_2}$. Bringt man r_1 und r_2 auf den gemeinsamen Nenner p, so daß $r_1 = \frac{q_1}{p}$, $r_2 = \frac{q_2}{p}$ ist, so gelten die Gleichungen $(x^{r_1})^p = x^{q_1}$, $(x^{r_2})^p = x^{q_2}$. Hieraus folgt $(x^{r_1} x^{r_2})^p = x^{q_1 + q_2}$, d. h. $x^{r_1} x^{r_2} = x^{\frac{q_1+q_2}{p}} = x^{r_1 + r_2}$.

Wenn man auch negative Exponenten einführen will, so geschieht dies durch die Festsetzung $x^{-r} = \frac{1}{x^r}$, wobei r eine positive Rationalzahl bedeutet. Das Gesetz $x^{r_1} x^{r_2} = x^{r_1 + r_2}$ oder $x^{r_1} x^{r_2} x^{r_3} = 1$, falls $r_1 + r_2 + r_3 = 0$ ist, behält seine Geltung. Bei der zweiten Fassung hat man wegen der Vertauschbarkeit der Faktoren einen Vorteil. Zunächst ist der Fall, wo ein Exponent verschwindet, mit Rücksicht auf $x^0 = 1$ nichts anders als die Festsetzung, daß $x^r x^{-r} = 1$ sein soll. Da $x^{-r_1} x^{-r_2} x^{-r_3}$ der reziproke Wert von $x^{r_1} x^{r_2} x^{r_3}$ ist, so genügt es, zu zeigen, daß eins der beiden Produkte den Wert 1 hat. Wegen $r_1 + r_2 + r_3 = 0$ haben zwei Summanden gleiches Zeichen, der dritte das entgegengesetzte. Wir dürfen annehmen, daß r_1 und r_2 positiv sind. Setzt man $r_3 = -(r_1 + r_2)$, so ist $x^{r_1} x^{r_2} x^{r_3} = 1$ gleichbedeutend mit der Relation $x^{r_1} x^{r_2} = x^{r_1 + r_2}$, die für positive Werte von r_1 und r_2 bereits feststeht.

Auch die Beziehung $(x^{r_1})^{r_2} = x^{r_1 r_2}$ bleibt in Geltung, wenn r_1 und r_2 nicht mehr beide positiv sind. Um das zu erkennen, braucht man einen Hilfssatz, der in der Formel $(x_1 x_2)^r = x_1^r x_2^r$ seinen Ausdruck findet, wobei x_1, x_2 positive Werte haben. Es genügt, ihn für positives r zu beweisen. Ist $r = \frac{q}{p}$, so hat man $(x_1^r)^p = x_1^q$, $(x_2^r)^p = x_2^q$. Hieraus folgt $(x_1^r x_2^r)^p = (x_1 x_2)^q$, d. h. $x_1^r x_2^r = (x_1 x_2)^{\frac{q}{p}}$. Insbesondere gilt die Beziehung $x^r \left(\frac{1}{x}\right)^r = 1^r =$ d. h. $\left(\frac{1}{x}\right)^r = \frac{1}{x^r}$. Handelt es sich nun um das Gesetz $(x^{r_1})^{r_2} = x^{r_1 r_2}$, das im Falle positiver r_1, r_2 schon feststeht, so müssen die Fälle $r_1 = \varrho_1$, $r_2 = -\varrho_2$ und $r_1 = -\varrho_1$, $r_2 = \varrho_2$ und $r_1 = -\varrho_1$, $r_2 = -\varrho_2$ in Betracht gezogen werden. Dabei sind ϱ_1 und ϱ_2 positive Rationalzahlen. Im ersten Falle ist

$$(x^{r_1})^{r_2} = (x^{\varrho_1})^{-\varrho_2} = \frac{1}{(x^{\varrho_1})^{\varrho_2}} = \frac{1}{x^{\varrho_1\varrho_2}} = x^{-\varrho_1\varrho_2} = x^{r_1r_2},$$

im zweiten

$$(x^{r_1})^{r_2} = (x^{-\varrho_1})^{\varrho_2} = \left(\frac{1}{x^{\varrho_1}}\right)^{\varrho_2} = \frac{1}{(x^{\varrho_1})^{\varrho_2}} = \frac{1}{x^{\varrho_1\varrho_2}} = x^{-\varrho_1\varrho_2} = x^{r_1r_2},$$

im dritten

$$(x^{r_1})^{r_2} = (x^{-\varrho_1})^{-\varrho_2} = \frac{1}{(x_1^{-\varrho_1})^{\varrho_2}} = \frac{1}{x_1^{-\varrho_1\varrho_2}} = x^{\varrho_1\varrho_2} = x^{r_1r_2}.$$

Ist eine der Zahlen r_1, r_2 gleich Null oder verschwinden sie zusammen, so reduzieren sich beide Seiten der Gleichung $(x^{r_1})^{r_2} = x^{r_1r_2}$ auf 1.

Wir wollen noch feststellen, wie sich die Funktion $y = x^r$ bei wachsendem x verhält. Dabei setzen wir zunächst einen positiven rationalen Exponenten voraus. Sind x_1, x_2 zwei verschiedene positive Werte, etwa x_2 der größere, und setzen wir $r = \frac{p}{q}$, so ist $x_1^p < x_2^p$. Nennen wir diese Potenzen z_1 und z_2, so wird dann $y_1^q = z_1$, $y_2^q = z_2$ sein. Nun haben aber die Differenzen $y_2 - y_1$ und $z_2 - z_1$ dasselbe Zeichen. Daher kann man aus $z_1 < z_2$ schließen $y_1 < y_2$. Die Funktion x^r wächst also gleichzeitig mit x, sobald r positiv ist. Mit Rücksicht auf $x^r = \frac{1}{x^{-r}}$ kann man im Falle eines negativen r sagen, daß x^r bei wachsendem x beständig abnimmt. Es sei noch bemerkt, daß x^r jeden positiven Wert annimmt. Aus $y = x^r$ folgt nämlich $x = y^{\frac{1}{r}}$. Das zu einem gegebenen y gehörige x ist hiermit gewonnen. Eine Ausnahme tritt nur im Falle $r = 0$ ein, wo die Funktion x^r beständig gleich 1 ist.

Eine zweite Frage wäre die, was mit x^r geschieht, wenn man x festhält und r abändert. Geht man von r_1 zu einem größeren Exponenten r_2 über, so verwandelt sich $y = x^{r_1}$ in $Y = x^{r_2}$. Da nun $x^{r_2} = x^{r_1} x^{r_2 - r_1}$ ist, so besteht die Beziehung $Y = yx^{r_2 - r_1}$. Da der Exponent positiv ist, so wächst $x^{r_2 - r_1}$ bei zunehmendem x. Daher wird im Falle $x < 1$ der Faktor $x^{r_2 - r_1}$ kleiner sein als $1^{r_2 - r_1}$ oder 1, im Falle $x > 1$ aber größer. Damit ist die Lagebeziehung der beiden Kurven $y = x^{r_1}$ und $Y = x^{r_2}$ vollkommen geklärt. Beide gehen durch den Punkt 1, 1.

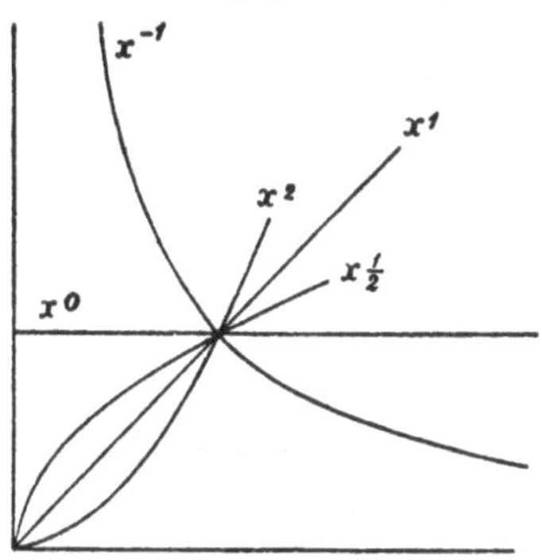

Fig. 22.

Rechts von ihm liegt die Kurve mit größerem Exponenten oberhalb, links unterhalb der andern. In Fig. 22 sind die Bildkurven von x^{-1}, x^0, $x^{\frac{1}{2}}$, x^1 und x^2 gezeichnet.

Bei positivem r wächst, wie wir sahen, $y = x^r$ gleichzeitig mit x. Da jeder positive Wert angenommen wird, so konvergiert y gleichzeitig mit x

nach Null. Ist nämlich x_1 die Stelle, wo der Funktionswert gleich ε wird, so sind alle Ordinaten links von x_1 kleiner als ε. Dabei kann man ε so klein wählen als man will. Ebenso erkennt man, daß y gleichzeitig mit x über alle Schranken wächst. Bei negativem r zeigt y dasselbe Verhalten wie $\frac{1}{x}$.

Bei positivem r kann man, weil x^r gleichzeitig mit x nach Null konvergiert, den Anfangspunkt mit zur Bildkurve rechnen.

§ 3. Irrationale Potenzen von x.

Wenn $\varkappa$ eine Irrationalzahl ist, die von den beiden Rationalzahlen r und s umschlossen wird ($r < \varkappa < s$), so machen wir die Festsetzung, daß immer $x^\varkappa$ zwischen x^r und x^s liegen soll. x beschränken wir, wie in § 2, auf positive Werte. Die Kurve $y = x^\varkappa$ soll sich also zwischen den Kurven $y = x^r$ halten. Rechts von $x = 1$ gelten die Ungleichungen $x^r < x^\varkappa < x^s$, links von $x = 1$ ist $x^r > x^\varkappa > x^s$ (vgl. Fig. 22). Es müssen hier zwei Fragen erörtert werden. Erstens: Gibt es eine Zahl, die zwischen allen x^r einerseits ($r < \varkappa$) und allen x^s andererseits liegt ($s > \varkappa$)? Zweitens: Ist nur eine solche Zahl vorhanden?

Unter den Brüchen $\cdots -\frac{3}{2^n}, -\frac{2}{2^n}, -\frac{1}{2^n}, 0, \frac{1}{2^n}, \frac{2}{2^n}, \frac{3}{2^n}, \ldots$ also unter den Brüchen mit dem Nenner 2^n, sei r_n der größte, der unterhalb $\varkappa$ liegt, so daß der nächste $s_n = r_n + \frac{1}{2^n}$ der kleinste oberhalb $\varkappa$ ist. Dann konvergieren $r_0, r_1, r_2, \ldots$ und $s_0, s_1, s_2, \ldots$, die erste Folge aufsteigend, die zweite absteigend nach $\varkappa$. Im Falle $x > 1$ bilden dann die Werte $x^{r_0}, x^{r_1}, x^{r_2}, \ldots$ eine aufsteigende, die Werte $x^{s_0}, x^{s_1}, x^{s_2}, \ldots$, eine absteigende Folge, die ganz oberhalb der ersten Folge liegt, weil jedes r kleiner als jedes s ist. Hiernach existieren die Grenzwerte $\lim x^{r_n}$ und $\lim x^{s_n}$. Der erste ist die kleinste obere Schranke aller x^{r_n}, der zweite die kleinste untere Schranke aller x^{s_n}, man kann aber auch sagen, aller x^r bzw. aller x^s. Wenn nämlich $r < \varkappa < s$ ist, so sind die nach $\varkappa$ konvergierenden r_n, s_n fast alle zwischen r und s enthalten. Man hat also

$$x^r < \lim x^{r_n} \leqq \lim x^{s_n} < x^s.$$

Beim Übergang zu $x < 1$ ist $<$ durch $>$ zu ersetzen. Mit diesem Ergebnis ist die erste der beiden gestellten Fragen in bejahendem Sinne beantwortet. Man kann noch hinzufügen, daß die Grenzwerte von x^{r_n} und x^{s_n} zusammenfallen. Da nämlich $s_n = r_n + \frac{1}{2^n}$ ist, so wird

$$x^{s_n} - x^{r_n} = x^{r_n}\left(x^{\frac{1}{2^n}} - 1\right)$$

Der zweite Faktor läßt sich in folgender Weise behandeln, wobei wir die Abkürzung $2^n = N$ benutzen. Es ist

$$\frac{x^{\frac{1}{N}}-1}{x-1}=\frac{1}{1+x^{\frac{1}{N}}+\cdots+x^{\frac{N-1}{N}}}.$$

Im Falle $x>1$ ist der Nenner des letzten Bruches größer als N. Man hat also

$$0<x^{\frac{1}{N}}-1<\frac{x-1}{N}.$$

Hieraus geht hervor, daß $\lim (x^{\frac{1}{N}}-1)=0$ ist. Im Falle $x<1$ sind alle Glieder der Summe größer als x, weil die Exponenten $0, \frac{1}{N}, \ldots, \frac{N-1}{N}$ kleiner als 1 sind. Daher hat man in diesem Falle

$$0<1-x^{\frac{1}{N}}<\frac{1-x}{xN},$$

also wie vorher $\lim (x^{\frac{1}{N}}-1)=0$. Nach dem Produktsatz der Grenzwertrechnung strebt demnach $x^{r_n}(x^{\frac{1}{2^n}}-1)$ dem Grenzwert $0\cdot\lim x^{r_n}$, also der Null zu, und es ist $\lim x^{r_n}=\lim x^{s_n}$.

Nun läßt sich auch die zweite Frage sofort beantworten. Da $x^{\varkappa}$ immer zwischen x^{r} und x^{s} enthalten sein soll, so muß es auch zwischen x^{r_n} und x^{s_n} liegen, d. h. $x^{\varkappa}$ fällt mit dem gemeinsamen Grenzwert von x^{r_n} und x^{s_n} zusammen.

Damit ist die Erklärung der **irrationalen Potenzen** von x auf eine sichere Grundlage gestellt. Sind $\varkappa_1$ und $\varkappa_2$ zwei irrationale Exponenten und r eine rationale Zwischenzahl ($\varkappa_1<r<\varkappa_2$), so hat man rechts von der Stelle $x=1$ die Ungleichungen $x^{\varkappa_1}<x^{r}<x^{\varkappa_2}$, also $x^{\varkappa_1}<x^{\varkappa_2}$, links dagegen $x^{\varkappa_1}>x^{r}>x^{\varkappa_2}$, mithin $x^{\varkappa_1}>x^{\varkappa_2}$. Die Kurve $y=x^{\varkappa_2}$ mit dem größeren Exponenten liegt also rechts von $x=1$ oberhalb, links von $x=1$ unterhalb der andern.

Wir wollen noch prüfen, wie es nunmehr mit den drei Rechnungsgesetzen $x^{\varkappa}x^{\varkappa'}x^{\varkappa''}=1$ $(\varkappa+\varkappa'+\varkappa''=0)$, $(x^{\varkappa})^{\varkappa'}=x^{\varkappa\varkappa'}$, $(x\,x')^{\varkappa}=x^{\varkappa}x'^{\varkappa}$ bestellt ist.

Daß das dritte Gesetz auch für irrationales $\varkappa$ gilt, erkennt man mit Hilfe der oben benutzten Einschließungsbrüche r_n und s_n. Auf alle Fälle liegt $(x\,x')^{\varkappa}$ zwischen $(x\,x')^{r_n}$ und $(x\,x')^{s_n}$, die gleich $x^{r_n}x'^{r_n}$ und $x^{s_n}x'^{s_n}$ sind. Diese beiden Produkte streben aber dem gemeinsamen Grenzwert $x^{\varkappa}x'^{\varkappa}$ zu. Daher muß die eingeschlossene Größe $(x\,x')^{\varkappa}$ diesem Grenzwert gleich sein.

Beim ersten Gesetz brauchen wir nur zwei Möglichkeiten zu betrachten: $\varkappa$, $\varkappa'$ sind irrational und $\varkappa''$ rational oder $\varkappa$, $\varkappa'$, $\varkappa''$ sämtlich irrational. Im ersten Falle schließen wir die beiden Irrationalzahlen $\varkappa$ und $\varkappa'$ zwischen r_n, s_n und r_n', s_n' ein. Dann liegt $\varkappa+\varkappa'+\varkappa''=0$ zwischen $r_n+r_n'+\varkappa''$ und $s_n+s_n'+\varkappa''$, also $x^0=1$ zwischen $x^{r_n+r_n'+\varkappa''}$ und $x^{s_n+s_n'+\varkappa''}$, d. h. zwischen $x^{r_n}x^{r_n'}x^{\varkappa''}$ und $x^{s_n}x^{s_n'}x^{\varkappa''}$. Beide Produkte konvergieren nach $x^{\varkappa}x^{\varkappa'}x^{\varkappa''}$. Also ist die eingeschlossene 1 gleich diesem Grenzwert. Im zweiten Falle werden zur Umschließung von $\varkappa''$ noch r_n'' und s_n'' gebraucht. $\varkappa + \varkappa' + \varkappa'' = 0$ liegt dann zwischen $r_n + r_n' + r_n''$ und $s_n + s_n' + s_n''$, die 1 also zwischen $x^{r_n} x^{r_n'} x^{r_n''}$ und $x^{s_n} x^{s_n'} x^{s_n''}$. Beide Produkte haben den Grenzwert $x^{\varkappa} x^{\varkappa'} x^{\varkappa''}$, dem daher die 1 gleich sein muß.

Ist beim zweiten Gesetz $\varkappa$ irrational und $\varkappa'$ rational, so kann man sich darauf stützen, daß $(x^{\varkappa})^{\varkappa'}$ zwischen $(x^{r_n})^{\varkappa'}$ und $(x^{s_n})^{\varkappa'}$, d. h. zwischen $x^{r_n \varkappa'}$ und $x^{s_n \varkappa'}$ enthalten ist. Da nun $\varkappa \varkappa'$ zwischen $r_n \varkappa'$ und $s_\varkappa \varkappa'$ liegt, wird auch $x^{\varkappa\varkappa'}$ von $x^{r_n \varkappa'}$ und $x^{s_n \varkappa'}$ umschlossen. Schreibt man die einschließenden Größen in der Form $(x^{\varkappa'})^{r_n}$ und $(x^{\varkappa'})^{s_n}$, so erkennt man, daß sie dem gemeinsamen Grenzwert $(x^{\varkappa'})^{\varkappa}$ zustreben. Mit ihm fallen daher auch $(x^{\varkappa})^{\varkappa'}$ und $x^{\varkappa\varkappa'}$ zusammen. Ist $\varkappa'$ irrational, so liegt $(x^{\varkappa})^{\varkappa'}$ zwischen $(x^{\varkappa})^{r_n'}$ und $(x^{\varkappa})^{s_n'}$. Nach dem schon Bewiesenen kann man die einschließenden Größen in der Form $x^{\varkappa r_n'}$ und $x^{\varkappa s_n'}$ schreiben, $\varkappa$ mag rational oder irrational sein. Bei dieser Schreibung liegt auf der Hand, daß die beiden Größen auch $x^{\varkappa\varkappa'}$ umschließen. Da die genannten Größen dem Grenzwert $(x^{\varkappa})^{\varkappa'}$ zustreben, muß $x^{\varkappa\varkappa'}$ mit $(x^{\varkappa})^{\varkappa'}$ zusammenfallen.

§ 4. Die Exponentialfunktion.

Die Exponentialfunktion ist eine Potenz mit fester Basis a und veränderlichem Exponenten x, wird also durch a^x ausgedrückt. Unter a hat man sich eine positive Zahl zu denken. Ist $a = 1$, so sind alle Funktionswerte gleich 1. Ist $a > 1$, so nimmt a^x, wie wir aus § 2 und 3 wissen, bei wachsendem x zu. Ist $a < 1$, so nimmt a^x ab. x kann hier alle reellen Werte, positive und negative, annehmen. Da die Potenzen einer Zahl zwischen 0 und 1 absteigend nach Null konvergieren, also ihre reziproken Werte aufsteigend nach ∞, so kann man sagen, daß a^x im Falle $a > 1$ nach 0 oder ∞ konvergiert, je nachdem x negativ oder positiv unendlich wird, während es im Falle $a < 1$ umgekehrt ist. Dies steht mit der Relation $\left(\frac{1}{a}\right)^x = a^{-x}$ im Einklang.

Man kann nun die Frage stellen, ob die Exponentialfunktion irgendeinen positiven Wert ausläßt, ob es mit andern Worten vorkommen kann, daß eine Gleichung von der Form $a^x = k$ mit positivem k keine Lösung zuläßt. Da wir stets vom Falle $a > 1$ zum Falle $a < 1$ und umgekehrt durch Einführung der reziproken Basis gelangen können, so dürfen wir uns auf $a > 1$ beschränken. Gehen wir in der Reihe der ganzen Zahlen $\ldots, -3, -2, -1, 0, 1, 2, 3, \ldots$ weit genug nach links, so kommen wir zu einer ganzen Zahl r_0 mit der Eigenschaft $a^{r_0} < k$ ist. Ebenso treffen wir auf der Wanderung nach rechts eine Zahl s_0 an, welche die Ungleichung $a^{s_0} > k$ zustande bringt. Wir wollen r_0 möglichst nach rechts und s_0 möglichst nach links schieben. r_0 ist die größte ganze Zahl, die der Bedingung $a^{r_0} < k$ genügt, s_0 die kleinste ganze Zahl, welche die Forderung $a^{s_0} > k$ erfüllt. Ersetzen wir die ganzen Zahlen durch alle Brüche mit dem Nenner 2^n, also durch $\ldots, -\frac{3}{2^n}, -\frac{2}{2^n}, -\frac{1}{2^n}, \frac{0}{2^n}, \frac{1}{2^n}, \frac{2}{2^n}, \frac{3}{2^n}, \ldots$ so gibt es unter diesen Brüchen einen größten r_n mit der Eigenschaft $a^{r_n} < k$ und einen kleinsten s_n mit der Eigenschaft $a^{s_n} > k$. Es ist ohne weiteres klar, daß $s_n = r_n + \frac{1}{2^n}$ sein muß. Ferner sieht man sofort, daß die Folge $r_0, r_1, r_2, \ldots$ aufsteigt und $s_0, s_1, s_2, \ldots$ absteigt. Die erste Folge liegt mit allen ihren Gliedern unterhalb der zweiten. Daher existieren die Grenzwerte $\lim r_n$, $\lim s_n$ und sind wegen der Relation $s_n = r_n + \frac{1}{2^n}$ einander gleich. Dieser gemeinsame Grenzwert von r_n und s_n heiße g. Wir werden sehen, daß $a^g = k$ ist, daß also k doch unter den Werten der Funktion a^x vorkommt. Offenbar ist $a^{r_0}, a^{r_1}, a^{r_2}, \ldots$ eine aufsteigende Folge mit der oberen Schranke a^g und $a^{s_0}, a^{s_1}, a^{s_2}, \ldots$ eine absteigende Folge mit der unteren Schranke a^g. Es gelten also die Ungleichungen $a^{r_n} < a^g < a^{s_n}$. Die einschließenden Größen unterscheiden sich um $a^{r_n}\,(a^{\frac{1}{2^n}} - 1)$, d. h. um weniger als $a^g\,(a^{\frac{1}{2^n}} - 1)$. Wir wissen aber, daß $a^{\frac{1}{2^n}} - 1$ nach Null konvergiert. Somit haben a^{r_n} und a^{s_n} denselben Grenzwert, der notwendig mit a^g zusammenfällt. Nun folgt aus $a^{r_n} < k$ und $a^{s_n} > k$ nach den Grenzwertregeln für Ungleichungen $a^g \leqq k$ und $a^g \geqq k$, d. h. $a^g = k$.

Die Exponentialfunktion a^x läßt, solange a von 1 verschieden ist, keinen positiven Wert aus. So lautet unser Ergebnis, das wegen der Beziehung $\left(\frac{1}{a}\right)^x a^x = 1$ auch im Falle $a < 4$ seine Gültigkeit bewahrt.

Die Bildkurve der Exponentialfunktion wird als Exponentialkurve bezeichnet. Alle Exponentialkurven gehen durch den Punkt 0, 1 hindurch. Setzt man nämlich in der Gleichung $y = a^x$ für x den Wert 0 ein, so wird y gleich a^0, d. h. gleich 1. Außer diesem Punkt haben zwei verschiedene Exponentialkurven keinen gemeinsamen Punkt. Wäre nämlich $b > a$ und $b^x = a^x$, so hätte man $\frac{b^x}{a^x} = 1$, d. h. $\left(\frac{b}{a}\right)^x = 1$. Da $\left(\frac{b}{a}\right)^x$ bei wachsendem x zunimmt, so ist $x = 0$ die einzige Lösung dieser Gleichung. In Fig. 23 ist das Büschel der Exponentialkurven durch Hervorhebung einiger Spezialfälle angedeutet. Auf Grund unserer Kenntnisse aus § 2 und 3 können wir sagen, wie die Kurven $y = a^x$ und $y = b^x$ zueinander liegen. Bei positivem x entspricht der größeren Basis die größere Ordinate, so daß im Falle $b > a$ rechts von der y-Achse die Kurve $y = b^x$ über der Kurve $y = a^x$ liegt, links von der y-Achse dagegen unter ihr.

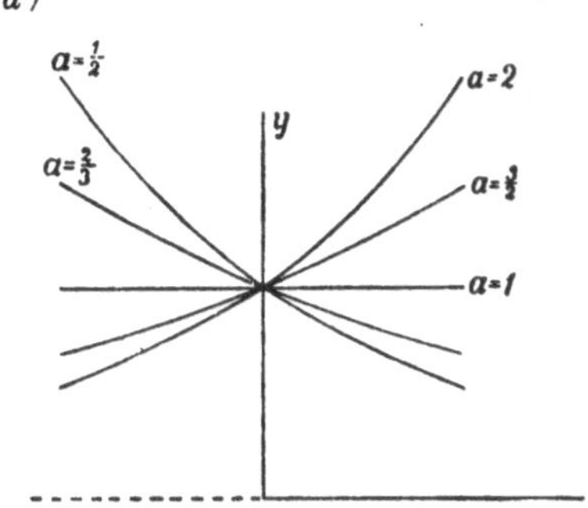

Fig. 23.

Leibniz hat das große Verdienst, die Exponentialfunktion in die Mathematik eingeführt zu haben. Er konstruierte die Exponentialkurve auf Grund der Bemerkung, daß bei ihr einer arithmetischen Abszissenreihe eine geometrische Ordinatenreihe entspricht. An den Stellen $x_0, x_0 + h, x_0 + 2h, \ldots$ stehen die Ordinaten a^{x_0}, $a^{x_0} a^h$, $a^{x_0} (a^h)^2, \ldots$. Aus § 2 und 3 wissen wir nämlich, daß $a^{x_0+ph} = a^{x_0} a^{ph}$ ist und $a^{ph} = (a^h)^p$. Die zum arithmetischen Mittel $\frac{x_1 + x_2}{2}$ gehörige Ordinate ist das geometrische Mittel aus $y_1 = a^{x_1}$ und $y_2 = a^{x_2}$. In der Tat hat man $a^{\frac{x_1+x_2}{2}} = (a^{x_1} a^{x_2})^{\frac{1}{2}}$. Aus zwei Punkten der Exponentialkurve kann man eine beliebig dichte Kette von Zwischenpunkten auf Grund dieser Mittelbildung gewinnen. Das ist das Leibnizsche Verfahren.

Wenn man die Kurve $y = a^x$ in der x-Richtung verschiebt, also von x, y zu $X = x + c$, $Y = y$ übergeht, so lautet die Gleichung der verschobenen Kurve $Y = a^{X-c} = a^{-c} a^X$. Zu demselben Ergebnis gelangt man dadurch, daß man alle Ordinaten der alten Kurve mit dem Faktor a^{-c} versieht. Da die Exponentialfunktion keinen positiven Wert ausläßt, so kann man a^{-c} durch passende Wahl von c jeden positiven Wert k verschaffen. Wenn bei unveränderter Abszisse jede Ordinate mit k multipliziert wird, so nennt man dies eine Dehnung in der y-Richtung. Im Falle $k < 1$ handelt es sich eigentlich um eine Zusammendrückung. Man spricht aber auch dann von einer Dehnung (Dehnungsfaktor kleiner als 1). Die Exponentialkurve hat also die merkwürdige Eigenschaft, daß eine Translation in der x-Richtung dieselbe Wirkung auf sie ausübt, wie eine passende Dehnung in der y-Richtung.

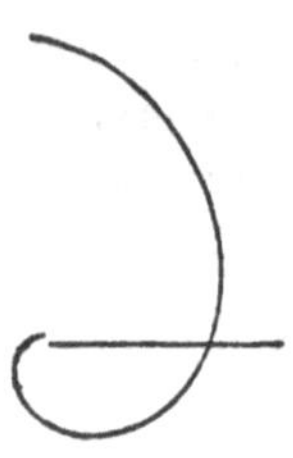

Fig. 24.

Bringt man die Exponentialfunktion in Polarkoordinaten r, ϑ zur Darstellung, so entsteht eine Kurve, die man als logarithmische Spirale bezeichnet (vgl. Fig. 24). An die Stelle der cartesischen Koordinaten x, y sind die Polarkoordinaten ϑ, r getreten. Die Gleichung $y = a^x$ ist zu $r = a^\vartheta$ geworden. Eine Translation in der x-Richtung (Änderung aller x um eine additive Konstante) muß jetzt ersetzt werden durch eine Drehung um den Anfangspunkt O oder Pol O. Eine Dehnung in der y-Richtung bedeutet jetzt eine Streckung von O aus. Die logarithmische Spirale mit dem Pol O hat die Eigenschaft, auf eine Drehung um O ebenso zu reagieren, wie auf eine gewisse Streckung (oder Zusammenziehung) von O aus. Daher der merkwürdige Eindruck, den eine um ihren Pol rotierende logarithmische Spirale macht.

Ein zweites, weniger bekanntes Phänomen ergibt sich, wenn man die Exponentialkurve $y = a^x$ auf ein dünnes durchsichtiges Papier zeichnet und dieses um einen Rotationszylinder wickelt, so daß die y-Achse mit einer der Geraden des Zylinders zusammenfällt. Es entsteht dann auf dem Zylinder eine der Schraubenlinie gestaltlich ähnliche Kurve. Eine Schraubenlinie würde herauskommen, wenn man die Exponentialkurve durch eine Gerade ersetzt. Bei der gewöhnlichen Schraubenlinie liegt auf jeder Erzeugenden des Zylinders eine arithmetische Reihe von Kurvenpunkten. Bei der Exponentialschraubenlinie ist es eine geometrische Reihe. Die auf einer Erzeugenden befindlichen Kurvenpunkte haben nämlich folgende Ordinaten: $\ldots, a^{x-2u}, a^{x-u}, a^x, a^{x+u}, a^{x+2u}, \ldots$ Dabei ist u der Umfang des Zylinders. Wird der Zylinder um seine Achse gedreht, so multiplizieren sich alle jene Ordinaten mit einem gemeinsamen Faktor a^v. Das ist der geometrische Sinn des anfangs erwähnten Phänomens.

§ 5. Die Funktion Logarithmus.

Ist a eine von 1 verschiedene positive Zahl, so läßt die Funktion a^y keinen positiven Wert aus. Da sie bei wachsendem y beständig zunimmt oder beständig abnimmt, je nachdem a größer oder kleiner als 1 ist, so wird jeder positive Wert von ihr nur einmal angenommen. Es entspricht also jedem positiven x ein y, das die Gleichung $a^y = x$ erfüllt. Hierdurch ist y als Funktion von x definiert. Man nennt diese Funktion den Logarithmus von x zur Basis a und bezeichnet sie durch das Symbol $\log x$, wobei man noch irgendwie die Basis hervorzuheben pflegt, etwa in der Form ${}^a\!\log x$. Da die Gleichung $y = {}^a\!\log x$ mit $a^y = x$ gleichbedeutend ist, so hat man den Logarithmus als die Umkehrung der Exponentialfunktion anzusehen. Die Eigenschaften der Exponentialfunktion lassen sich als Eigenschaften der Logarithmusfunktion ansehen. Zum Beispiel folgt aus $a^{y_1} = x_1$ und $a^{y_2} = x_2$ durch Multiplikation $a^{y_1+y_2} = x_1 x_2$. Ist also $y_1 = \log x_1$, $y_2 = \log x_2$, so kann man schließen $y_1 + y_2 = \log (x_1 x_2)$ oder, anders geschrieben, $\log (x_1 x_2) = \log x_1 + \log x_2$, d. h. man erhält den Logarithmus eines Produkts, indem man die Logarithmen der Faktoren summiert. Setzt man $X_1 = x_1$ und $X_2 = x_1 x_2$, so ist $x_2 = \frac{X_2}{X_1}$, und man entnimmt der obigen Gleichung $\log\left(\frac{X_2}{X_1}\right) = \log X_2 - \log X_1$. Ein Bruch wird logarithmiert, indem man vom Logarithmus des Zählers den des Nenners subtrahiert. Aus $a^y = x$ folgt $x^z = (a^y)^z = a^{yz}$. Ist also $y = \log x$, so kann man schließen $zy = \log (x^z)$ oder, in anderer Schreibung, $\log (x^z) = z \log x$. Eine beliebige Potenz wird logarithmiert, indem man den Logarithmus der Basis mit dem Exponenten multipliziert.

Wenn man mit Logarithmen arbeitet, verwandeln sich Multiplikationen und Divisionen in Additionen und Subtraktionen. Infolge dieses Vorteils haben sich die von Neper (1614) und anderen (Briggs, Bürgi) berechneten Logarithmentafeln als willkommenes Hilfsmittel beim numerischen Rechnen eingebürgert und sind erst durch die neuen Rechenmaschinen etwas in den Hintergrund gedrängt worden.

Wir wollen noch den einfachen Zusammenhang hervorheben, der zwischen zwei Logarithmensystemen besteht. Wenn $a^y = x$ und $b^z = x$ ist, also $y = {}^a\!\log x$ $z = {}^b\!\log x$, so läßt sich zeigen, daß sich beide Logarithmen nur um einen konstanten Faktor unterscheiden. Wenn mit log der Legarithmus in bezug auf irgendeine Basis c bezeichnet wird, so kann man aus $a^y = x$ und $b^z = x$ folgern

$$y \log a = \log x, \quad z \log b = \log x,$$

also

$$\frac{y \log a}{z \log b} = 1$$

oder

$${}^a\log x = \frac{\log b}{\log a} \cdot {}^b\log x.$$

Läßt man c mit b zusammenfallen, so wird $\log b = 1$, und man kann schreiben

$$(*) \qquad {}^a\log x = \frac{{}^b\log x}{{}^b\log a}.$$

Weiß man nur, daß die Logarithmen zur Basis a denen zur Basis b proportional sind, daß also ${}^a\log x = k \cdot {}^b\log x$ ist, so läßt sich der Proportionalitätsfaktor k sofort bestimmen. Man braucht nur $x = a$ zu setzen, um $k = \frac{1}{{}^b\log a}$ zu erhalten. Wenn man die Logarithmen zur Basis b durch den Logarithmus der neuen Basis a, also durch ${}^b\log a$ dividiert, so erhält man die Logarithmen zur Basis a. Die Basis ist immer durch den Logarithmuswert 1 ausgezeichnet, und $\frac{{}^b\log x}{{}^b\log a}$ wird für $x = a$ zu 1.

Aus der Proportionalitätsbeziehung zwischen zwei Logarithmensystemen folgt auch, daß ${}^a\log b$ und ${}^b\log a$ das Produkt 1 geben. Setzt man in Formel (*) $x = b$, so ergibt sich tatsächlich ${}^a\log b = \frac{1}{{}^b\log a}$. Auch folgende Kettenregel geht aus jener Beziehung hervor:

$${}^{a_1}\log a_2 \cdot {}^{a_2}\log a_3 \cdots {}^{a_{n-1}}\log a_n = {}^{a_1}\log a_n.$$

Bezeichnet man mit $\log x$ den Logarithmus in bezug auf irgendeine andere Basis c, so lauten die Faktoren der linken Seite nach Formel (*)

$$\frac{\log a_2}{\log a_1}, \frac{\log a_3}{\log a_2}, \ldots, \frac{\log a_n}{\log a_{n-1}}.$$

Ihr Produkt ist $\frac{\log a_n}{\log a_1}$, also gleich ${}^{a_1}\log a_n$. Man kann die Kettenregel auch als Ringregel schreiben, nämlich so

$${}^{a_1}\log a_2 \cdot {}^{a_2}\log a_3 \cdots {}^{a_{n-1}}\log a_n \, {}^{a_n}\log a_1 = 1.$$

§ 6. Kreisfunktionen.

Wenn man in Fig. 25 den auf die positive Abszissenachse fallenden Radius $OA = 1$ der Drehung x unterwirft, so nimmt er die Lage OP an. Wir wissen, wie Drehungen gemessen werden. x ist die Länge l des Weges, der von A im Laufe der Drehung beschrieben wird, und zwar mit dem Pluszeichen oder dem Minuszeichen, je nachdem die Drehung links oder rechts herum erfolgt. Die Drehung $x = \frac{\pi}{2}$ bringt, so wie wir immer die Achsen zeichnen, OA auf die positive Ordinatenachse.

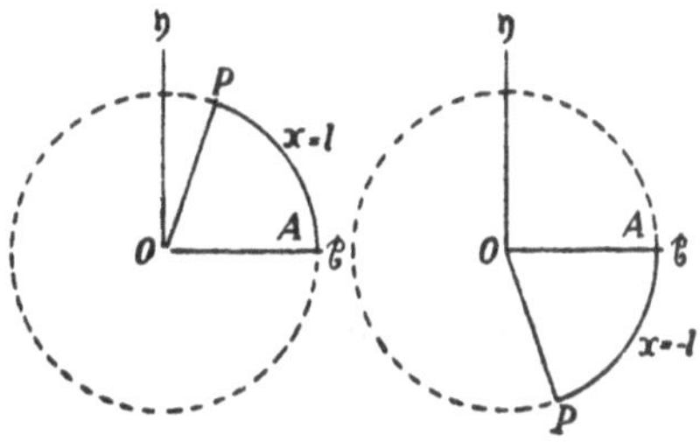

Fig. 25.

cos x und sin x sind, wie uns auch bereits bekannt, nichts anderes als Abszisse und Ordinate des Punktes P. Wenn man also OA mittels der Drehung x in die Lage OP bringt, so erhält der Punkt A, dessen Koordinaten vorher 1 und 0 lauteten, die Koordinaten $\cos x$ und $\sin x$. Neben $\cos x$ und $\sin x$ braucht man noch die Funktionen $\tan x = \frac{\sin x}{\cos x}$, $\cot x = \frac{\cos x}{\sin x}$. Alle diese Funktionen nennt man wegen ihres Zusammenhanges mit dem Einheitskreise **Kreisfunktionen** und wegen ihrer Verwendung in der Trigonometrie (Dreiecksmessung) auch **trigonometrische Funktionen.**

Als **inverse Kreisfunktionen** bezeichnet man die Umkehrungen dieser Funktionen. Ist z. B. $x = \cos y$, so schreibt man $y = \operatorname{arc}\cos x$, gelesen: y gleich arcus cosinus x. Damit soll gesagt sein, daß y ein Bogen ist, dessen Kosinus den Wert x hat. Will man haben, daß zu jedem x nur ein y-Wert gehört, so braucht man nur festzusetzen, daß y dem Intervall $0 \cdots \pi$ angehören soll. Wenn y dieses Intervall durchläuft, so nimmt $\cos y$ jeden Wert von 1 bis -1 genau einmal an. Im Falle $x = \sin y$ schreibt man $y = \operatorname{arc}\sin x$, gelesen: y gleich arcus sinus x. Gemeint ist damit ein Bogen, dessen Sinus den Wert x hat. Eindeutigkeit kann hier durch die Festsetzung erzielt werden, daß y dem Intervall $-\frac{\pi}{2} \cdots \frac{\pi}{2}$ angehören soll.

Die so definierten Funktionen $\operatorname{arc}\cos x$ und $\operatorname{arc}\sin x$ haben nur einen Sinn, wenn x im Intervall $-1 \cdots 1$ bleibt.

Wenn $x = \tan y$ ist, schreibt man $y = \operatorname{arc}\tan x$ und fügt zur Erzielung der Eindeutigkeit noch die Bedingung hinzu, daß y dem Intervall $-\frac{\pi}{2} \cdots \frac{\pi}{2}$ angehören soll. Ebenso setzt man $y = \operatorname{arc}\cot x$, wenn $x = \cot y$ ist und y dem Intervall $0 \cdots \pi$ angehört. Bei $\operatorname{arc}\tan x$ und $\operatorname{arc}\cot x$ darf x alle positiven und negativen Werte annehmen.

Die Werte der trigonometrischen Funktionen sind in groß angelegten Tafelwerken zusammengestellt, von denen wir nur **Hayashi** und **Jahnke-Emde** nennen wollen. Früher benutzte man Tafeln für die **Logarithmen** der trigonometrischen Funktionen (Basis 10). Die neuen Tafeln bieten die Funktionswerte selbst dar. Mit Hilfe dieser Tafeln kann man heutzutage sehr bequem die Bildkurven von $\cos x$, $\sin x$, $\tan x$, $\cot x$ zeichnen. In Fig. 26a

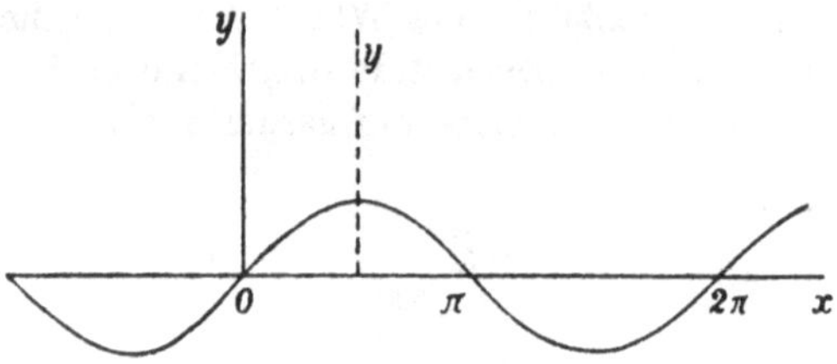

Fig. 26a.

sieht man z. B. die Kurve $y = \sin x$. Schiebt man die y-Achse in die punktierte Lage, so hat man die Kurve $y = \cos x$ vor sich. Dies beruht darauf, daß $\sin\left(x + \frac{\pi}{2}\right) = \cos x$ ist. Fig. 26b stellt die Kurve $y = \tan x$ dar. Schiebt man die y-Achse in die punktierte Lage, so sieht man die Kurve $y = -\cot x$ vor sich, weil $\tan\left(x + \frac{\pi}{2}\right) = -\cot x$ ist. Will man die Bildkurve von $\cot x$ selbst haben, so muß man noch eine Umklappung um die x-Achse vornehmen.

Die Bilder der inversen Kreisfunktionen erhält man dadurch, daß man die Achsen ihre Rollen vertauschen läßt. Man erkennt dann sofort die unendliche Vieldeutigkeit dieser Umkehrfunktionen und sieht an der Figur, welche Bestandteile der Kurven man unterdrücken muß, um Eindeutigkeit zu erzielen.

Wenn man die Kurve $y = \sin x$ auf durchsichtigem Papier zeichnet und dieses um einen Zylinder vom Radius 1 wickelt, so fällt die Sinuskurve mit

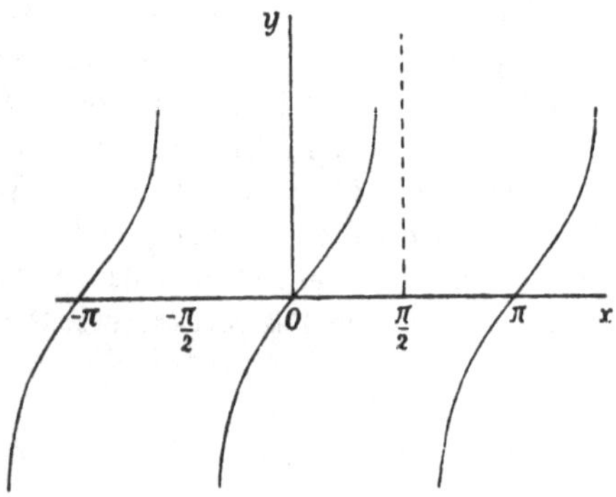

Fig. 26b.

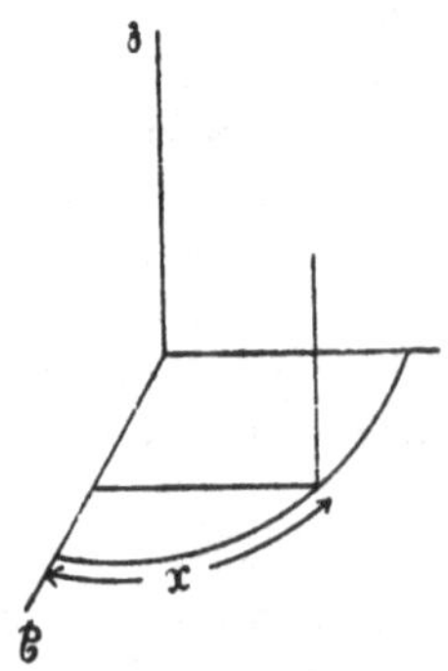

Fig. 27.

allen ihren Punkten auf eine Ellipse, deren Ebene um 45^0 gegen die Zylinderachse geneigt ist. Die Aufwickelung ist in der Weise durchzuführen, daß die y-Achse des Zeichenblattes mit einer Erzeugenden des Zylinders (in Fig. 27 $\mathfrak{x} = 1$, $\mathfrak{y} = 0$) zusammenfällt. Der Punkt mit den Koordinaten x, $\sin x$ hat auf dem Zylinder die Koordinaten

$$\mathfrak{x} = \cos x, \quad \mathfrak{y} = \sin x, \quad \mathfrak{z} = \sin x.$$

Diese genügen der Gleichung $\mathfrak{z} = \mathfrak{y}$ einer Ebene, die durch die $\mathfrak{x}$-Achse hindurchgeht und um 45^0 gegen die $(\mathfrak{x}, \mathfrak{y})$-Ebene, also auch gegen die $\mathfrak{z}$-Achse geneigt ist. Wickelt man einen Zylinder mehrfach in dünnes Papier ein und durchschneidet ihn samt Papier unter 45^0 gegen die Achse, so braucht man nur eins der beiden

Papierstücke auf die Ebene auszubreiten, um einen Teil der Sinuskurve zu erhalten. Er wird vom Schnittrand des Papiers gebildet.

Welche Kurven entstehen, wenn man die Bilder der Kreisfunktionen in Polarkoordinaten zeichnet? Es ergeben sich dabei die Kurven $r = \sin\vartheta$, $r = \cos\vartheta$, $r = \tan\vartheta$, $r = \cot\vartheta$. Negative Werte des Radiusvektors dürfen uns nicht stören. Wenn wir uns erinnern, daß der Punkt mit den Polarkoordinaten ϑ, r die rechtwinkligen Koordinaten $r\cos\vartheta$, $r\sin\vartheta$ hat, so ist klar, daß $\vartheta, -r$ denselben Punkt festlegen wie $\vartheta + \pi, r$. Am besten ist folgende Erklärung der Polarkoordinaten: Wenn man auf der x-Achse den Punkt mit der Abszisse r nimmt und dann die x-Achse der Drehung ϑ unterwirft, so gelangt man zu dem Punkt mit den Polarkoordinaten ϑ, r. Hierbei darf r auch negativ sein. Will man den Punkt mit der Abszisse $-r$ in dieselbe Lage bringen, so muß sich noch die Drehung π anschließen.

Um nun zu sehen, welche Kurve durch die Gleichung $r = \sin\vartheta$ dargestellt wird, braucht man nur die rechtwinkligen Koordinaten der Kurvenpunkte zu berechnen. Diese lauten nach Einsetzung des Wertes von r

$$x = \sin\vartheta\cos\vartheta, \quad y = \sin^2\vartheta$$

oder

$$x = \tfrac{1}{2}\sin 2\vartheta, \quad y = \tfrac{1}{2}(1 - \cos 2\vartheta).$$

Hieraus folgt

$$x^2 + (y - \tfrac{1}{2})^2 = \tfrac{1}{4}.$$

Die Bildkurve der Sinusfunktion in Polarkoordinaten ist, wie man sieht, ein Kreis, der um den Punkt 0, $\frac{1}{2}$ beschrieben ist und den Radius $\frac{1}{2}$ hat (vgl. Fig. 28 links). Man kann dies auch an der Figur ablesen, wenn man das rechtwinklige Dreieck OPA betrachtet. Rechts daneben sieht man die Bildkurve der Kosinusfunktion in Polarkoordinaten.

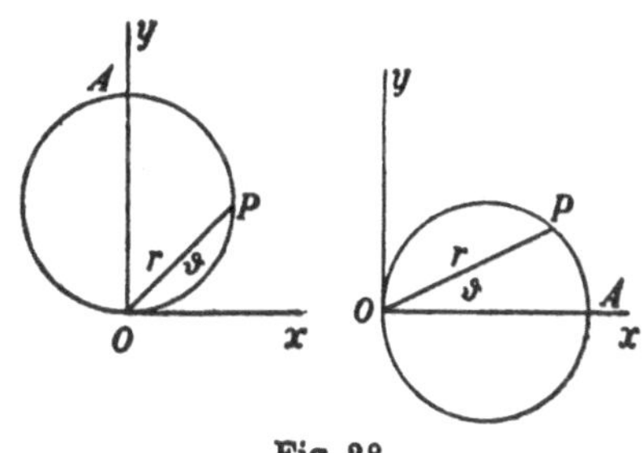

Fig. 28.

Im Falle $r = \tan\vartheta$ findet man für die rechtwinkligen Koordinaten $r\cos\vartheta$, $r\sin\vartheta$ folgende Werte:

$$x = \sin\vartheta, \quad y = \frac{\sin^2\vartheta}{\cos\vartheta}.$$

Man entnimmt hieraus

$$x = \sin\vartheta, \quad \frac{x^2}{y} = \cos\vartheta,$$

also

$$(*) \qquad x^2 + \frac{x^4}{y^2} = 1.$$

Diese Kurve hängt mit dem Kreise $\mathfrak{x}^2 + \mathfrak{y}^2 = 1$ in der Weise zusammen, daß man aus einem Punkt (x, y) der Kurve (*) einen Punkt $(\mathfrak{x}, \mathfrak{y})$ des Kreises erhält, wenn man setzt

$$(\dagger) \qquad \mathfrak{x} = x, \quad \mathfrak{y} = \frac{x^2}{y}.$$

Wendet man diesen Übergang von Punkt zu Punkt nach der Vorschrift (†) nicht nur auf die Kurve (*), sondern auf die ganze Ebene an, so spricht man von einer Transformation. Die Transformation (†) verwandelt die Kurve (*) in den Kreis $\mathfrak{x}^2 + \mathfrak{y}^2 = 1$. Es liegt hier eine involutorische Transformation vor, d. h. eine solche, die ihre eigene Umkehrung ist. Aus den Gleichungen (†) folgt nämlich, wenn man sie nach x, y auflöst,

$$x = \mathfrak{x}, \quad y = \frac{\mathfrak{x}^2}{\mathfrak{y}}.$$

Das sind genau dieselben Gleichungen wie vorher. Nur haben sich die deutschen mit den lateinischen Buchstaben vertauscht. Die Transformation (†) läßt sich leicht konstruktiv durchführen. Um zum Punkte P den transformierten Punkt $\mathfrak{P}$ zu finden, fälle man von P aus die Lote PA und PB auf die Achsen Ox, Oy, verbinde A mit B und ziehe durch O eine Senkrechte zur Geraden AB. Sie schneidet AP im gesuchten Punkte $\mathfrak{P}$. Dies beruht auf der Gleichheit der beiden markierten Winkel in Fig. 29. Wendet man diese Kon-

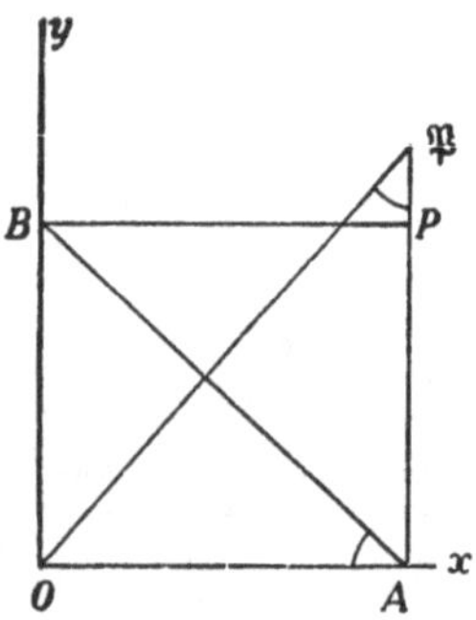

Fig. 29.

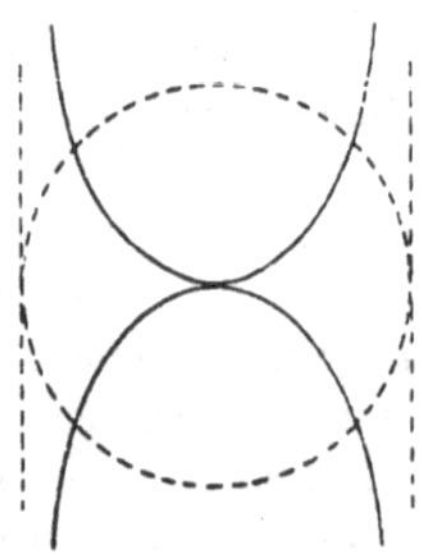

Fig 30.

struktion auf die Punkte des Einheitskreises an, so ergibt sich die Bildkurve der Tangensfunktion in Polarkoordinaten. Man kann übrigens die Gleichung (*) auch in der Form

$$y = \frac{x^2}{\sqrt{1 - x^2}}$$

schreiben und sieht dann mit einem Blick, daß $y\mathfrak{y} = x^2$ ist. In Fig. 30 ist die Kurve (*) zur Anschauung gebracht.

Die Darstellung der Kotangensfunktion in Polarkoordinaten ergibt sich durch Drehung der Figur um 90°.

§ 7. Ableitungen und Differentiale.

Wenn eine Funktion $f(x)$ gegeben ist, so liegt es nahe, zu fragen, wie sie auf eine bestimmte Änderung der unabhängigen Veränderlichen reagiert. Man könnte von der Empfindlichkeit einer Funktion reden. Um ein Maß dafür zu gewinnen, wird man die Änderung der Funktion mit der Änderung von x vergleichen. Man kommt auf diese Weise ganz von selbst zu dem wichtigen Begriff des Differenzenquotienten. Der Differenzenquotient ist ein Bruch, in dessen Nenner die Änderung oder der Zuwachs von x steht, während der Zähler den entsprechenden Zuwachs von $f(x)$ angibt. Bezeichnet man die Änderung von x mit h, so ist die zugehörige Änderung von $f(x)$ offenbar $f(x+h) - f(x)$, und der Differenzenquotient lautet $\frac{f(x+h)-f(x)}{h}$ Statt $f(x+h) - f(x)$ schreibt man gewöhnlich $\Delta f(x)$, wobei Δ an das Wort Differenz erinnern soll. Im Falle $f(x) = x$ reduziert sich die Differenz auf $(x+h) - x$, d. h. auf h, so daß $\Delta x = h$ wird. Man kann hiernach den Differenzenquotienten von $y = f(x)$ auch in der Form $\frac{\Delta f(x)}{\Delta x}$ oder $\frac{\Delta y}{\Delta x}$ schreiben.

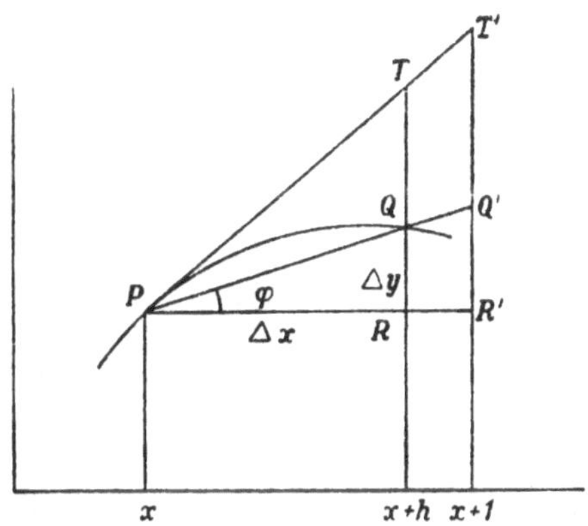

Fig. 31.

P und Q seien die zu x und $x+h$ gehörigen Punkte auf der Bildkurve der Funktion (Fig. 31) und die Sekante P, Q bilde mit der positiven x-Richtung den Winkel φ, so daß die positive x-Achse um φ gedreht, zu P, Q parallel wird. Dann ist offenbar $\tan\varphi = \frac{\Delta y}{\Delta x}$, da PR und RQ die Maßzahlen Δx und Δy haben. $\tan\varphi$ heißt die Richtungskonstante oder die Steigung der Sekante P, Q. Der Differenzenquotient mißt also die Steigung der Sekante, deren Gleichung

$$Y - y = (X - x)\frac{\Delta y}{\Delta x}$$

lautet. Dabei sind X, Y die sog. laufenden Koordinaten, d. h. die Koordinaten eines auf der Sekante sich bewegenden Punktes.

Erwähnt sei hier noch die kinematische Deutung des Differenzenquotienten. x ist bei ihr die von einem bestimmten Anfang gerechnete Zeit, $f(x)$ dagegen die Abszisse eines Punktes P auf der Zahlenlinie. Jede Funktion ist eine Bewegungsvorschrift für den Punkt P. Er soll zur Zeit x die Abszisse $f(x)$ haben. Während des Zeitintervalls $x \cdots x+h$ ist der Punkt von der Stelle $f(x)$ nach $f(x+h)$ gelangt. Man nennt den Quotienten aus Weg und Zeit, also

$\frac{f(x+h)-f(x)}{h}$, die mittlere Geschwindigkeit des Punktes während des genannten Zeitintervalls.

Über die Größe h, die bei allen Differenzbildungen vorkommt und als Grunddifferenz bezeichnet wird, macht man keine besondere Voraussetzung. Dieses h kann jeden positiven und negativen Wert annehmen. Nur der Wert 0 ist ihm verboten. Wenn allerdings $f(x)$ z. B. nur in einem Intervall $a \cdots b$ definiert ist $(a < b)$, wie etwa arc cos x und arc sin x, so wird man bei den Differenzenquotienten $\frac{f(a+h)-f(a)}{h}$ und $\frac{f(b+h)-f(b)}{h}$ nicht beliebige h verwenden, sondern im ersten Falle nur positive, im zweiten Falle nur negative. Man kann sich aber auch an einer beliebigen Stelle auf rechtsseitige oder linksseitige Differenzenquotienten beschränken, indem man nur positive oder nur negative h-Werte zuläßt.

Es kann nun sein, daß der rechtsseitige Differenzenquotient $\frac{f(x+h)-f(x)}{h}$ bei hinschwindendem h stets einem Grenzwert zustrebt. Dieser Grenzwert erweist sich sofort als unabhängig von der Art des Limestodes, der h auferlegt wird. Durchläuft h das eine Mal die Nullfolge $h_1, h_2, h_3, \ldots$, ein anderes Mal die Nullfolge $k_1, k_2, k_3, \ldots$, so kann man es ein drittes Mal die Nullfolge $h_1, k_1, h_2, k_2, h_3, k_3, \ldots$ entlang schicken. In allen drei Fällen muß sich eine konvergente Folge von Differenzenquotienten ergeben. Die beiden ersten sind in der dritten als Teilfolgen enthalten und müssen daher demselben Grenzwert zustreben wie diese. Dieser gemeinsame Grenzwert wird als die rechtsseitige Ableitung von $f(x)$ an der Stelle x bezeichnet. Ganz entsprechend erklärt man die linksseitige Ableitung. Stimmen beide überein, so ist ihr gemeinsamer Wert die Ableitung von $f(x)$ an der Stelle x. Für diese Ableitung wird das Symbol $f'(x)$ gebraucht (gelesen: f Strich x).

Bei der kinematischen Deutung des Differenzenquotienten wurde dieser als mittlere Geschwindigkeit während des Zeitraumes von x bis $x+h$ angesehen. Den Grenzwert der mittleren Geschwindigkeit bei unendlicher Schrumpfung des Zeitintervalls nennt man die Geschwindigkeit zur Zeit x. Der Träger dieser Geschwindigkeit ist ein beweglicher Punkt, der auf der Zahlenlinie zur Zeit x die Abszisse $f(x)$ hat. Die Geschwindigkeit ist die Ableitung dieser Abszisse, betrachtet als Funktion der Zeit, oder, wie man kurz sagt, die Ableitung der Abszisse nach der Zeit.

Wenn man den Differenzenquotienten als Steigungsmaß einer Kurvensekante betrachtet, ergibt sich eine andere Deutung der Ableitung. In Fig. 31 haben wir die Geraden P, Q und P, R mit einer Parallelen zur y-Achse zum Schnitt gebracht, die sich an der Stelle $x+1$ befindet. Aus der Sekantengleichung $Y-y=(X-x)\frac{\Delta y}{\Delta x}$ ergibt sich mittels der Einsetzung $X=x+1$, daß $R'Q'$ die Maßzahl $\frac{\Delta y}{\Delta x}$ hat. Wenn nun bei schwindendem Δx der Differenzenquotient einem Grenzwert $f'(x)$ zustrebt, so bedeutet dies nichts anderes, als daß der Punkt Q' nach einer Grenzlage T' konvergiert und $R'T'$ die Maßzahl $f'(x)$ hat. Die Gerade P, T', deren Richtungskonstante offenbar $f'(x)$ ist, können wir als die Grenzlage der Sekante bei schwindendem Δx betrachten. Sie wird als Tangente der Kurve an der Stelle P bezeichnet. Gleichzeitig mit Δx strebt auch Δy der Null zu. Man kann nämlich Δy als das Produkt aus $\frac{\Delta y}{\Delta x}$ und Δx betrachten und hierauf den Produktsatz der Grenzwertrechnung anwenden. Da die Grenzwerte der Faktoren $f'(x)$ und 0 lauten, folgt $\lim \Delta y = 0$. Diese Eigenschaft, daß einem schwindenden Δx ein schwindendes Δy entspricht, bezeichnet man als Stetigkeit. Durch die Existenz der Ableitung ist, wie man sieht, die Stetigkeit sichergestellt. Funktionen, die eine Ableitung haben, sind immer stetig. Das Umgekehrte gilt aber nicht. Es gibt sogar, wie Bernhard Bolzano, der böhmische Leibniz, wohl als erster entdeckt hat, stetige Funktionen, die nirgends eine Ableitung besitzen. Die Bildkurve einer solchen Funktion $f(x)$ hat nirgends eine Tangente. Ein Punkt, der auf der Zahlenlinie immer zur Zeit x die Abszisse $f(x)$ hat, bewegt sich auf der Zahlenlinie, jedoch so, daß man in keinem Zeitpunkt von einer Geschwindigkeit reden kann.

Die Aufgabe, an eine Kurve in gegebenem Punkte die Tangente zu ziehen, das sog. Tangentenproblem, ist uralt. Früher konnte ein Geometer, der für irgendeine wichtige Kurve eine Tangentenkonstruktion ersann, daraufhin berühmt werden. Leibniz hat eine allgemeine Methode geschaffen, die alle diese Einzelbemühungen überflüssig macht. Um die Tangente der Kurve $y = f(x)$ an der Stelle x, y zu finden, bestimmt er die Ableitung $f'(x)$. Da $f'(x)$ die Steigung der Tangente mißt, so lautet deren Gleichung

$$Y - y = (X - x)\, f'(x).$$

Diese Tangentenformel läßt sich auf alle Kurven anwenden und führt stets zum Ziele, wenn die gesuchte Tangente überhaupt existiert. Deshalb nannte Leibniz seine Differentialrechnung, die sich zunächst die Berechnung der Ableitungen zur Aufgabe machte, eine neue Tangentenmethode. Nicht unerwähnt soll bleiben, daß die zur y-Achse parallelen Tangenten sich der obigen Formel entziehen. Wir werden aber später eine andere Fassung der Tangentenformel, ebenfalls von Leibniz herrührend, kennenlernen, die auch für diese zur y-Achse parallelen Tangenten noch gilt.

Am Anfang war von der Empfindlichkeit einer Funktion $f(x)$ gegenüber Änderungen der unabhängigen Variablen die Rede. Als Maß dafür diente der Differenzenquotient. Da er von der Grunddifferenz $\Delta x = h$ abhängig ist, so kann uns diese Messungsweise nicht befriedigen. Führen wir aber den Grenzwert des Differenzenquotienten bei hinschwindenden h als Empfindlichkeitsmaß ein, so ist die Abhängigkeit von h beseitigt. $f'(x)$ ist das brauchbare Empfindlichkeitsmaß.

Newton hat eine sehr schöne Erklärung für die Ableitung $f'(x)$ gegeben. Wir wissen, daß immer, wenn $f'(x)$ existiert, Δy oder $\Delta f(x)$ gleichzeitig mit Δx

nach Null konvergiert. Der Quotient dieser hinschwindenden Differenzen Δx und Δy strebt dem Grenzwert $f'(x)$ zu. Daher bezeichnet Newton die Ableitung als die ultima ratio incrementorum evanescentium (das letzte oder, wie man heute sagt, das Grenzverhältnis der hinschwindenden Inkremente). Man muß sich mit Newton etwa vorstellen, daß gerade in dem Augenblick, wo Δx und Δy ins Nichts untertauchen noch rasch der Quotient $\frac{\Delta y}{\Delta x}$ gebildet und damit $f'(x)$ gewonnen wird. Wir reden hier fast mit Newtons eigenen Worten. Es liegt seiner Auffassung der Versuch zugrunde, den Grenzübergang, der an sich etwas Unvollendbares ist, durch etwas Letztes abzuschließen. Ganz ähnlich spricht z. B. Jakob Bernoulli von einem letzten Glied einer konvergenten Folge, das nichts anderes als der Grenzwert ist. Newton hat noch eine andere Erklärung der Ableitung, wonach sie zugleich die prima ratio incrementorum modo nascentium sein soll. In dem Augenblick, wo Δx und Δy eben aus dem Nichts auftauchen, wird rasch der Quotient $\frac{\Delta y}{\Delta x}$ gebildet. Victor Hugo, der Mathematik studiert hatte, spricht in einem seiner berühmten Romane davon, wie wichtig es sei, die Dinge an der Grenze des Werdens und Vergehens, des Seins und Nichtseins zu studieren.

Es ist bemerkenswert, daß in der modernen Mathematik nur der Begriff der ultima ratio eine strenge Formulierung gefunden hat, während von der prima ratio nicht mehr die Rede ist. Wie kommt es, so fragen die Philosophen, daß der streng denkende Mathematiker nichts dagegen hat, wenn von hinschwindenden Größen die Rede ist, daß er aber Schwierigkeiten darin findet, Größen aus dem Nichts auftauchen zu lassen? Sollte es vielleicht wahr sein, daß dem menschlichen Verstand das Vergehen eine begreiflichere Sache ist als das Entstehen, occasus simplicior quam ortus? Für den Mathematiker verschwinden alle Nebel, die sich an dieser Stelle zusammenballen, wenn er sich überlegt, daß wir den occasus, das Untertauchen ins Nichts, streng formulieren, indem wir die hinschwindende Größe eine Nullfolge $h_1, h_2, h_3, \ldots$ durchlaufen lassen. Dadurch verbauen wir uns von vornherein jede Möglichkeit, diesen Vorgang umzukehren. Denn in der Folge 1, 2, 3, ... gibt es zwar ein erstes, aber kein letztes Glied. So ist es gekommen, daß Newtons zweite Formulierung in den Hintergrund geriet. Newton hat, wenn er eine Größe ins Nichts tauchen ließ, keinesfalls an das Durchlaufen einer Nullfolge gedacht. Vielmehr sah er darin einen lückenlos ablaufenden Vorgang, so lückenlos, wie uns das Zusammenschmelzen eines Eisklumpens erscheint. Deshalb war es für ihn leichter, sich den umgekehrten Vorgang vorzustellen. Wir wissen allerdings, daß ihn diese Begriffsbildungen niemals ganz befriedigten.

Newton nennt übrigens die Veränderlichen Fluenten (quantitates fluentes). Die Ableitung ist, wenn man als unabhängige Variable die Zeit wählt, nichts anderes als die Änderungsgeschwindigkeit der Fluente. Newton nennt sie die Fluxion, d. h. den Fluß. Die Fluxion von y wird mit $\dot{y}$ bezeichnet. Die Schreibung y' rührt von Lagrange her. Cauchy bezeichnet die Ableitung durch ein vorgesetztes D, das an das Wort Derivierte (Ableitung) erinnern soll.

Leibniz, der neben Newton als selbständiger Erfinder der Differentialrechnung dasteht, hat den wichtigen Begriff des Differentials eingeführt, der sich sehr rasch überall einbürgerte. Wenn ein Punkt sich auf der Zahlenlinie bewegt, so daß er zur Zeit x die Abszisse $f(x)$ hat, so ist seine Geschwindigkeit in diesem Zeitpunkt x, wie wir wissen, $f'(x)$. Würde er nun diese Geschwindigkeit weiter behalten, so erführe er in dem Zeitraum von x bis $x + h$ die Verschiebung $f'(x)\,h$. Diese Größe nennt Leibniz das Differential von $f(x)$ und gebraucht dafür das Symbol $df(x)$. Es ist also $df(x) = f'(x)\,h$. Im Anschluß an Fig. 31 können wir eine andere Deutung des Differentials geben. Da die Tangente der Kurve $y = f(x)$ im Punkte P die Steigung $f'(x)$ hat, so entspricht beim Fortschreiten längs der Tangente dem Abszissenzuwachs h der Ordinatenzuwachs $f'(x)\,h$. Daher hat die Strecke RT in Fig. 31 die Maßzahl $df(x)$, während der Strecke RQ die Maßzahl $\Delta f(x)$ zukommt. Die Differenz $\Delta f(x)$ verwandelt sich also in $df(x)$, wenn man die Kurve durch ihre Tangente im Punkte P ersetzt. Schreitet man von P aus auf der Kurve fort, so führt der Abszissenzuwachs h den Ordinatenzuwachs $\Delta f(x) = f(x+h) - f(x)$ herbei, schreitet man längs der Tangente fort, so entsteht der Ordinatenzuwachs $df\,(x)$. Die Ersetzung der krummen Linie durch die tangierende Gerade ist der Kerngedanke der Differentialrechnung. Das hat Leibniz wiederholt mit großer Klarheit ausgesprochen. Man darf nicht verschweigen, daß der Differentialbegriff auch bei Newton vorkommt. Die Fluxionen mit kleinen Zeitinkrementen multipliziert, werden als Momente bezeichnet.

Die Koordinaten x und y sind mit gewissen Vorzeichen behaftete Längen. Man schreibt ihnen die Dimension 1 zu. Die Ableitung y' hat als Grenzwert des Differenzenquotienten $\frac{\Delta y}{\Delta x}$ wie dieser die Dimension 0. Dagegen hat das Differential $df(x) = f'(x)\,\Delta x$ wieder die Dimension 1 wie Δx. Arbeitet man mit Differentialen, so hat dies den Vorteil, daß man bei derselben Dimension bleibt. Dies ist aber nicht der einzige Vorzug, den die Differentiale im Vergleich zu den Ableitungen oder Fluxionen genießen. Mit Recht haben sie der ganzen Disziplin den Namen gegeben. Sie heißt Differentialrechnung und nicht mehr Fluxionsrechnung.

§ 8. Die Leibnizschen Regeln.

In seiner ersten Publikation über Differentialrechnung (1684) hat Leibniz vier wichtige Rechnungsregeln, nach damaligem Brauch ohne Beweis, mitgeteilt. Sie bilden das Fundament der neuen Rechnungsart und werden heute Leibnizsche Regeln genannt.

Wenn die Ableitungen $f'(x)$ und $g'(x)$ existieren, so hat auch

$$F(x) = f(x) + g(x)$$

eine Ableitung, und zwar ist $F'(x) = f'(x) + g'(x)$ oder kurz

$$(f + g)' = f' + g'.$$

Die Ableitung einer Summe ist also gleich der Summe der Ableitungen. Man beweist diese erste Leibnizsche Regel durch Rückgang auf die Differenzenquotienten. Aus $F(x) = f(x) + g(x)$ folgt

$$\frac{F(x+h)-F(x)}{h} = \frac{f(x+h)-f(x)}{h} + \frac{g(x+h)-g(x)}{h}.$$

Läßt man h nach Null konvergieren, so streben die beiden Summanden den Grenzwerten $f'(x)$, $g'(x)$ zu. Da der Grenzwert einer Summe gleich der Summe der Grenzwerte ist, so wird

$$\lim \frac{F(x+h)-F(x)}{h} = f'(x) + g'(x),$$

d. h. $F'(x)$ existiert und hat den Wert $f'(x) + g'(x)$.

Genau ebenso wird die zweite Leibnizsche Regel bewiesen, die

$$(f-g)' = f' - g'$$

lautet. Sie besagt, daß die Ableitung einer Differenz gleich der Differenz der Ableitungen ist.

Die dritte Leibnizsche Regel bezieht sich auf das Produkt $F(x) = f(x)\,g(x)$. Hier ist

$$\frac{F(x+h)-F(x)}{h} = \frac{f(x+h)\,g(x+h)-f(x)\,g(x)}{h}.$$

Man kann nun von $f(x)\,g(x)$ zu $f(x+h)\,g(x+h)$ unter Einschaltung des Zwischengliedes $f(x+h)\,g(x)$ übergehen. Dann zerlegt sich die Differenz $f(x+h)\,g(x+h) - f(x)\,g(x)$ in $f(x+h)\,g(x) - f(x)\,g(x)$ und $f(x+h)\,g(x+h) - f(x+h)\,g(x)$,
d. h. in

$$\{f(x+h)-f(x)\}\,g(x)$$

und

$$\{g(x+h)-g(x)\}\,f(x+h).$$

Der zweite Bestandteil zerlegt sich weiter in

$$\{g(x+h)-g(x)\}\,f(x)$$

und

$$\{g(x+h)-g(x)\}\,\{f(x+h)-f(x)\}.$$

Hiernach wird

$$\frac{F(x+h)-F(x)}{h} = \frac{f(x+h)-f(x)}{h}\cdot g(x) + \frac{g(x+h)-g(x)}{h}\cdot f(x) + \frac{f(x+h)-f(x)}{h}\cdot\frac{g(x+h)-g(x)}{h}\cdot h.$$

Die Grenzwerte der drei Summanden bei hinschwindendem h lauten nach dem Produktsatz der Grenzwertrechnung

$$f'(x)\cdot g(x), \quad g'(x)\cdot f(x), \quad f'(x)\cdot g'(x)\cdot 0.$$

Daher ergibt sich

$$\lim \frac{F(x+h)-F(x)}{h} = f'(x)\,g(x) + g'(x)\,f(x),$$

d. h. $F'(x)$ existiert und hat den Wert $f'(x)\,g(x) + g'(x)\,f(x)$. Es gilt also die Formel

$$(fg) = f'g + g'f.$$

Betrachtet man drei Funktionen $f_1(x)$, $f_2(x)$, $f_3(x)$ und existieren die Ableitungen $f_1'(x)$, $f_2'(x)$, $f_3'(x)$, so hat man

$$(f_1 f_2)' = f_1' f_2 + f_1 f_2'$$

und weiter

$$(f_1 f_2 f_3)' = (f_1 f_2)' f_3 + f_1 f_2 f_3',$$

also

$$(f_1 f_2 f_3)' = f_1' f_2 f_3 + f_1 f_2' f_3 + f_1 f_2 f_3'.$$

Man sieht bei dieser Schreibung, wie der Ableitungsstrich die Faktorenreihe f_1, f_2, f_3 entlang wandert. Man sieht ferner, daß für n Funktionen $f_1(x), f_2(x), \ldots, f_n(x)$, deren Ableitungen $f_1'(x), f_2'(x), \ldots, f_n'(x)$ existieren, folgende Formel gilt:

$$(f_1 f_2 \cdots f_n)' = f_1' f_2 f_3 \cdots f_n + f_1 f_2' f_3 \cdots f_n + \cdots + f_1 f_2 \cdots f_{n-1} f_n'.$$

Dividiert man durch $f_1 f_2 \cdots f_n$, so entsteht folgende Fassung dieser Leibnizschen Produktregel:

$$\frac{(f_1 f_2 \cdots f_n)'}{f_1 f_2 \cdots f_n} = \frac{f_1'}{f_1} + \frac{f_2'}{f_2} + \cdots + \frac{f_n'}{f_n}.$$

Ein Quotient wie $\frac{f'}{f}$ gibt an, um welchen Faktor sich die Ableitung von der Funktion unterscheidet. Man nennt diesen Quotienten die Relativableitung. Nach obiger Formel ist die Relativableitung eines Produktes gleich der Summe der Relativableitungen der Faktoren.

Die vierte Leibnizsche Regel handelt von der Ableitung des Quotienten $F(x) = \frac{f(x)}{g(x)}$, wobei nur solche x-Werte zugelassen sind, die $g(x)$ nicht zum Verschwinden bringen. Zunächst kann man zeigen, daß sich um eine Stelle x, an der g von Null verschieden ist, eine Umgebung $x - \varepsilon \cdots x + \varepsilon$ konstruieren läßt, die keine Nullstelle von g enthält. Wäre dem nicht so, dann gäbe es insbesondere zwischen $x - \frac{1}{n}$ und $x + \frac{1}{n}$ eine Nullstelle x_n. Läßt man n die Folge $1, 2, 3, \ldots$ durchlaufen, so konvergieren $x - \frac{1}{n}$, $x + \frac{1}{n}$ und mit ihnen x_n nach x. Da nun $g(x_n) = 0$ ist, so kann man schreiben

$$g(x) = \frac{g(x) - g(x_n)}{x - x_n} \cdot (x - x_n).$$

Der erste Faktor hat den Grenzwert $g'(x)$, der zweite den Grenzwert 0. Daher müßte $g(x) = 0$ sein, gegen die Voraussetzung. Bei den weiteren Betrachtungen halten wir uns in einer für g nullstellenfreien Umgebung von x. Da wir immer mit hinschwindenden h-Werten operieren, so dürfen wir ohne weiteres annehmen, daß $x + h$ einer solchen Umgebung von x angehört.

Nun ist

$$\frac{F(x+h)-F(x)}{h} = \frac{1}{h}\left(\frac{f(x+h)}{g(x+h)} - \frac{f(x)}{g(x)}\right)$$

$$= \frac{\frac{f(x+h)-f(x)}{h}\,g(x) - \frac{g(x+h)-g(x)}{h}\,f(x)}{g(x)\,g(x+h)}.$$

Der Zähler dieses Bruches hat den Grenzwert $f'(x)\,g(x) - g'(x)\,f(x)$, der Nenner den Grenzwert $g^2(x)$, da $g(x+h) = g(x) + \frac{g(x+h)-g(x)}{h}\cdot h$ nach $g(x) + g'(x)\cdot 0$, d. h. nach $g(x)$ konvergiert. Hiernach existiert $F'(x)$ und hat den Wert $\frac{f'(x)\,g(x) - g'(x)\,f(x)}{g^2(x)}$. Es gilt also die Formel

$$\left(\frac{f}{g}\right)' = \frac{gf' - fg'}{g^2}.$$

Der Nenner der Ableitung ist das Quadrat des alten Nenners. Im Zähler der Ableitung steht zuerst der Nenner von $\frac{f}{g}$, multipliziert mit der Ableitung des Zählers. Davon wird abgezogen der Zähler, multipliziert mit der Ableitung des Nenners. Man kann $gf' - fg'$ auch als Determinante schreiben und erhält dann folgende Fassung der vierten Leibnizschen Regel:

$$\left(\frac{f}{g}\right)' = g^{-2}\cdot\begin{vmatrix} f' & g' \\ f & g \end{vmatrix}.$$

Als Relativableitung von $\frac{f}{g}$ findet man

$$\frac{\left(\frac{f}{g}\right)'}{\frac{f}{g}} = \frac{f'}{f} - \frac{g'}{g}.$$

Die Relativableitung eines Bruches ist also gleich der Relativableitung des Zählers, vermindert um die des Nenners.

Multipliziert man die obigen Formeln für $(f+g)'$, $(f-g)'$, $(fg)'$ und $\left(\frac{f}{g}\right)'$ mit h und bedenkt, daß der Faktor h alle Ableitungen in Differentiale verwandelt, so nehmen die Leibnizschen Regeln folgende Gestalt an:

$$d(f+g) = df + dg,$$
$$d(f-g) = df - dg,$$
$$d(fg) = f\,dg + g\,df,$$
$$d\left(\frac{f}{g}\right) = \frac{g\,df - f\,dg}{g^2}.$$

Im letzten Falle ist $g^2 > 0$ zu fordern.

Ein Spezialfall der Produktregel wäre noch hervorzuheben. Bei einer Konstanten C ist der Differenzenquotient gleich Null, folglich auch die Ableitung, der Grenzwert des Differenzenquotienten bei hinschwindendem h. Setzen wir in der Produktregel $g = C$, so ergibt sich $(Cf)' = Cf'$ oder in Differentialen geschrieben

$$d(Cf) = Cdf.$$

§ 9. Differentiation der Polynome und rationalen Funktionen.

Differentiation bedeutet soviel wie Berechnung der Ableitung oder des Differentials. Von der Differentiation der elementaren Funktionen wissen wir bis jetzt nur so viel, daß eine Konstante die Ableitung 0 hat. Auch die Funktion $f(x) = x$ läßt sich leicht differenzieren. Der Differenzenquotient $\frac{f(x+h) - f(x)}{h}$ lautet bei ihr $\frac{x+h-x}{h} = 1$. Daher ist auch die Ableitung gleich 1, d. h. $(x)' = 1$ und $dx = h$. Nachdem man dies weiß, kann man das Differential einer beliebigen Funktion $F(x)$, das zunächst $F'(x)\,h$ lautet, auch in der Form $F'(x)\,dx$ schreiben. Man hat also $dF(x) = F'(x)\,dx$, woraus zu entnehmen ist

$$F'(x) = \frac{dF(x)}{dx}.$$

Die Ableitung $F'(x)$ erscheint hier als Quotient der beiden Differentiale $dF(x)$ und dx oder kurz gesagt als Differentialquotient.

Um nun weitere Differentiationsergebnisse zu gewinnen, halten wir uns an die Leibnizschen Regeln. Nach der auf m Faktoren ausgedehnten Produktregel gilt, wenn $f'(x)$ existiert, die Gleichung

$$(f^m)' = mf^{m-1}f'.$$

Man gelangt zu ihr dadurch, daß alle m Faktoren des Produkts gleich f gesetzt werden. Im Falle $f = x$ wird, wie wir wissen, $f' = 1$. Die obige Gleichung verwandelt sich also in

$$(1) \qquad (x^m)' = mx^{m-1}.$$

Die Ableitung der m-ten Potenz x^m ist, wie man sieht, das m-fache der vorangehenden Potenz x^{m-1}.

Auf Grund dieses Ergebnisses sind wir bereits in der Lage, jedes Polynom zu differenzieren. Will man die Ableitung von

$$P(x) = a_0x^m + a_1x^{m-1} + \cdots + a_{m-1}x + a_m$$

berechnen, so kommt zunächst die Leibnizsche Summenregel zur Anwendung, die sich ohne weiteres auf mehr als zwei Summanden ausdehnt. Ferner muß man sich auf die oben gemachte Bemerkung stützen, daß $(Cf)' = Cf'$ ist, daß man also beim Differenzieren konstante Faktoren herausziehen kann. Daß man dies darf, beruht darauf, daß die Ableitung einer Konstanten gleich Null ist. Auf Grund dieser Kenntnisse können wir nun schreiben

$$P'(x) = a_0(x^m)' + a_1(x^{m-1})' + \cdots + a_{m-1}(x)',$$

also nach (1)

$$(2) \qquad P'(x) = m a_0 x^{m-1} + (m-1) a_1 x^{m-2} + \cdots + a_{m-1}.$$

Auch den Quotienten aus $P(x)$ und

$$Q(x) = b_0 x^n + b_1 x^{n-1} + \cdots + b_{n-1} x + b_n$$

können wir ohne weiteres differenzieren. Nach der Leibnizschen Quotientenregel ist nämlich

$$(3) \qquad \left(\frac{P}{Q}\right)' = \frac{QP' - PQ'}{Q^2}.$$

Es kommen nur solche Stellen x in Betracht, wo $Q(x)$ von Null verschieden ist. Wir heben den Sonderfall

$$P(x) = a_0 x + a_1, \quad Q(x) = b_0 x + b_1$$

hervor. Nach (2) wird hier $P'(x) = a_0$, $Q'(x) = b_0$, also

$$QP' - PQ' = (b_0 x + b_1) a_0 - (a_0 x + a_1) b_0 = a_0 b_1 - b_0 a_1,$$

mithin

$$\left(\frac{a_0 x + a_1}{b_0 x + b_1}\right)' = \frac{a_0 b_1 - b_0 a_1}{(b_0 x + b_1)^2}.$$

Die Ableitung einer linear gebrochenen Funktion ist hiernach gleich der Determinante $\begin{vmatrix} a_0 & a_1 \\ b_0 & b_1 \end{vmatrix}$, dividiert durch das Quadrat des Nenners.

Ein wichtiger Sonderfall der Formel (3) ergibt sich, wenn man $P = 1$ und $Q = x^m$ setzt ($m = 1, 2, 3, \ldots$). Dann wird $P' = 0$, $Q' = m x^{m-1}$, also $QP' - PQ' = -m x^{m-1}$, mithin

$$(x^{-m})' = -\frac{m x^{m-1}}{x^{2m}} = -m x^{-m-1}.$$

Formel (1) bleibt also auch für negative ganzzahlige Exponenten gültig.

§ 10. Differentiation der Exponentialfunktion, der allgemeinen Potenz und des Logarithmus.

Die Exponentialkurve $y = a^x$ hat folgende leicht beweisbare Eigenschaft: Wenn man drei äquidistante Ordinaten betrachtet, so ist die mittlere kleiner als das arithmetische Mittel aus den beiden andern, d. h. es ist

$$a^{\frac{x_1 + x_2}{2}} < \frac{a^{x_1} + a^{x_2}}{2}.$$

Dies beruht darauf, daß das geometrische Mittel aus zwei verschiedenen positiven Größen stets kleiner ist als das arithmetische. Obige Ungleichung besagt nämlich, daß $(y_1 y_2)^{\frac{1}{2}} < \frac{y_1 + y_2}{2}$ ist oder $4 y_1 y_2 < (y_1 + y_2)^2$ oder $0 < (y_1 - y_2)^2$, was bei ungleichen y_1, y_2 zutrifft. Da wir den Fall $a = 1$ ausschließen, wird also die behauptete Ungleichung immer gelten. Geometrisch besagt sie, daß der punktierte Sehnenzug in Fig. 32 unterhalb der ausgezogenen Sehne liegt.

Wenn man das Intervall $x_1 \cdots x_2$ durch fortgesetztes Halbieren in 2^n Teile geteilt hat, so liegt über jedem Teilintervall eine Sehne. Diese 2^n Sehnen bilden einen Sehnenzug, den wir durch die Gleichung $y = s_n(x)$ darstellen wollen. x ist auf das Intervall $x_1 \cdots x_2$ beschränkt. Aus der in Fig. 32 niedergelegten Feststellung geht hervor, daß im ganzen Intervall $x_1 \cdots x_2$ die Ungleichung $s_{n+1}(x) < s_n(x)$ gelten wird. Nur für $x = x_1, x_1 + \frac{x_2 - x_1}{2^n}, \ldots, x_2$ tritt an die Stelle der Ungleichheit Gleichheit. Wir haben hier eine Folge von Sehnenzügen vor uns,

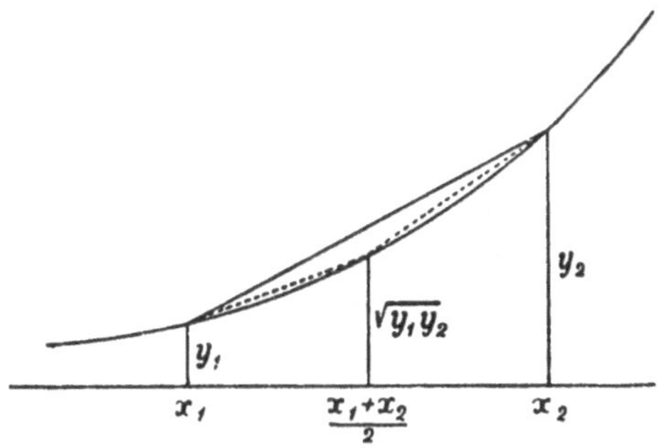

Fig. 32.

$$y = s_1(x), \quad y = s_2(x), \quad y = s_3(x), \ldots$$

derart, daß immer der $(n+1)$-te bis auf einzelne Koinzidenzpunkte unterhalb des n-ten liegt. Der n-te Sehnenzug hat $2^n + 1$ Punkte mit der Exponentialkurve $y = a^x$ gemein. Sie gehören zu den Abszissen $x_1 + \frac{\nu(x_2 - x_1)}{2^n}$, wobei ν die $2^n + 1$ Werte $0, 1, \ldots, 2^n$ durchläuft.

Wie groß ist nun die Abweichung zwischen der Exponentialkurve und dem n-ten Sehnenzug? Wenn man das ν-te Teilintervall der 2^n-Teilung betrachtet, das von $x_1 + \frac{(\nu - 1)(x_2 - x_1)}{2^n}$ bis $x_1 + \frac{\nu(x_2 - x_1)}{2^n}$ reicht, so sind die darin vorkommenden Werte der Exponentialfunktion zwischen

$$a^{x_1 + \frac{(\nu-1)(x_2-x_1)}{2^n}} \quad \text{und} \quad a^{x_1 + \frac{\nu(x_2-x_1)}{2^n}}$$

enthalten. Zwischen denselben Grenzen liegen aber auch die Werte von $s_n(x)$ in jenem Teilintervall. Diese Grenzen differieren um

$$a^{x_1 + \frac{(\nu-1)(x_2-x_1)}{2^n}} \left(a^{\frac{x_2-x_1}{2^n}} - 1\right).$$

Um uns bequemer ausdrücken zu können, wollen wir $a > 1$ annehmen, was übrigens keine wesentliche Beschränkung bedeutet, da wir von der Basis a zu $\frac{1}{a}$ einfach dadurch gelangen, daß wir die positive Richtung der x-Achse umkehren, d. h. die Kurve um die y-Achse herumklappen. Es sei also $a > 1$. Dann ist der erste Faktor des obigen Ausdrucks kleiner als a^{x_2}, und die Abweichung zwischen a^x und $s_n(x)$ kleiner als

$$a^{x_2}\left(a^{\frac{x_2-x_1}{2^n}} - 1\right).$$

Diese Aussage gilt nun für alle Teilintervalle der 2^n-Teilung, d. h. im ganzen Intervall $x_1 \cdots x_2$. Es ist uns bereits bekannt, daß

$$a^{\frac{x_2-x_1}{2^n}} - 1$$

bei wachsendem n nach Null konvergiert. Daher strebt $s_n(x)$ nach a^x, und zwar wegen der Ungleichung $s_{n+1}(x) < s_n(x)$ absteigend. Somit können wir sagen, daß im ganzen Intervall $x_1 \cdots x_2$ die Ungleichungen gelten

$$0 < s_n(x) - a^x < a^{x_2}\left(a^{\frac{x_2-x_1}{2^n}} - 1\right).$$

In den Punkten der 2^n-Teilung tritt statt des linken $<$ das Gleichheitszeichen ein. Man ersieht hieraus, daß die Differenz $s_n(x) - a^x$ auch dann nach Null konvergiert, wenn man während des Grenzüberganges dem x erlaubt, im Intervall $x_1 \cdots x_2$ zu variieren. Auf Grund dieses Tatbestandes sagt man, daß $s_n(x) - a^x$ im Intervall $x_1 \cdots x_2$ gleichmäßig nach Null konvergiert.

Wir wissen, daß $s_n(x)$ bei wachsendem n absteigend nach a^x konvergiert. Daher liegt die Exponentialkurve unterhalb des Sehnenzuges $y = s_n(x)$. Da nun schon $y = s_1(x)$ unterhalb der zu $x_1 \cdots x_2$ gehörigen Sehne liegt, so wird dies um so mehr von $y = a^x$ gelten. Die Exponentialkurve hat also die Eigenschaft, daß jeder Bogen unterhalb seiner Sehne liegt. Man nennt solche Kurven konvex, genauer unten konvex. Auch die zugehörige Funktion $f(x)$ wird als konvex bezeichnet. Es ist leicht festzustellen, daß die zu x gehörige Sehnenordinate durch

$$\frac{x_2 - x}{x_2 - x_1} f(x_1) + \frac{x - x_1}{x_2 - x_1} f(x_2)$$

wiedergegeben wird. Die Bedingung für Konvexität nach unten lautet daher

$$f(x) < \frac{x_2 - x}{x_2 - x_1} f(x_1) + \frac{x - x_1}{x_2 - x_1} f(x_2).$$

Hierbei ist $x_1 < x < x_2$.

Wir wollen nun zunächst ganz allgemein eine Funktion betrachten, die unten konvex ist, und nachweisen, daß bei ihr sowohl der rechtsseitige als auch der linksseitige Differenzenquotient einem Grenzwert zustrebt. Die beiden Grenzwerte können allerdings verschieden sein. Aus der Konvexitätsbedingung ist zu entnehmen

$$(*) \qquad (x_2 - x_1) f(x) < (x_2 - x) f(x_1) + (x - x_1) f(x_2).$$

Subtrahiert man hiervon

$$(x_2 - x_1) f(x_1) = (x_2 - x) f(x_1) + (x - x_1) f(x_1),$$

so ergibt sich

$$(x_2 - x_1) \{f(x) - f(x_1)\} < (x - x_1) \{f(x_2) - f(x_1)\}$$

oder

$$\frac{f(x) - f(x_1)}{x - x_1} < \frac{f(x_2) - f(x_1)}{x_2 - x_1}. \qquad (x_1 < x < x_2).$$

Hiernach nimmt der Differenzenquotient $\frac{f(x_2)-f(x_1)}{x_2-x_1}$ ab, wenn x_1 fest bleibt und x_2 näher an das kleinere x_1 heranrückt.

Subtrahiert man von (*)

$$(x_2-x_1)\,f(x_2)=(x_2-x)\,f(x_2)+(x-x_1)\,f(x_2),$$

so findet man

$$(x_2-x_1)\,\{f(x)-f(x_2)\}<(x_2-x)\,\{f(x_1)-f(x_2)\}$$

oder mit umgekehrten Zeichen

$$(x_2-x_1)\,\{f(x_2)-f(x)\}>(x_2-x)\,\{f(x_2)-f(x_1)\},$$

d. h.

$$\frac{f(x_2)-f(x)}{x_2-x}>\frac{f(x_2)-f(x_1)}{x_2-x_1}\,. \qquad (x_1<x<x_2).$$

Der Differenzenquotient $\frac{f(x_2)-f(x_1)}{x_2-x_1}$ nimmt hiernach zu, wenn x_2 fest bleibt und x_1 näher an das größere x_2 heranrückt.

Teilt man $x_1\cdots x_2$ in $x_1\cdots x$ und $x\cdots x_2$, so entspricht dem linken Teilintervall ein kleinerer Differenzenquotient als dem rechten, weil der linke Differenzenquotient kleiner, der rechte größer ist als $\frac{f(x_2)-f(x_1)}{x_2-x_1}$.

Läßt man nun h die absteigende Nullfolge $h_1, h_2, h_3, \ldots$ durchlaufen, so kann man mit Rücksicht auf $x<x+h_{n+1}<x+h_n$ schließen:

$$\frac{f(x+h_{n+1})-f(x)}{h_{n+1}}<\frac{f(x+h_n)-f(x)}{h_n}.$$

Ebenso kann man im Hinblick auf $x-h_n<x-h_{n+1}<x$ die Ungleichung aufstellen

$$\frac{f(x-h_{n+1})-f(x)}{-h_{n+1}}>\frac{f(x-h_n)-f(x)}{-h_n}\,.$$

Hiernach durchläuft der Differenzenquotient $\frac{f(x+h)-f(x)}{h}$ eine aufsteigende oder absteigende Folge, je nachdem h aufsteigend oder absteigend nach Null konvergiert. Da aus $x-k<x<x+h$

$$\frac{f(x-k)-f(x)}{-k}<\frac{f(x+h)-f(x)}{h}$$

zu folgern ist, so sind alle linksseitigen Differenzenquotienten kleiner als die rechtsseitigen.

Hieraus kann man schließen, daß $\frac{f(x+h)-f(x)}{h}$ beschränkt absteigt, wenn h eine absteigende Nullfolge durchläuft, und beschränkt aufsteigt, wenn h aufsteigend nach Null konvergiert. In beiden Fällen hat also der Differenzenquotient einen Grenzwert. Dieser bleibt bestehen, wenn man unter den Gliedern der h-Folge eine gewisse Umordnung vornimmt. Da man nun jede positive Nullfolge zu einer absteigenden und jede negative Nullfolge zu einer aufsteigenden umordnen kann, so kann das Ergebnis allgemeiner so formuliert werden: Bei einer unten konvexen Funktion strebt $\frac{f(x+h)-f(x)}{h}$ einen Grenzwert zu, wenn h von rechts, ebenso, wenn h von links nach 0 konvergiert.

Diese Grenzwerte sind unabhängig von der besonderen Art des Grenzüberganges. Wenn die Folgen $h_1, h_2, h_3, \ldots$ und $h_1^*, h_2^*, h_3^*, \ldots$ beide von rechts oder beide von links der Null zustreben, so konvergiert $h_1, h_1^*, h_2, h_2^*, \ldots$ von derselben Seite nach Null. Dieser zusammengesetzten Folge entspricht nach der obigen Feststellung eine konvergente Folge von Differenzenquotienten, deren Teilfolgen dann alle denselben Grenzwert haben wie die Folge selbst. Insbesondere ist also

$$\lim \frac{f(x+h_n)-f(x)}{h_n} = \lim \frac{f(x+h_n^*)-f(x)}{h_n^*}.$$

Bei einer konvexen Funktion existiert demnach sowohl die rechtsseitige als auch die linksseitige Ableitung. Die linksseitige ist bei einer unten konvexen Funktion kleiner oder gleich der rechtsseitigen Ableitung.

Da die Exponentialfunktion a^x unten konvex ist, können wir auf sie die obigen Ergebnisse anwenden. Es tritt hier die Besonderheit ein, daß der Differenzenquotient

$$(^{**}) \qquad \frac{a^{x+h}-a^x}{h} = a^x \cdot \frac{a^h-1}{a}$$

in einen nur von x und einen nur von h abhängigen Faktor zerfällt. Dieser zweite Faktor $\frac{a^h-1}{h}$ ist der Differenzenquotient an der Stelle $x = 0$. Mit ihm brauchen wir uns zunächst nur zu beschäftigen. Aus unsern allgemeinen Betrachtungen wissen wir, daß $\frac{a^h-1}{h}$ absteigend einem Grenzwert A zustrebt, wenn h eine absteigende Nullfolge durchläuft, und daß gleichzeitig $\frac{a^{-h}-1}{-h}$ aufsteigend nach einem Grenzwert konvergiert, und zwar, wie sich sofort zeigt, ebenfalls nach A. Man hat nämlich

$$(\dagger) \qquad \frac{a^h-1}{h} = a^h \cdot \frac{a^{-h}-1}{-h}.$$

Nun ist

$$a^h = 1 + h \cdot \frac{a^h-1}{h},$$

also $\lim a^h = 1 + 0 \cdot A = 1$. Daher folgt aus (†)

$$(\dagger\dagger) \qquad \lim \frac{a^h-1}{h} = \lim \frac{a^{-h}-1}{-h}.$$

An der Stelle $x = 0$ fällt also die rechtsseitige mit der linksseitigen Ableitung zusammen. Nach (**) gilt dies für jede andere Stelle und man hat

$$(^*{}_*{}^*) \qquad (a^x)' = a^x A.$$

Von A wissen wir, daß es der Grenzwert von $\frac{a^h - 1}{h}$ bei hinschwindendem h ist, gleichgültig, wie h nach Null konvergiert, ob von rechts oder von links. Auf Grund der Feststellung (††) können wir auch gemischte Nullfolgen zulassen, die aus positiven und negativen Gliedern bestehen. Besonders wichtig ist aber die Kenntnis, daß $\frac{a^h - 1}{h}$ gleichzeitig mit h aufsteigt oder absteigt, und zwar gilt dies ganz allgemein, ob man zwei positive oder zwei negative h-Werte oder einen positiven und einen negativen in Vergleich zieht. Da man mit jedem negativen h-Wert eine aufsteigende, mit jedem positiven h-Wert eine absteigende Nullfolge beginnen kann, so genügt A stets den Ungleichungen

$$\frac{a^{-h} - 1}{-h} < A < \frac{a^h - 1}{h} \qquad (h > 0).$$

Insbesondere ergibt sich, wenn $h = \frac{1}{n}$ gesetzt wird ($n = 1, 2, 3, \ldots$),

$$n\left(a^{\frac{1}{n}} - 1\right) a^{-\frac{1}{n}} < A < n\left(a^{\frac{1}{n}} - 1\right).$$

Bei zunehmendem n rücken beide Schranken immer näher an A heran und haben A zum Grenzwert. Im Falle $n = 1$ lauten diese Ungleichungen

$$\frac{a - 1}{a} < A < a - 1.$$

Unsere Betrachtungen sind an keine Voraussetzung über die Basis a gebunden. Sie kann größer oder kleiner als 1 sein. Im Falle $a > 1$ sind die beiden einschließenden Größen positiv, im Falle $a < 1$ negativ. Dasselbe gilt für A. Im Falle $a = 1$ ist A, ebenso wie $\frac{a^h - 1}{h}$, gleich Null.

Es kann jetzt gezeigt werden, daß es eine Exponentialfunktion e^x gibt, natürliche Exponentialfunktion genannt, bei der Gleichung (***) die einfache Form $(e^x)' = e^x$ annimmt. Wenn a von 1 verschieden ist, nimmt a^x jeden positiven Wert an. Daher läßt sich e in der Form a^ε darstellen. Nun wird

$$\frac{e^h - 1}{h} = \frac{a^{h\varepsilon} - 1}{h\varepsilon} \cdot \varepsilon,$$

mithin

$$\lim \frac{e^h - 1}{h} = A\varepsilon,$$

also $(e^x)' = e^x A\varepsilon$. Man braucht jetzt nur $\varepsilon = \frac{1}{A}$ zu setzen, um dieser Gleichung die Gestalt $(e^x)' = e^x$ zu geben. Die Basis der natürlichen Exponentialfunktion lautet demnach

$$(\overset{\circ}{\underset{\circ}{\times}}) \qquad e = a^{\frac{1}{A}}.$$

Diese Aussage ist gleichbedeutend mit $a = e^A$. Daher ist A der Logarithmus von a zur Basis e. Die Logarithmen zur Basis e nennt man natürliche Logarithmen und benutzt für solche Logarithmen statt des Symbols $^e\log$ das kürzere ln (buchstabenweise zu lesen). ln ist eine Abkürzung für logarithmus naturalis. Nunmehr können wir die Ableitung der Exponentialfunktion in ihrer definitiven Form schreiben,

$$(a^x)' = a^x \ln a.$$

Im Falle $a = e$ wird der konstante Faktor zu 1, da $ln\, e = 1$ ist.

Wir können jetzt noch einige wichtige Nebenergebnisse mühelos einernten. Zunächst etwas über die Zahl e, die Basis der natürlichen Logarithmen. Für sie gilt Gleichung (⁘). Wir wissen nun, daß $\frac{a^h - 1}{h}$ aufsteigend oder absteigend nach A konvergiert, je nachdem h aufsteigend oder absteigend der Null zustrebt. Um uns bequemer ausdrücken zu können, wollen wir $a > 1$ annehmen. Da $\frac{h}{a^h - 1}$ zum Grenzwert $\frac{1}{A}$ absteigt, wenn $\frac{a^h - 1}{h}$ zu ihm aufsteigt, und umgekehrt, so können wir sagen, daß $a^{h:(a^h-1)}$ absteigend oder aufsteigend nach e konvergiert, je nachdem h aufsteigend oder absteigend der Null zustrebt. Da man jede aufsteigende Nullfolge mit $h = -1$ beginnen kann und jede absteigende mit $h = 1$, so gelten für e die Ungleichungen

$$a^{1:(a-1)} < e < a^{a:(a-1)}. \qquad (a > 1).$$

Die einschließenden Größen haben die Differenz $(a - 1)\, a^{1:(a-1)}$, die kleiner als $(a - 1)e$ ist. Läßt man also a nach 1 konvergieren, so wird diese Differenz der Null zustreben und jede der einschließenden Größen dem Grenzwert e. Setzt man also $a = 1 + k$ und läßt k von rechts nach Null konvergieren, so wird

$$\lim \left\{(1 + k)^{\frac{1}{k}}\right\} = e, \quad \lim \left\{(1 + k)^{1+\frac{1}{k}}\right\} = e.$$

Zugleich weiß man, daß der erste Grenzübergang von links, der zweite von rechts erfolgt. Setzt man z. B. $k = \frac{1}{n}$, wobei $n = 1, 2, 3, \ldots$ sein soll, so wird

$$(1 + k)^{\frac{1}{k}} = \left(1 + \frac{1}{n}\right)^n, \qquad (1 + k)^{1+\frac{1}{k}} = \left(1 + \frac{1}{n}\right)^{n+1}$$

Die erste Größe konvergiert von links, die zweite von rechts nach e.

Wir haben unsere Ergebnisse noch nicht voll ausgewertet. Es läßt sich feststellen, daß die beiden Grenzen $a^{1:(a-1)}$ und $a^{a:(a-1)}$ näher an e heranrücken, wenn man a näher an 1 heranschiebt, wobei es nach wie vor größer als 1 bleibt. Wir haben jene beiden Grenzen aus $a^{h:(a^h-1)}$ erhalten, indem wir monotone Nullfolgen mit den Anfangsgliedern $h = 1$ bzw. $h = -1$ betrachteten. Als zweite Glieder dieser Nullfolgen können wir hinter 1 etwa h^* und hinter -1 entsprechend $-h^*$ benutzen. h^* ist dann irgendeine Zahl zwischen 0 und 1. Wir sind dann sicher, daß die beiden Werte

$$a^{h^*:(a^{h^*}-1)}, \quad a^{h^* a^{h^*}:(a^{h^*}-1)}$$

eine engere Umgebung um e begrenzen als die alten Einschließungswerte $a^{1:(a-1)}$ und $a^{a:(a-1)}$. Diese Umgebung ist in der früheren enthalten, ist aus ihr durch Annäherung der Grenzen an e entstanden. Setzt man nun $a^* = a^{h^*}$, so nehmen die neuen Einschließungswerte folgende Gestalt an:

$$(a^*)^{1:(a^*-1)}, \qquad (a^*)^{a^*:(a^*-1)}.$$

So sahen auch die alten Einschließungswerte aus. Es ist nur a durch a^* ersetzt, also durch a^{h^*}, wobei h^* zwischen 0 und 1 liegt, so daß a^{h^*} zwischen 1 und a enthalten ist. Da die Exponentialfunktion a^x keinen positiven Wert ausläßt, so kann a^{h^*} jeder Wert zwischen 1 und a verschafft werden, einfach dadurch, daß man zwischen 0 und 1 ein passendes h^* sucht.

Jetzt wissen wir also, daß $a^{1:(a-1)}$ aufsteigend und $a^{a:(a-1)}$ absteigend nach e konvergiert, während a absteigend der 1 zustrebt, und wenn wir $a = 1 + k$ setzen, daß $(1 + k)^{\frac{1}{k}}$ nach dem Grenzwert e aufsteigt, dagegen $(1 + k)^{1+\frac{1}{k}}$ nach ihm absteigt, während k eine absteigende Nullfolge durchläuft. Insbesondere strebt $\left(1 + \frac{1}{n}\right)^n$ aufsteigend und $\left(1 + \frac{1}{n}\right)^{n+1}$ absteigend nach e, wenn n die Folge $1, 2, 3, \ldots$ durchläuft. Setzt man $n = 1$, so kann man sagen, daß e zwischen 2 und 4 liegt.

Um die obigen Feststellungen auf Werte von a zu übertragen, die unterhalb 1 liegen, braucht man nur in jenen Feststellungen $a = \frac{1}{a_1}$ zu setzen. Dabei verwandeln sich $a^{1:(a-1)}$ und $a^{a:(a-1)}$, $a_1^{a_1:(a_1-1)}$ und $a_1^{1:(a_1-1)}$. Konvergiert a absteigend nach 1, so strebt a_1 aufsteigend nach 1. Daher wird $a_1^{a_1:(a_1-1)}$ nach dem Grenzwert e aufsteigen und $a_1^{1:(a_1-1)}$ nach ihm absteigen. Setzt man $a_1 = 1 - k_1$, so ergibt sich, daß $(1 - k_1)^{1-\frac{1}{k_1}}$ aufsteigend und $(1 - k_1)^{-\frac{1}{k_1}}$ absteigend nach e konvergiert, wenn k_1 eine absteigende Nullfolge durchläuft.

Auch über die Berechnung der natürlichen Logarithmen können wir auf Grund unserer Ergebnisse etwas sagen. Wissen wir doch, daß $\frac{a^h - 1}{h}$ aufsteigend oder absteigend nach $\ln a$ konvergiert, wenn h aufsteigend oder absteigend der Null zustrebt. Es ist also z. B. absteigend

$$\lim \{2^n (a^{1:2^n} - 1)\} = \ln a,$$

ebenso aufsteigend

$$\lim \left\{2^n\left(1 - \frac{1}{a^{1:2^n}}\right)\right\} = \ln a .$$

$a^{1:2^n}$ kann durch n-malige Ausziehung der Quadratwurzel gewonnen werden, ein entsetzlich mühsames Verfahren, das aber in der Frühzeit der Logarithmen wirklich benutzt wurde.

Die Differentiation einer Potenz x^r mit beliebigem Exponenten, wobei x als positiv vorausgesetzt wird, kann auf Grund unserer Kenntnisse ohne Schwierigkeit durchgeführt werden. Der Differenzenquotient lautet

$$\frac{(x+h)^r - x^r}{h} = x^{r-1} \frac{\left(1+\frac{h}{x}\right)^r - 1}{\frac{h}{x}}.$$

Hierbei haben wir benutzt, daß $x + h = x\left(1+\frac{h}{x}\right)$ und $(x+h)^r = x^r\left(1+\frac{h}{x}\right)^r$ ist. Wenn nun h aufsteigend oder absteigend nach Null konvergiert und $1+\frac{h}{x} = e^k$ gesetzt wird, so bewegt sich k in derselben Richtung wie h zur Null hin. Konvergierte es nicht nach Null, sondern reichten seine Kräfte nur bis zu einem Grenzwert ε, der vor der Null liegt, so käme $1+\frac{h}{x}$ nicht über e^ε hinaus, während es doch die 1 zum Grenzwert hat.

Nun folgt aus $1+\frac{h}{x} = e^k$

$$\frac{\left(1+\frac{h}{x}\right)^r - 1}{\frac{h}{x}} = \frac{e^{rk}-1}{e^k-1} = \frac{\frac{e^{rk}-1}{rk}}{\frac{e^k-1}{k}} \cdot r.$$

Zähler und Nenner des ersten Faktors haben den Grenzwert $\ln e = 1$. Daher ist r der Grenzwert des Produktes, und es folgt:

$$(x^r)' = r x^{r-1}.$$

Die Ableitung einer beliebigen Potenz von x wird also nach derselben Vorschrift berechnet wie im Falle eines ganzzahligen Exponenten. Es kommt ein neuer Exponent nach oben, der um 1 niedriger ist, während der alte Exponent zum Faktor degradiert wird.

Auch die Differentiation von $\ln x$ können wir in diesem Zusammenhang bequem erledigen. Der Differenzenquotient lautet:

$$\frac{ln(x+h) - ln x}{h} = \frac{1}{h} ln\left(1+\frac{h}{x}\right).$$

Setzt man wie soeben $1+\frac{h}{x} = e^k$, so nimmt er mit Rücksicht auf $h = x\,(e^k - 1)$ folgende Gestalt an:

$$\frac{1}{x \cdot \frac{e^k-1}{k}}.$$

Sein Grenzwert ist $\frac{1}{x}$. Damit haben wir die Formel

$$(\ln x)' = \frac{1}{x}$$

gewonnen. Da ${}^a\log x = \frac{\ln x}{\ln a}$ ist, ergibt sich zugleich die allgemeinere Aussage

$$({}^a\log x)' = \frac{1}{x \ln a}.$$

Interessant ist das Verfahren Eulers zur Berechnung von $(\ln x)'$. Er geht von der Bemerkung aus, daß $\frac{x^h - 1}{h}$ bei hinschwindendem h nach $\ln x$ konvergiert. Da er den Begriff des Hinschwindens nicht brauchen will, setzt er eine nach Null konvergierende Größe direkt gleich Null und schreibt demgemäß

$$\ln x = \frac{x^0 - 1}{0}.$$

Nun differenziert er nach der Regel $(x^r)' = rx^{r-1}$ und findet

$$(\ln x)' = \frac{0 \cdot x^{-1}}{0} = x^{-1}.$$

Das Operieren mit einer Null im Nenner lehnen wir ab.

§ 11. Differentiation der Kreisfunktionen.

Die Differenzenquotienten von $\sin x$ und $\cos x$ lauten:

$$\frac{\sin(x+h) - \sin x}{h} = \frac{\sin h}{h} \cdot \cos x - \frac{1 - \cos h}{h} \cdot \sin x,$$

$$\frac{\cos(x+h) - \cos x}{h} = -\frac{\sin h}{h} \cdot \sin x - \frac{1 - \cos h}{h} \cdot \cos x.$$

Wie bei der Exponentialfunktion a^x schließlich nur die Ableitung an der Stelle $x = 0$ in Frage kommt, so genügt es hier, die Ableitung von $\sin x$ für $x = 0$ zu kennen. Der Differenzenquotient des Sinus lautet an dieser Stelle $\frac{\sin h}{h}$ Weiß man, daß er bei hinschwindendem h einem Grenzwert g zustrebt, so kann man schließen, daß $\frac{1 - \cos h}{h} = \left(\frac{\sin \frac{h}{2}}{\frac{h}{2}}\right)^2 \cdot \frac{h}{2}$ nach Null konvergiert. Zugleich ergibt sich, daß $(\sin x)' = g \cos x$, $(\cos x)' = -g \sin x$ ist. Da der Sinus eine ungerade Funktion ist, so hat man $\frac{\sin(-h)}{-h} = \frac{\sin h}{h}$. Es genügt also, zu prüfen, ob $\frac{\sin h}{h}$ einem Grenzwert zustrebt, wenn h absteigend nach Null konvergiert. Dieser Quotient hat eine einfache geometrische Bedeutung. Auf einem Kreise vom Durchmesser 1 entspricht der Bogenlänge h der Zentriwinkel $2h$ und die Sehne $2 \cdot \frac{1}{2} \sin h$, d. h. $\sin h$. Demnach ist $\frac{\sin h}{h}$ der Quotient aus Sehne und Kreisbogen, und wir müssen feststellen, was aus diesem Quotienten wird, wenn der Bogen kleiner und kleiner werdend der Null zustrebt.

Wenn man das über $0 \cdots \frac{\pi}{2}$ liegende Stück der Sinuslinie betrachtet (vgl. Fig. 26a, S. 86), so nimmt $\sin x$ bei wachsendem x zu. Außerdem gilt für je zwei Ordinaten dieses Intervalls die Beziehung

$$\sin\frac{x_1+x_2}{2} > \frac{\sin x_1 + \sin x_2}{2}.$$

Um sich davon zu überzeugen, setze man auf der rechten Seite $x_1 = \frac{x_1+x_2}{2} - \frac{x_2-x_1}{2}$, $x_2 = \frac{x_1+x_2}{2} + \frac{x_2-x_1}{2}$. Dann wird $\frac{1}{2}(\sin x_1 + \sin x_2)$ $= \sin\frac{x_1+x_2}{2}\cos\frac{x_2-x_1}{2}$. Obige Ungleichung macht also nur die zutreffende Feststellung, daß $1 > \cos\frac{x_2-x_1}{2}$ ist. Jetzt kann man ähnlich wie bei a^x verfahren und den Nachweis erbringen, daß der über $0 \cdots \frac{\pi}{2}$ liegende Sinusbogen konvex ist, und zwar nach oben konvex. Ist man soweit, so weiß man, daß $\frac{\sin h}{h}$ als Differenzenquotient an der Stelle $x = 0$ beständig zunimmt, wenn h eine absteigende Nullfolge durchläuft. Nach seiner geometrischen Bedeutung (Sehne : Bogen) bleibt dieser Quotient kleiner als 1. Folglich strebt er einem Grenzwert zu, der, wie uns bekannt, von der Wahl der h-Folge nicht abhängt. Um diesen Grenzwert zu ermitteln, wollen wir wieder an den Kreis vom Durchmesser 1 denken und annehmen, daß der Bogen h ein n-tel des Umfanges π ist. Dann haben wir in $\sin\frac{\pi}{n}$ die Seite des einbeschriebenen regulären n-Ecks vor uns, in $n\sin\frac{\pi}{n}$ dessen Umfang u_n, so daß $\frac{\sin h}{h} = \frac{n\sin h}{nh}$ der Quotient $\frac{u_n}{\pi}$ ist, also der Umfang des regulären n-Ecks dividiert durch den Kreisumfang. Läßt man n unbegrenzt zunehmen, so konvergiert $h = \frac{\pi}{n}$ nach Null, und man findet $\lim\frac{\sin h}{h} = \lim\frac{u_n}{\pi} = 1$. Die Limesrelation $\lim u_n = \pi$ rührt von Archimedes her, der den Kreisumfang zwischen die Umfänge des einbeschriebenen und des umbeschriebenen regulären n-Ecks einschloß und als ihren gemeinsamen Grenzwert betrachtete. Der Umfang U_n des umbeschriebenen n-Ecks steht zu u_n in der leicht erkennbaren Beziehung $u_n = U_n\cos\frac{\pi}{n}$. Wir wissen, daß u_n bei wachsendem n zunimmt, weil $\frac{u_n}{\pi} = \sin\frac{\pi}{n} : \frac{\pi}{n}$ dies tut. Daß U_n, oder $\tan\frac{\pi}{n} : \frac{\pi}{n}$, bei wachsendem n abnimmt, beruht darauf.

daß die Kurve $y = \tan x$ im Intervall $0 \cdots \frac{\pi}{2}$ unten konvex ist. Dies wiederum kommt daher, daß für je zwei Ordinaten dieses Intervalles die Beziehung

$$\tan\frac{x_1 + x_2}{2} < \frac{\tan x_1 + \tan x_2}{2}$$

gilt. Diese Ungleichung läßt sich aus $\cos(x_2 - x_1) < 1$ herleiten. Zunächst folgt $\cos x_1 \cos x_2 < 1 - \sin x_1 \sin x_2$, weiter $2 \cos x_1 \cos x_2 < 1 + \cos(x_2 + x_1)$, d. h. $\cos x_1 \cos x_2 < \cos^2 \frac{x_1 + x_2}{2}$ und hieraus $\tan \frac{x_1 + x_2}{2} \cdot \cos x_1 \cos x_2 < \frac{1}{2} \sin (x_1 + x_2)$. Das ist aber bereits die behauptete Beziehung, nur etwas anders geschrieben.

Noch ein Wort über den archimedischen Grenzwert! Der Umfang π des Kreises vom Durchmesser 1 liegt zwischen u_n und U_n, folglich $\frac{u_n}{\pi}$ zwischen $\frac{u_n}{U_n}$ und 1. Diese beiden Werte unterscheiden sich um $1 - \cos\frac{\pi}{n} = 2\sin^2\frac{\pi}{2n}$, d. h. um weniger als $\frac{\pi^2}{2n^2}$, so daß $\lim \frac{u_n}{\pi} = 1$ ist.

Nachdem wir nun wissen, daß bei schwindendem h der Quotient $\frac{\sin h}{h}$ nach 1 konvergiert, ist die Differentiation des Sinus und des Kosinus erledigt, und zwar gelten die Aussagen

$$(\sin x)' = \cos x, \qquad (\text{dos}\, x)' = -\sin x.$$

Hieraus folgt mit Hilfe der vierten Leibnizschen Regel

$$(\tan x)' = \left(\frac{\sin x}{\cos x}\right)' = \frac{\cos x(\sin x)' - \sin x(\cos x)'}{\cos^2 x} = \frac{\cos^2 x + \sin^2 x}{\cos^2 x}.$$

Man kann entweder den Zähler stehen lassen und schreiben

$$(\tan x)' = 1 + \tan^2 x$$

oder man ersetzt ihn durch 1 und erhält dadurch folgende Fassung:

$$(\tan x)' = \frac{1}{\cos^2 x}.$$

Ebenso ergibt sich

$$(\cot x)' = \left(\frac{\cos x}{\sin x}\right)' = \frac{\sin x(\cos x)' - \cos x(\sin x)'}{\sin^2 x} = -\frac{\sin^2 x + \cos^2 x}{\sin^2 x},$$

d. h.

$$(\cot x)' = -1 - \cot^2 x = -\frac{1}{\sin^2 x}.$$

§ 12. Differentiation einer mittelbaren Funktion.

Wenn $y = f(x)$ und $z = g(y)$ ist, so hängt z durch Vermittelung von y mit x zusammen. Man nennt solche Funktionen mittelbare Funktionen. Will man z als Funktion von x dargestellt sehen, so muß man schreiben

$z = g(f(x))$. Derartige Ausdrücke werden auch als **Funktionen von Funktionen** bezeichnet. Es handelt sich hier um eine **Hintereinanderschaltung** zweier Abhängigkeiten. Man kann auch mehr als zwei Funktionen in dieser Weise hintereinander schalten, z. B. aus $y = f(x)$, $z = g(y)$, $u = h(z)$ die Funktion $h(g(f(x)))$ aufbauen.

Die uns hier interessierende Frage ist die Differentiation solcher Funktionen, z. B. der Funktion $g(f(x))$, die aus $y = f(x)$, $z = g(y)$ aufgebaut ist. Wir betrachten drei zusammengehörige Einzelwerte von x, y, z und setzen voraus, daß die Ableitungen $f'(x)$ und $g'(y)$ existieren. Ebenso seien $x + \Delta x$, $y + \Delta y$, $z + \Delta z$ zusammengehörige Einzelwerte, also $y + \Delta y = f(x + \Delta x)$, $z + \Delta z = g(y + \Delta y)$. Schicken wir nun Δx durch eine nullenfreie Nullfolge $h_1, h_2, h_3, \ldots$, so wird Δy ebenfalls eine Nullfolge $k_1, k_2, k_3, \ldots$ durchlaufen, weil

$$\frac{k_n}{h_n} = \frac{f(x + h_n) - f(x)}{h_n}$$

nach $f'(x)$ konvergiert und k_n das Produkt aus $\frac{k_n}{h_n}$ und h_n ist. Diese Nullfolge $k_1, k_2, k_3, \ldots$ braucht aber nicht nullenfrei zu sein. Wenn freilich $f'(x)$ nicht verschwindet, so werden fast alle Brüche $\frac{k_n}{h_n}$ dasselbe Zeichen haben wie $f'(x)$, also fast alle k_n von Null verschieden sein. In der Nullfolge $k_1, k_2, k_3, \ldots$ gibt es dann nur endlich viele Nullen, von denen man ohne weiteres absehen darf. Man kann also schreiben

$$(*) \qquad \frac{g(f(x + h_n)) - g(f(x))}{h_n} = \frac{g(y + k_n) - g(y)}{k_n} \cdot \frac{f(x + h_n) - f(x)}{h_n}.$$

Die rechte Seite hat den Grenzwert $g'(y) f'(x)$. Daher existiert die Ableitung von $g(f(x))$ und wird nach folgender Formel berechnet:

$$(\dagger) \qquad \{g(f(x))\}' = g'(y) f'(x).$$

Im Falle $f'(x) = 0$ könnte die Folge $k_1, k_2, k_3, \ldots$ unendlich viele Nullen enthalten, die eine Teilfolge $k_1^*, k_2^*, k_3^*, \ldots$ bilden. Die entsprechende Teilfolge in $h_1, h_2, h_3, \ldots$ sei $h_1^*, h_2^*, h_3^*, \ldots$ Dann ist

$$\frac{g(f(x + h_n^*)) - g(f(x))}{h_n^*} = 0,$$

ebenso der Grenzwert dieses Ausdrucks. Wenn nach Streichung aller h_n^* überhaupt noch eine Teilfolge $\bar{h}_1, \bar{h}_2, \bar{h}_3, \ldots$ stehenbleibt, so kann man auf sie die Umformung (*) anwenden und findet, da $f'(x) = 0$ ist,

$$\lim \frac{g(f(x + \bar{h}_n)) - g(f(x))}{\bar{h}_n} = 0.$$

Da $h_1, h_2, h_3, \ldots$ aus $h_1^*, \bar{h}_1, h_2^*, \bar{h}_2, \ldots$ durch Umordnung hervorgeht, so ist

$$\lim \frac{g(f(x + h_n)) - g(f(x))}{h_n} = 0.$$

Auch im Falle $f'(x) = 0$ hat also $g(f(x))$ an der betrachteten Stelle eine Ableitung, und zwar die Ableitung Null, so daß die Formel (†) in Geltung bleibt.

Wenn man die Ableitung von u nach v kurz mit u_v bezeichnet, so läßt sich die Relation (†) in der kürzeren Form $z_x = z_y \cdot y_x$ schreiben. Die Ableitung von z nach x wird erhalten, indem man zuerst z nach y, dann y nach x differenziert und beide Ableitungen miteinander multipliziert. Das ist die sog. Kettenregel, die sich sofort auf mehrgliedrige Zusammensetzungen überträgt. Zum Beispiel ist $u_x = u_z \cdot z_y \cdot z_x$. Aus der zweigliedrigen Regel folgt nämlich $u_x = u_z \cdot z_x = u_z \cdot z_y \cdot y_x$. Unsere obigen Betrachtungen haben außerdem gezeigt, daß die Ableitung der letzten nach der ersten Veränderlichen existiert, wenn die Ableitung der zweiten nach der ersten, die der dritten nach der zweiten, . . ., die der letzten nach der vorletzten vorhanden ist.

Hier einige Beispiele, die nach der Kettenregel behandelt sind:

1. x^r ($x > 0$, r eine beliebige Zahl) kann man in der Form $e^{r \ln x}$ schreiben. Man hat also $z = x^r$ aus $z = e^y$ und $y = r \ln x$ aufgebaut. Hier ist nun $z_y = e^y$, $y_x = \frac{r}{x}$, also $(x^r)' = x^r \cdot \frac{r}{x} = r x^{r-1}$, wie früher auf anderem Wege gefunden wurde.

2. Wenn $f(x)$ eine positive Funktion ist, so kann man $z = \ln f(x)$ in $z = \ln y$ und $y = f(x)$ auflösen. Da $z_y = \frac{1}{y}$, $y_x = f'(x)$ wird, so ergibt sich $\{\ln f(x)\}' = \frac{f'(x)}{f(x)}$. Was wir früher die Relativableitung von $f(x)$ nannten, ist also die Ableitung von $\ln f(x)$. Man nennt sie auch die logarithmische Ableitung von $f(x)$.

3. Um die Ableitung von $(1+x)^{\frac{1}{x}}$ zu berechnen, wobei $1 + x$ als positiv vorausgesetzt wird, schreibe man diesen Ausdruck in der Form $e^{\frac{1}{x}\ln(1+x)}$ oder e^y. Dann ist die gesuchte Ableitung das Produkt aus e^y und y'. Auf y als Produkt aus x^{-1} und $\ln(1+x)$ kann man die Leibnizsche Produktregel anwenden. Die Ableitung von $\ln(1+x)$ lautet $\frac{(1+x)'}{1+x} = \frac{1}{1+x}$. Also ergibt sich

$$y' = \frac{x^{-1}}{1+x} - x^{-2} \ln(1+x)$$

und daher

$$\left\{(1+x)^{\frac{1}{x}}\right\}' = x^{-2}(1+x)^{\frac{1}{x}} \left\{\frac{x}{1+x} - \ln(1+x)\right\}.$$

Wir kehren noch einmal zur Gleichung (†) zurück, die wir in der Form $z_x = z_y \cdot y_x$ schreiben. Multipliziert man auf beiden Seiten mit h, so ergibt sich $z_x \cdot h = z_y \cdot y_x \cdot h$ oder $dz = z_y dy$. Genau ebenso würde das Differential dz aussehen, wenn y die unabhängige Veränderliche wäre.

Diese Eigenschaft ist von Leibniz in ihrer wahren Bedeutung erkannt und stark betont worden. Man nennt den Satz, daß immer $dz = z_y dy$ ist, gleichgültig, ob y die unabhängige Veränderliche ist oder eine Funktion derselben, den Leibnizschen Fundamentalsatz. Nur bei tiefstem Eindringen in das Wesen der Differentialrechnung erschließen sich solche Wahrheiten. In diesem Punkte ist Leibniz sogar Newton überlegen.

Wenn y_x von Null verschieden ist, kann man aus $dz = z_y dy$ folgern $z_y = \frac{dz}{dy}$. Die Ableitung von z nach y erscheint hier als Quotient der zusammengehörigen, d. h. mit demselben h gebildeten Differentiale dz, dy. Diese Formel ist z. B. von Wichtigkeit, wenn man bei einer Kurve, die in Parameterdarstellung vorliegt, die Tangente bestimmen will. Nehmen wir z. B. die Ellipse $\frac{x^2}{a^2} + \frac{y^2}{b^2} = 1$, für welche die Parameterdarstellung $x = a \cos t$, $y = b \sin t$ gilt. Hier ergibt sich über die Richtungskonstante der Tangente folgende Aussage:

$$y_x = \frac{dy}{dx} = -\frac{b \cos t}{a \sin t} = -\frac{b^2 x}{a^2 y},$$

so daß die Tangentengleichung lautet

$$Y - y = -\frac{b^2 x}{a^2 y}(X - x)$$

oder, da $\frac{x^2}{a^2} + \frac{y^2}{b^2} = 1$ ist,

$$\frac{xX}{a^2} + \frac{yY}{b^2} = 1.$$

Dies stimmt überein mit der bekannten Feststellung, daß die Tangente die Polare des Berührungspunktes ist.

Wenn eine Kurve durch ihre Polargleichung $r = F(\vartheta)$ gegeben ist, so lauten die rechtwinkligen Koordinaten eines Kurvenpunktes $x = F(\vartheta)\cos\vartheta$, $y = F(\vartheta)\sin\vartheta$. Hier ergibt sich für y_x der Ausdruck

$$\frac{dy}{dx} = \frac{F'(\vartheta)\sin\vartheta + F(\vartheta)\cos\vartheta}{F'(\vartheta)\cos\vartheta - F(\vartheta)\sin\vartheta}.$$

Nun ist, wenn die x-Achse um τ gedreht in die Richtung der Tangente hineinkommt, $\frac{dy}{dx} = \tan\tau$. Setzt man diesen Wert in die obige Gleichung ein, so findet man

$$\sin\tau\,\{F'(\vartheta)\cos\vartheta - F(\vartheta)\sin\vartheta\} = \cos\tau\,\{F'(\vartheta)\sin\vartheta + F(\vartheta)\cos\vartheta\},$$

d. h.

$$\cot(\tau - \vartheta) = \frac{F'(\vartheta)}{F(\vartheta)} = \frac{dr}{r\,d\vartheta}.$$

Um $\tau - \vartheta$ muß man den Radiusvektor drehen, damit er zur Tangente parallel wird. Der Kotangens dieses Drehungswinkels ist die logarithmische Ableitung von r nach ϑ. Bei der logarithmischen Spirale $r = a^\vartheta = e^{\vartheta \ln a}$ ist $\frac{F'(\vartheta)}{F(\vartheta)} = \ln a$, also $\cot(\tau - \vartheta) = \ln a$. Die logarithmische Spirale durchsetzt also die vom Anfangspunkt ausgehenden Strahlen unter konstantem Winkel.

§ 13. Lückenlos aufsteigende und absteigende Funktionen.

Wenn $x_2 - x_1$ und $f(x_2) - f(x_1)$ stets dasselbe Zeichen haben, wie man auch die beiden Werte x_1 und x_2 im Intervall $a \cdots b$ wählen mag, so sagt man, $f(x)$ sei in diesem Intervall eine aufsteigende Funktion. Absteigend nennt man sie, wenn jene Differenzen stets entgegengesetzte Zeichen aufweisen.

Wird überdies jeder zwischen $f(a)$ und $f(b)$ liegende Wert irgendwo im Intervall $a \cdots b$ von $f(x)$ angenommen, so spricht man von einer lückenlos aufsteigenden oder absteigenden Funktion. Ist $f(x)$ lückenlos aufsteigend, so ist $-f(x)$ lückenlos absteigend. Daher genügt es, lückenlos aufsteigende Funktionen zu betrachten.

Steigt $f(x)$ von $f(a)$ zu $f(b)$ lückenlos auf, so wird jeder Wert y_0, der den Bedingungen $f(a) \leqq y_0 \leqq f(b)$ genügt, gerade einmal von $f(x)$ angenommen, etwa an der Stelle x_0 des Intervalls $a \cdots b$. Auf diese Weise entspricht also jedem Wert y des Intervalls $f(a) \cdots f(b)$ ein bestimmter Wert x in $a \cdots b$, d. h. x ist eine Funktion von y. Diese Funktion $x = \varphi(y)$ heißt zu $y = f(x)$ invers. Man nennt sie auch die Umkehrung der andern. Offenbar ist $\varphi(y)$ aufsteigend, weil immer dem größeren x das größere y, also auch dem größeren y das größere x entspricht. Beide Gleichungen $y = f(x)$ und $x = \varphi(y)$ sind nur verschiedene Auffassungen einer und derselben Beziehung. Daß $\varphi(y)$ lückenlos aufsteigt, läßt sich ohne weiteres erkennen. Ist nämlich $x_1 = \varphi(y_1)$, $x_2 = \varphi(y_2)$ und x_3 ein Zwischenwert zwischen x_1 und x_2, so liegt $y_3 = f(x_3)$ zwischen y_1 und y_2. Der Zwischenwert x_3 wird also von $\varphi(y)$ an der Stelle y_3 angenommen, da aus $y_3 = f(x_3)$ folgt $x_3 = \varphi(y_3)$.

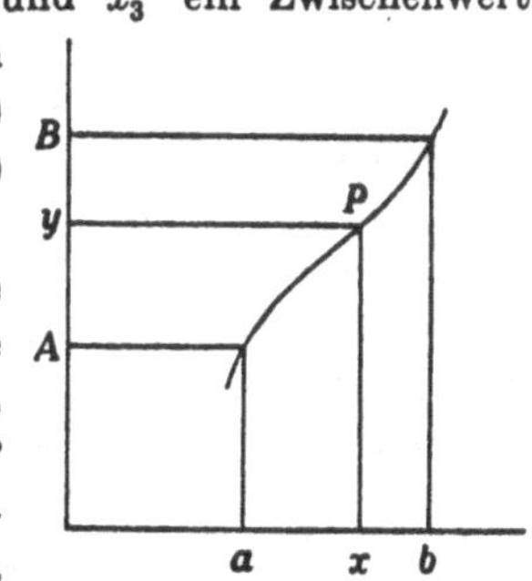

Fig. 33.

Wenn in $a \cdots b$ eine lückenlos aufsteigende Funktion $y = f(x)$ vorliegt, so vermittelt sie, wie man sagt, eine Abbildung des x-Intervalls $a \cdots b$ auf das y-Intervall $A \cdots B$, wobei A und B Abkürzungen für $f(a)$ und $f(b)$ sind. Die Umkehrung von $y = f(x)$, also $x = \varphi(y)$, bildet das y-Intervall $A \cdots B$ auf das x-Intervall $a \cdots b$ ab. In Fig. 33 ist diese Beziehung zwischen den beiden Intervallen zur Anschauung gebracht.

Eine wichtige Eigenschaft solcher Abbildungen, die durch lückenlos aufsteigende Funktionen vermittelt werden, ist die, daß monotone Grenzübergänge bei der Abbildung erhalten bleiben. Wenn also die Folge $x_1, x_2, x_3, \ldots$ aufsteigend oder absteigend nach x_0 konvergiert, so konvergiert die Bildfolge $y_1, y_2, y_3, \ldots$ in demselben Sinne nach y_0, dem Bild von x_0. Es genügt, den Fall des Aufstiegs nach einem Grenzwert zu erörtern. Daß einer aufsteigenden x-Folge eine aufsteigende y-Folge entspricht, liegt im Wesen der aufsteigenden Abbildungsfunktion begründet. Aus einer oberen Schranke wird bei der Abbildung eine obere Schranke und die kleinste obere Schranke bildet sich als kleinste obere Schranke ab. Da der Grenzwert einer aufsteigenden Folge ihre kleinste obere Schranke ist, so folgt, daß dem Grenzwert der x-Folge als Bild der Grenzwert der y-Folge entspricht. Da man jede Folge, die von links nach x_0 konvergiert, zu einer aufsteigenden umordnen kann, jede, die von rechts nach x_0 konvergiert, zu einer absteigenden, so folgt aus $\lim x_n = x_0$ und $x_n < x_0$ stets $\lim f(x_n) = f(x_0)$, ebenso aus $\lim x_n = x_0$ und $x_n > x_0$. Da man zwei Folgen mit gemeinsamem Grenzwert zu einer einzigen Folge mit diesem Grenzwert zusammensetzen kann, so gilt ohne jede Einschränkung die Aussage, daß bei einer lückenlos aufsteigenden Funktion aus $\lim x_n = x_0$ stets folgt $\lim f(x_n) = f(x_0)$. Diese Eigenschaft wird, wie wir schon früher einmal bemerkten, als Stetigkeit bezeichnet. Eine im Intervall $a \cdots b$ lückenlos aufsteigende Funktion ist also an jeder Stelle dieses Intervalls stetig.

Der gewonnene Satz läßt sich umkehren. Bei einer aufsteigenden Funktion zieht nicht nur lückenloser Aufstieg die Stetigkeit nach sich, sondern es verbürgt auch umgekehrt Stetigkeit den lückenlosen Aufstieg. Das hat zuerst Bolzano bewiesen. $f(x)$ sei in $a \cdots b$ aufsteigend und stetig. Wäre der Aufstieg von $f(x)$ nicht lückenlos, so gäbe es zwischen $f(a)$ und $f(b)$ irgendeinen Zwischenwert k, der kein Funktionswert ist. Man bilde durch n-maliges Halbieren die Punkte $x_p = a + \frac{p(b-a)}{2^n}$, wobei p die Werte, $0, 1, \ldots, 2^n$ annimmt. Da $f(x_0), f(x_1), \ldots, f(x_{2^n})$ eine von $f(a)$ zu $f(b)$ aufsteigende Reihe ist, so wird der ausgelassene Funktionswert k zwischen zwei benachbarten Reihengliedern liegen. Wir bezeichnen diese beiden Glieder mit $f(a_n)$ und $f(b_n)$. Es liegt nun in dem Verfahren begründet, daß jedes der Intervalle $a \cdots b$, $a_1 \cdots b_1$, $a_2 \cdots b_2, \ldots$ eine Hälfte des vorhergehenden ist. Daher konvergieren die Folgen $a, a_1, a_2, \ldots$ und $b, b_1, b_2, \ldots$, die erste aufsteigend, die zweite absteigend, nach einem gemeinsamen Grenzwert c. Wegen der Stetigkeit ergeben sich aus $\lim a_n = c$ und aus $\lim b_n = c$ die Aussagen $\lim f(a_n) = f(c)$, $\lim f(b_n) = f(c)$. Nun liegt k zwischen $f(a_n)$ und $f(b_n)$, ist demnach notwendig gleich $f(c)$, also doch ein Funktionswert. Stetigkeit und Lückenlosigkeit sind also bei einer aufsteigenden Funktion dasselbe. Im allgemeinen Falle ist es so, daß zwar Stetigkeit stets mit Lückenlosigkeit verbunden ist (Beweis ähnlich wie oben), jedoch nicht immer Lückenlosigkeit mit Stetigkeit.

Wenn die aufsteigende Funktion $y = f(x)$ eine Ableitung hat, so ist dadurch die Stetigkeit, also auch die Lückenlosigkeit verbürgt, so daß wir die inverse Funktion $x = \varphi(y)$ bilden können. Diese steigt, wie wir wissen, ebenfalls lückenlos auf. Es läßt sich überdies zeigen, daß sie eine Ableitung besitzt. Dem hinschwindenden y-Inkrement k entspreche das hinschwindende x-Inkrement h. Dann ist $\frac{f(x+h)-f(x)}{h} = \frac{k}{h}$ und $\frac{\varphi(y+k)-\varphi(y)}{k} = \frac{h}{k}$. Da der erste Quotient den Grenzwert $f'(x)$ hat, so ergibt sich

$$\lim \frac{\varphi(y+k)-\varphi(y)}{h} = \lim \left(1 : \frac{k}{h}\right) = \frac{1}{f'(x)},$$

vorausgesetzt, daß $f'(x)$ nicht verschwindet. Im Falle $f'(x) = 0$ konvergiert $\frac{f(x+h)-f(x)}{h}$ von der positiven Seite nach 0. Daher hat $\frac{\varphi(y+k)-\varphi(y)}{h}$ den uneigentlichen Grenzwert ∞.

Geometrisch ist dieses Ergebnis fast selbstverständlich. Daß $f'(x)$ existiert, bedeutet, daß die Kurve $y = f(x)$ eine Tangente hat. Da durch $x = \varphi(y)$ dieselbe Kurve dargestellt wird, so ist wegen der bereits feststehenden Existenz der Tangente auch $\varphi'(y)$ vorhanden. Die Aussagen $f'(x) = 0$ und $\varphi'(y) = \infty$ bedeuten, daß an der betreffenden Kurvenstelle die Tangente parallel zur x-Achse läuft. Es liegt auf der Hand, daß die Steigungen der Tangente in bezug auf die x-Achse und ihre Steigung in bezug auf die y-Achse das Produkt 1 geben. Die Neigungswinkel ergänzen sich zu $\frac{\pi}{2}$.

Jetzt können wir die inversen Kreisfunktionen $y = \operatorname{arc} \sin x$, $y = \operatorname{arc} \tan x$, $y = \operatorname{arc} \cos x$, $y = \operatorname{arc} \cot x$ differenzieren, da uns die Ableitungen der Umkehrungen $x = \sin y$, $x = \tan y$, $x = \cos y$, $x = \cot y$ bekannt sind. Erinnern wir uns, daß bei den ersten y auf das Intervall $-\frac{\pi}{2} \cdots \frac{\pi}{2}$, bei den letzten auf $0 \cdots \pi$ beschränkt ist, so ergibt sich

$$(\operatorname{arc} \sin x)' = \frac{1}{(\sin y)'} = \frac{1}{\cos y} = \frac{1}{\sqrt{1-x^2}},$$

$$(\operatorname{arc} \tan x)' = \frac{1}{(\tan y)'} = \frac{1}{1+\tan^2 y} = \frac{1}{1+x^2},$$

$$(\operatorname{arc} \cos x)' = \frac{1}{(\cos y)'} = -\frac{1}{\sin y} = -\frac{1}{\sqrt{1-x^2}},$$

$$(\operatorname{arc} \cot x)' = \frac{1}{(\cot y)'} = -\frac{1}{1+\cot^2 y} = -\frac{1}{1+x^2}.$$

Hierbei ist $\sqrt{1-x^2}$ positiv zu nehmen.

§ 14. Der Mittelwertsatz.

$f(x)$ sei im Intervall $a \cdots b$ einschließlich der Grenzen stetig. Wenn also $\lim x_n = x_0$ ist und $x_1, x_2, x_3, \ldots$ alle dem genannten Intervall angehören, so soll stets $\lim f(x_n) = f(x_0)$ sein. Das ist, wie wir wissen, der Sinn der Stetigkeit. Sagen wir, daß $f(x)$ in $a \cdots b$ einschließlich der Grenzen stetig sein soll, so meinen wir damit, daß x_0 auch mit a oder b zusammenfallen darf.

Ist $f(x)$ in dem g e s c h l o s s e n e n Intervall $a \cdots b$ stetig, wobei das Beiwort die Einbeziehung der Intervallgrenzen ausspricht, so gibt es unter den Funktionswerten $f(x)$, die in diesem geschlossenen Intervall auftreten, einen größten und einen kleinsten. Das ist der Weierstraßsche Satz vom Maximum und Minimum. Da der größte Wert von $f(x)$, mit verändertem Zeichen genommen, der kleinste Wert von $-f(x)$ ist, so genügt es, die Existenz des größten Funktionswertes nachzuweisen. Zu diesem Zweck führen wir den Begriff des Vorzugsintervalls ein. Ein in $a \cdots b$ enthaltendes Intervall $\alpha \cdots \beta$ wollen wir ein Vorzugsintervall nennen, wenn darin mindestens ebenso große Funktionswerte auftreten, wie in $a \cdots b$ selbst, so daß in $a \cdots b$ kein Funktionswert auftritt, der alle Funktionswerte in $\alpha \cdots \beta$ übertrifft. Zerlegt man nun $a \cdots b$ in die beiden Hälften $a \cdots m$ und $m \cdots b$, so ist wenigstens eine von ihnen ein Vorzugsintervall. Wäre dies nicht der Fall, so gäbe es in $a \cdots b$ einen Funktionswert $f(x_1)$, der alle Funktionswerte in $a \cdots m$, und einen zweiten $f(x_2)$, der alle Funktionswerte in $m \cdots b$ übertrifft. Der größere von beiden wäre dann größer als sämtliche Funktionswerte in $a \cdots b$, zu denen er doch selbst gehört. $a_1 \cdots b_1$ sei eine Vorzugshälfte von $a \cdots b$, ferner $a_2 \cdots b_2$ eine Vorzugshälfte von $a_1 \cdots b_1$ usw. Da $b_n - a_n = \frac{b-a}{2^n}$ ist, konvergieren die Folgen $a, a_1, a_2, \ldots$ und $b, b_1, b_2, \ldots$ nach einem gemeinsamen Grenzwert c. Man kann sich nun leicht überzeugen, daß $f(c)$ der größte Funktionswert in $a \cdots b$ ist. Wäre etwa $f(x_0) > f(c)$, so kann man leicht die Unmöglichkeit dieser Beziehung feststellen. Zunächst gibt es in $a_1 \cdots b_1$ einen Funktionswert $f(x_1)$, der mindestens ebenso groß ist wie $f(x_0)$, ferner in $a_2 \cdots b_2$ ein $f(x_2)$, das sich nicht von $f(x_1)$ übertreffen läßt, usw. Auf diese Weise entsteht eine aufsteigende Folge $f(x_0)$, $f(x_1)$, $f(x_2), \ldots$ Der in $a_n \cdots b_n$ enthaltene Wert x_n wird von a_n und b_n nach dem Grenzwert c mitgerissen. Aus $\lim x_n = c$ folgt aber wegen der Stetigkeit $\lim f(x_n) = f(c)$. Da der Grenzwert einer aufsteigenden Folge deren kleinste obere Schranke ist, so wird er von keinem Glied der Folge übertroffen. Insbesondere muß also $f(x_0) \leqq f(c)$ sein. Damit ist die Aussage $f(x_0) > f(c)$ widerlegt.

Mit Hilfe des Weierstraßschen Theorems vom Maximum und Minimum kann man nun einen berühmten Satz beweisen, der als Satz von Rolle bezeichnet wird. Er besagt, daß zwischen zwei Nullstellen von $f(x)$ irgendwo eine Nullstelle von $f'(x)$ liegen muß. Man nimmt an, daß $f(x)$ in dem geschlossen Intervall $a \cdots b$ stetig ist und im Innern desselben die Ableitung $f'(x)$ hat. Außerdem sollen $f(a)$ und $f(b)$ gleich Null sein. Das sind die Bedingungen des Rolleschen Satzes, der nun feststellt, daß an einer Stelle c zwischen a und b die Gleichung $f'(c) = 0$ stattfindet. Wie wir wissen, gibt es unter den Funktionswerten $f(x)$ einen größten und einen kleinsten. Wären dies die Werte $f(a)$, $f(b)$, die beide gleich Null sind, so müßten alle andern Funktionswerte ebenfalls verschwinden. Dann wäre $f'(x)$ im ganzen Intervall $a \cdots b$ gleich Null, und man brauchte nach der Stelle c, die im Rolleschen Satze Erwähnung findet, nicht erst zu suchen. Bleibt also nur noch die Möglichkeit zu prüfen, daß der kleinste oder der größte Funktionswert im Innern des Intervalls $a \cdots b$ auftritt, etwa an der Stelle c. Ist dann h ein hinreichend kleiner positiver Wert, so werden entweder die Ungleichungen

$$f(c-h)-f(c) \geqq 0, \quad f(c+h)-f(c) \geqq 0$$

gelten oder die Ungleichungen

$$f(c-h)-f(c) \leqq 0, \quad f(x+h)-f(c) \leqq 0,$$

je nachdem $f(c)$ der kleinste oder der größte Funktionswert in $a \cdots b$ ist. Im ersten Falle kann man nun schließen

$$\frac{f(c-h)-f(c)}{-h} \leqq 0, \quad \frac{f(c+h)-f(c)}{h} \geqq 0,$$

im zweiten

$$\frac{f(c-h)-f(c)}{-h} \geqq 0, \quad \frac{f(c+h)-f(c)}{h} \leqq 0.$$

Die Null liegt also nicht außerhalb der Schranken $\frac{f(c-h)-f(c)}{-h}$ und $\frac{f(c+h)-f(c)}{h}$, die bei schwindendem h beide nach $f'(c)$ konvergieren. Daher muß $f'(c)=0$ sein.

Beim allgemeinen Mittelwertsatz werden die Bedingungen des Rolleschen Satzes zugrunde gelegt. Es kommt nur die Forderung $f(a)=f(b)=0$ in Wegfall.

Bildet man nun im Intervall $a \cdots b$ die Differenz zwischen Kurven- und Sehnenordinate, also

$$(*) \qquad f(x)-\frac{b-x}{b-a}f(a)-\frac{x-a}{b-a}f(b),$$

so hat man eine Funktion, die am Anfang und Ende des Intervalls verschwindet. Also muß nach dem Rolleschen Theorem

$$f'(x)-\frac{f(b)-f(a)}{b-a}$$

an einer Stelle c zwischen a und b verschwinden. Dort gilt dann die Gleichung

$$\frac{f(b)-f(a)}{b-a}=f'(c).$$

Das ist der sog. Mittelwertsatz. Er besagt, daß der Differenzenquotient zu den inneren Werten der Ableitung gehört, oder daß es auf dem zu $a \cdots b$ gehörigen Kurvenstück eine Tangente gibt, die zur Sehne parallel ist.

Wir müssen noch feststellen, daß die Funktion (*), die von der Form $f(x)+\lambda x+\mu$ ist, die Stetigkeitsbedingung erfüllt. Aus $\lim x_n = x_0$ folgt offenbar $\lim\{f(x_n)+\lambda x_n+\mu\}=f(x_0)+\lambda x_0+\mu$. Dies ist ein Einzelfall des allgemeinen Satzes, daß Summe, Differenz, Produkt und Quotient stetiger Funktionen ebenfalls stetig sind, wobei im Falle des Quotienten der Divisor von Null verschieden sein muß. Der Beweis stützt sich auf die Regeln der Grenzwertrechnung. Folgt aus

$$\lim x_n = x_0 \text{ stets } \lim f(x_n)=f(x_0), \ \lim g(x_n)=g(x_0),$$

so auch

$$\lim \{f(x_n) + g(x_n)\} = f(x_0) + g(x_0), \quad \lim (\{f(x_n) - g(x_n)\} = f(x_0) - g(x_0),$$

$$\lim \{f(x_n) \cdot g(x_n)\} = f(x_0) \cdot g(x_0), \quad \lim \left\{\frac{g(x_n)}{f(x_n)}\right\} = \frac{g(x_0)}{f(x_0)},$$

wobei im letzten Falle $f(x_0)$ nicht verschwinden darf.

Bezeichnet man einen der beiden Werte a und b mit x, den andern mit $x + h$, so kann c in der Form $x + \vartheta h$ dargestellt werden, wobei ϑ zwischen 0 und 1 liegt. Der Mittelwertsatz drückt sich dann in folgender Formel aus:

$$\frac{f(x+h) - f(x)}{h} = f'(x + \vartheta h).$$

Man könnte auch unter Benutzung der Symbole $\Delta f(x) = f(x+h) - f(x)$ und $df(x) = f'(x)h$ schreiben

$$\Delta f(x) = \{df(x)\}_{x+\vartheta h}.$$

Die rechte Seite will sagen, daß man nach Bildung des Differentials x durch $x + \vartheta h$ ersetzen muß. h kann hier positiv oder negativ sein.

Wendet man den Rolleschen Satz auf die Funktion

$$\{f(x) - f(a)\}\{g(b) - g(a)\} - \{g(x) - g(a)\}\{f(b) - f(a)\}$$

an, so gelangt man zu der Formel

$$\frac{f(b) - f(a)}{g(b) - g(a)} = \frac{f'(c)}{g'(c)}.$$

Hierbei ist c ein Wert zwischen a und b. Man muß fordern, daß $f(x)$ und $g(x)$ im geschlossenen Intervall $a \cdots b$ stetig sind, im Innern desselben Ableitungen besitzen und daß $g'(x)$ nicht Null ist. Man nennt obige Formel den verallgemeinerten Mittelwertsatz.

Wir wollen zwei wichtige Folgerungen hervorheben, die man aus dem Mittelwertsatz ziehen kann. Wenn die Ableitung von $f(x)$ im Intervall $a \cdots b$ positiv ist, so gilt für irgend zwei Stellen innerhalb dieses Intervalls die Gleichung

$$f(x_2) - f(x_1) = (x_2 - x_1) f'(\xi),$$

wobei ξ zwischen x_1 und x_2 liegt. Da nach Voraussetzung $f'(\xi) > 0$ ist, so haben $f(x_2) - f(x_1)$ und $x_2 - x_1$ dasselbe Zeichen, d. h. $f(x)$ ist eine aufsteigende Funktion. Ebenso hätte sich im Falle einer negativen Ableitung ergeben, daß $f(x)$ eine absteigende Funktion ist.

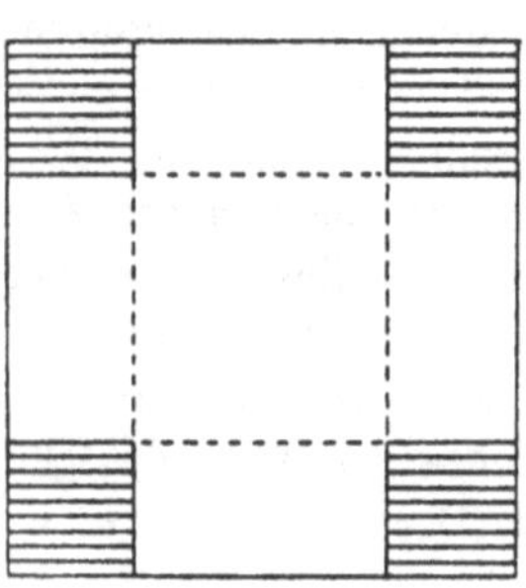

Fig. 34.

Eine positive Ableitung ist also ein Kennzeichen des Aufstiegs, eine negative Ableitung ein Kennzeichen des Abstiegs. Die Ableitung liefert schon durch ihr Zeichen eine Aussage über den Gang der Funktion, d. h. über ihr Steigen und Fallen bei wachsendem x. Mit diesem Hilfsmittel lassen sich auch die Höhepunkte (Maxima) und Tiefpunkte (Minima) der Funktion feststellen.

Hierfür ein Beispiel. Man schneide an den Ecken eines Quadrats vier kleine Quadrate von gleicher Größe heraus (in Fig. 34 schraffiert). Dann entsteht ein Quadrat mit vier rechteckigen Anhängseln. Biegt man diese senkrecht herauf, so entsteht eine offene Schachtel. Wie muß man es einrichten, damit diese Schachtel einen möglichst großen Inhalt hat? Die Seite des Urquadrats sei a, die der vier kleinen Quadrate x. Dann ist der Inhalt der Schachtel $f(x) = (a - 2x)^2 x$. Um den Gang dieser Funktion zu übersehen, bildet man unter Benutzung der Leibnizschen Produktregel die Ableitung

$$f'(x) = (a - 2x)^2 - 4(a - 2x)x = (a - 2x)(a - 6x).$$

Aus der Figur ersieht man, daß x nicht über $\frac{a}{2}$ hinaus kann. Daher wird $f'(x)$ positiv sein, solange $x < \frac{a}{6}$, und negativ, sobald $x > \frac{a}{6}$ ist. Die Funktion steigt also bis zur Stelle $x = \frac{a}{6}$ und fällt dann bis zur Stelle $x = \frac{a}{2}$. Für $x = \frac{a}{6}$ hat sie also ihren größten Wert. Die Schachtel mit größtem Inhalt hat also die Höhe $\frac{a}{6}$ und die Länge und Breite $a - 2 \cdot \frac{a}{6} = \frac{4a}{6}$. Sie ist viermal so breit und lang als hoch.

Eine zweite wichtige Folgerung ist diese. Wenn eine Funktion in $a \cdots b$ eine verschwindende Ableitung hat, so ist sie eine Konstante. Sind nämlich x_1 und x_2 zwei Stellen innerhalb $a \cdots b$, so hat man $f(x_2) - f(x_1) = (x_2 - x_1) f'(\xi)$, mithin $f(x_2) - f(x_1) = 0$. Je zwei Funktionswerte innerhalb $a \cdots b$ sind einander gleich, die Funktion ist also tatsächlich eine Konstante. Da umgekehrt jede Konstante die Ableitung 0 hat, so ist das Verschwinden der Ableitung eine kennzeichnende Eigenschaft der Konstanten.

Aus diesem wichtigen Satz kann man nun weiter schließen, daß eine Funktion durch ihre Ableitung bis auf eine additive Konstante bestimmt wird. Haben nämlich zwei Funktionen $f(x)$ und $g(x)$ übereinstimmende Ableitungen, $f'(x) = g'(x)$, so ist $\{f(x) - g(x)\}' = f'(x) - g'(x) = 0$, d. h. $f(x) - g(x) = C$, also $f(x) = g(x) + C$.

Man nennt eine Funktion mit der Ableitung $\varphi(x)$ ein Integral oder eine Stammfunktion von $\varphi(x)$. Je zwei solche Integrale oder Stammfunktionen haben nach obiger Feststellung eine konstante Differenz. Die Aufsuchung einer Stammfunktion $\Phi(x)$ zu $\varphi(x)$ ist Aufgabe der Integralrechnung.

Man nennt die Operation, die von $\varphi(x)$ zum Integral $\Phi(x)$ führt, Integration. Sie ist die Umkehrung der Differentiation, die bei gegebenem $\Phi(x)$ die Ableitung $\varphi(x)$ liefert.

§ 15. Integrale als Grenzwerte von Summen.

Wenn $F(x)$ im geschlossenen Intervall $a \cdots b$ die stetige Ableitung $f(x)$ hat, so kann man bei gegebenem $f(x)$ das Integral $F(x)$ nach folgendem Verfahren berechnen: Man zerlege das Intervall $a \cdots x$ in n Teile $a \cdots x_1$,

$x_1 \cdots x_2, \ldots, x_{n-1} \cdots x$. Auf jedes Teilintervall wende man den Mittelwertsatz an. Danach ist

$$\begin{aligned} F(x_1) - F(a) &= (x_1 - a)\, f(\xi_1), \\ F(x_2) - F(x_1) &= (x_2 - x_1)\, f(\xi_2), \\ &\ldots\ldots\ldots\ldots \\ F(x) - F(x_{n-1}) &= (x - x_{n-1})\, f(\xi_n), \end{aligned}$$

mithin

$$F(x) - F(a) = (x_1 - a)\, f(\xi_1) + (x_2 - x_1)\, f(\xi_2) + \cdots + (x - x_{n-1})\, f(\xi_n).$$

Hiermit wird scheinbar nichts gewonnen, da man die Stellen $\xi_1, \xi_1, \ldots, \xi_n$ nicht kennt. Wegen der Stetigkeit von $f(x)$ ist die Sachlage jedoch so, daß diese Unkenntnis uns nicht mehr stört, wenn wir die Einteilung des Intervalls $a \cdots x$ unendlich verfeinern, d. h. die Teilintervalle nach Null konvergieren lassen. Wenn wir nämlich die Stellen $\xi_1, \xi_2, \ldots, \xi_n$ in ihren Teilintervallen verschieben, so wird der so entstehende Summenausdruck

$$(x_1 - a)\, f(\bar{\xi}_1) + (x_2 - x_1)\, f(\bar{\xi}_2) + \cdots + (x - x_{n-1})\, f(\bar{\xi}_n)$$

zwar nicht gleich $F(x) - F(a)$ sein, er wird aber bei unendlicher Verfeinerung der Einteilung nach $F(x) - F(a)$ konvergieren. Um dies zu zeigen, muß man die Differenz der beiden Summenausdrücke bilden und feststellen, daß sie dem Grenzwert Null zustrebt.

Unter den Differenzen

$$f(\xi_1) - f(\bar{\xi}_1), \ldots, f(\xi_n) - f(\bar{\xi}_n)$$

gibt es eine größte $f(\xi) - f(\bar{\xi})$ und eine kleinste $f(\xi_*) - f(\bar{\xi}_*)$. Ersetzt man in der Summe

$$(x_1 - a)\,\{f(\xi_1) - f(\bar{\xi}_1)\} + \cdots + (x - x_{n-1})\,\{f(\xi_n) - f(\bar{\xi}_n)\}$$

die zweiten Faktoren durch etwas Größeres, so vergrößert sie sich. Ebenso verkleinert sie sich, wenn man die zweiten Faktoren durch etwas Kleineres ersetzt. Sie liegt also zwischen

$$(x - a)\,\{f(\xi_*) - f(\bar{\xi}_*)\} \quad \text{und} \quad (x - a)\,\{f(\xi) - f(\bar{\xi})\}.$$

Die Differenzen $\xi - \bar{\xi}$ und $\xi^* - \bar{\xi}^*$ konvergieren bei unendlicher Verfeinerung der Einteilung nach Null, weil ξ und $\bar{\xi}$ demselben Teilintervall angehören, ebenso ξ^* und $\bar{\xi}^*$. Es gilt aber der Satz, daß bei einer stetigen Funktion zu einer hinschwindenden Abszissendifferenz eine hinschwindende Ordinatendifferenz gehört, auch dann, wenn beide Abszissen beweglich sind. Würde aus $\lim (x - \bar{x}) = 0$ nicht folgen $\lim \{f(x) - f(\bar{x})\} = 0$, so gäbe es eine Umgebung der Null, etwa $-\varepsilon \cdots \varepsilon$, die nicht fast alle $f(x) - f(\bar{x})$ enthält, sondern unendlich viele dieser Differenzen draußen läßt. Letztere bilden in der von $f(x) - f(\bar{x})$ durchlaufenen Folge eine Teilfolge. Die zugehörigen x-Werte haben eine Häufungsstelle x_0, die der Grenzwert einer gewissen Teilfolge jener x-Werte ist. Durch Streichungen läßt sich also folgender Tatbestand herbeiführen: $\lim x = x_0$, $\lim (x - \bar{x}) = 0$, jedoch $|f(x) - f(\bar{x})| > \varepsilon$. Dann wäre aber zugleich $\lim \bar{x} = x_0$, also nicht nur $\lim f(x) = f(x_0)$, sondern auch $\lim f(\bar{x}) = f(x_0)$, folglich $\lim \{f(x) - f(\bar{x})\} = 0$, was doch nicht zutrifft.

Hiermit ist folgender Weg zur Berechnung einer Funktion aus ihrer stetigen Ableitung erschlossen. Man unterwirft das Intervall $a \cdots x$ einer Folge von Zerlegungen $\mathfrak{Z}_1, \mathfrak{Z}_2, \mathfrak{Z}_3, \ldots$ mit nach Null konvergierenden Teilintervallen. Denkt man sich also statt jedes einzelnen $\mathfrak{Z}$ die Längen der Teilintervalle aufgeschrieben, so soll diese neue Folge eine Nullfolge sein. Wir sprechen in solchem Falle von einer Zerlegungsfolge mit unendlicher Verfeinerung oder kurz von einer ausgezeichneten Zerlegungsfolge. Wird jedem $\mathfrak{Z}_n$ eine Summe zugeordnet, in der die Teilintervalle mit herausgegriffenen Funktionswerten multipliziert erscheinen, so konvergiert die Folge dieser Summenausdrücke nach $F(x) - F(a)$. Man kann z. B. den Teilintervallen $a \cdots x_1$, $x_1 \cdots x_2, \ldots, x_{n-1} \cdots x$ die Funktionswerte $f(a)$, $f(x_1), \ldots, f(x_{n-1})$ entnehmen und mit ihnen die Summe

$$(x_1 - a)\, f(a) + (x_2 - x_1)\, f(x_1) + \cdots + (x - x_{n-1})\, f(x_{n-1})$$

bilden. Ihre Bestandteile haben die Form $f(\mathfrak{x})\, \Delta\mathfrak{x}$, wobei $\mathfrak{x}$ die n ersten Glieder der Reihe $a, x_1, \ldots, x_{n-1}, x$ durchläuft und $\Delta\mathfrak{x}$ die Differenz von $\mathfrak{x}$ zum nächsten Reihengliede bezeichnet. Es ist dann

$$F(x) - F(a) = \lim \sum f(\mathfrak{x})\, \Delta\mathfrak{x},$$

wobei lim auf die unendliche Verfeinerung der Einteilung hindeutet. Man schreibt nun statt $\lim \sum f(\mathfrak{x})\, \Delta\mathfrak{x}$ allgemein

$$\int_a^x f(\mathfrak{x})\, d\mathfrak{x},$$

gelesen: Integral, a bis x, $f(\mathfrak{x})\, d\mathfrak{x}$.

Das Integral ist, wie wir wissen, nicht nur der Grenzwert von $\sum f(\mathfrak{x})\, \Delta\mathfrak{x}$, sondern auch von $\sum f(\bar{\mathfrak{x}})\, \Delta\, \mathfrak{x}$, wobei $\bar{\mathfrak{x}}$ irgendein Wert aus dem geschlossenen Intervall $\mathfrak{x} \cdots \mathfrak{x} + \Delta\, \mathfrak{x}$ sein kann.

Was wir hier bewiesen haben, läßt sich jetzt kurz so aussprechen: Wenn $F(x)$ eine stetige Ableitung $F'(x)$ hat, so gilt die Beziehung

$$F(x) - F(a) = \int_a^x F'(\mathfrak{x})\, d\mathfrak{x}.$$

Das von a bis x integrierte Differential $dF(\mathfrak{x}) = F'(\mathfrak{x})\, d\mathfrak{x}$ liefert den Funktionszuwachs $F(x) - F(a)$, der beim Übergang von der unteren zur oberen Integralgrenze entsteht. $F'(\mathfrak{x})\, d\mathfrak{x}$ integrieren bedeutet nichts anderes als die Bildung des Grenzwertes $\lim \sum F'(\mathfrak{x})\, \Delta\, \mathfrak{x}$.

§ 16. Integrale stetiger Funktionen.

Wir betrachten jetzt, ohne von der Stammfunktion zu reden, eine Funktion $f(x)$, die in dem geschlossenen Intervall $a \cdots b$ stetig ist.. $\mathfrak{Z}$ sei eine Zerlegung dieses Intervalls in Teilintervalle und $S(\mathfrak{Z}) = \sum f(\bar{\mathfrak{x}})\, \Delta\mathfrak{x}$ ein im Anschluß an $\mathfrak{Z}$ gebildeter Summenausdruck. Wenn man eine ausgezeichnete

Zerlegungsfolge $\mathfrak{Z}_1, \mathfrak{Z}_2, \mathfrak{Z}_3, \ldots$ betrachtet und jedem $\mathfrak{Z}_n$ einen Summenausdruck $S(\mathfrak{Z}_n)$ zuordnet, so strebt, wie wir sehen werden, $S(\mathfrak{Z}_n)$ einem Grenzwert zu. Um dies zu beweisen, genügt die Feststellung, daß die Folge $S(\mathfrak{Z}_1)$, $S(\mathfrak{Z}_2)$, $S(\mathfrak{Z}_3), \ldots$, die übrigens als **ausgezeichnete Summenfolge** bezeichnet wird, dem Cauchyschen Konvergenzkriterium genügt. Wir müssen also prüfen, ob

$$(*) \qquad \lim \{S(\mathfrak{Z}'_n) - S(\mathfrak{Z}_n)\} = 0$$

ist für jede Teilfolge $S(\mathfrak{Z}'_1), S(\mathfrak{Z}'_2), S(\mathfrak{Z}'_3), \ldots$, die in $S(\mathfrak{Z}_1), S(\mathfrak{Z}_2), S(\mathfrak{Z}_3), \ldots$ enthalten ist.

Wenn $\overline{\mathfrak{Z}}$ aus $\mathfrak{Z}$ durch Weiterteilung entsteht, so tritt beim Übergange von $S(\mathfrak{Z})$ zu $S(\overline{\mathfrak{Z}})$ an die Stelle jedes Gliedes $(\beta - \alpha) f(\gamma)$ eine Summe $(\alpha_1 - \alpha) f(\gamma_1) + \cdots + (\beta - \alpha_{p-1}) f(\gamma_p)$, womit also die Änderung

$$(\alpha_1 - \alpha)\{f(\gamma_1) - f(\gamma)\} + \cdots + (\beta - \alpha_{p-1})\{f(\gamma_p) - f(\gamma)\}$$

verbunden ist. Die Differenz $S(\overline{\mathfrak{Z}}) - S(\mathfrak{Z})$ setzt sich aus mehreren Bestandteilen dieser Art zusammen. Unter den Faktoren, mit denen hier die Teilintervalle von $\overline{\mathfrak{Z}}$ multipliziert sind, sei $f(\bar{x}^*) - f(x^*)$ der größte und $f(\bar{x}_*) - f(x_*)$ der kleinste. Dann gilt offenbar die doppelte Ungleichung

$$(b - a)\{f(\bar{x}_*) - f(x_*)\} < S(\overline{\mathfrak{Z}}) - S(\mathfrak{Z}) < (b - a)\{f(\bar{x}^*) - f(x^*)\}.$$

Hierbei gehören x^* und $\bar{x}^*$ demselben Teilintervall von $\mathfrak{Z}$ an, ebenso x_* und $\bar{x}_*$.

Will man zwei beliebige Summenausdrücke $S(\mathfrak{Z})$ und $S(\mathfrak{Z}')$ vergleichen, so kann man mittels der Teilpunkte von $\mathfrak{Z}$ und $\mathfrak{Z}'$ eine neue Teilung $\overline{\mathfrak{Z}}$ herstellen, die dann sowohl aus $\mathfrak{Z}$ als auch aus $\mathfrak{Z}'$ durch Weiterteilung entsteht. In der obigen doppelten Ungleichung tritt dann die folgende hinzu:

$$(b - a)\{f(\mathfrak{x}^*) - f(\bar{\mathfrak{x}}^*)\} < S(\mathfrak{Z}') - S(\overline{\mathfrak{Z}}) < (b - a)\{f(\mathfrak{x}_*) - f(\bar{\mathfrak{x}}_*)\}.$$

Dabei gehören $\mathfrak{x}^*$ und $\bar{\mathfrak{x}}^*$ demselben Teilintervall von $\mathfrak{Z}'$ an, ebenso $\mathfrak{x}_*$ und $\bar{\mathfrak{x}}_*$. Aus beiden Feststellungen folgt

$$\begin{aligned}(b - a)\{f(\bar{x}_*) - f(x_*) + f(\mathfrak{x}^*) - f(\bar{\mathfrak{x}}^*)\} &< S(\mathfrak{Z}') - S(\mathfrak{Z}) \\ &< (b - a)\{f(\bar{x}^*) - f(x^*) + f(\mathfrak{x}_*) - f(\bar{\mathfrak{x}}_*)\}.\end{aligned}$$

Durchlaufen $\mathfrak{Z}$ und $\mathfrak{Z}'$ zwei ausgezeichnete Zerlegungsfolgen, z. B. die oben genannten Folgen $\mathfrak{Z}_1, \mathfrak{Z}_2, \mathfrak{Z}_3, \ldots$ und $\mathfrak{Z}'_1, \mathfrak{Z}'_2, \mathfrak{Z}'_3, \ldots$, so konvergieren sowohl die Teilintervalle von $\mathfrak{Z}$ als auch die von $\mathfrak{Z}'$ nach Null. Dasselbe gilt daher von den Differenzen $\bar{x}_* - x_*$, $\bar{x}^* - x^*$, $\bar{\mathfrak{x}}_* - \mathfrak{x}_*$, $\bar{\mathfrak{x}}^* - \mathfrak{x}^*$ und wegen der Stetigkeit auch von $f(\bar{x}_*) - f(x_*)$, $f(\bar{x}^*) - f(x^*)$, $f(\bar{\mathfrak{x}}_*) - f(\mathfrak{x}_*)$, $f(\bar{\mathfrak{x}}^*) - f(\mathfrak{x}^*)$. Die beiden Schranken um $S(\mathfrak{Z}') - S(\mathfrak{Z})$ streben also nach Null, folglich auch die eingeschlossene Differenz.

Hiermit haben wir erstens festgestellt, daß jede ausgezeichnete Summenfolge das Cauchysche Kriterium erfüllt und daher konvergent ist, zweitens aber auch, daß zwei verschiedene ausgezeichnete Summenfolgen demselben Grenzwert zustreben. Wir haben nämlich gefunden, daß $S(\mathfrak{Z}) - S(\mathfrak{Z}')$ nach Null konvergiert, wenn $\mathfrak{Z}$ und $\mathfrak{Z}'$ ausgezeichnete Zerlegungsfolgen durchlaufen.

Der gemeinsame Grenzwert aller ausgezeichneten Summenfolgen wird als das von a bis b erstreckte Integral der Funktion $f(x)$ bezeichnet und durch das Symbol

$$\int_a^b f(\mathfrak{x})\, d\mathfrak{x}$$

dargestellt. Wir haben hier die Existenz dieses Integrals, d. h. des Grenzwertes $\lim \sum f(\bar{\mathfrak{x}})\,\Delta\mathfrak{x}$ bei unendlich verfeinerter Teilung, für alle stetigen Funktionen bewiesen. Betrachtet man statt der Summe

$$S = (\mathfrak{x}_1 - a)\, f(\bar{\mathfrak{x}}_1) + (\mathfrak{x}_2 - \mathfrak{x}_1)\, f(\bar{\mathfrak{x}}_2) + \cdots + (\mathfrak{x}_{n-1} - \mathfrak{x}_{n-2})\, f(\bar{\mathfrak{x}}_{n-1}) + (b - \mathfrak{x}_{n-1})\, f(\bar{\mathfrak{x}}_n)$$

die Summe

$$-S = (\mathfrak{x}_{n-1} - b)\, f(\bar{\mathfrak{x}}_n) + (\mathfrak{x}_{n-2} - \mathfrak{x}_{n-1})\, f(\bar{\mathfrak{x}}_{n-1}) + \cdots + (\mathfrak{x}_1 - \mathfrak{x}_2)\, f(\bar{\mathfrak{x}}_2) + (a - \mathfrak{x}_1)\, f(\bar{\mathfrak{x}}_1),$$

so ist sie offenbar ganz ähnlich gebildet wie S, nur unter Vertauschung von a und b. Bei S geht man von a nach b über die Stationen $\mathfrak{x}_1, \mathfrak{x}_2, \ldots, \mathfrak{x}_{n-2}, \mathfrak{x}_{n-1}$, bei $-S$ von b nach a über die Stationen $\mathfrak{x}_{n-1}, \mathfrak{x}_{n-2}, \ldots, \mathfrak{x}_2, \mathfrak{x}_1$. Man bezeichnet wegen dieser vollkommenen Analogie den Grenzwert von $-S$ bei hinschwindenden Teilintervallen mit $\int_b^a f(\mathfrak{x})\,d\mathfrak{x}$. Offenbar besteht die Beziehung

$$\int_b^a f(\mathfrak{x})\,d\mathfrak{x} = -\int_a^b f(\mathfrak{x})\,d\mathfrak{x}.$$

Ist c ein Zwischenwert zwischen a und b und betrachtet man nur Zerlegungen des Intervalls $a \cdots b$, die den Teilpunkt c verwenden, so erkennt man sofort folgende Eigenschaft:

$$\int_a^b f(\mathfrak{x})\,d\mathfrak{x} = \int_a^c f(\mathfrak{x})\,d\mathfrak{x} + \int_c^b f(\mathfrak{x})\,d\mathfrak{x}.$$

Wenn a und b zusammenfallen, so wird die Summe S gleich Null. Daher ist

$$\int_a^a f(\mathfrak{x})\,d\mathfrak{x} = 0$$

zu setzen.

Sind x_1, x_2, x_3 drei Stellen in einem Stetigkeitsintervall von $f(x)$, so gilt, wie man mit Hilfe der bisherigen Feststellungen erkennt, die Gleichung

$$(**) \qquad \int_{x_1}^{x_2} f(\mathfrak{x})\,d\mathfrak{x} + \int_{x_2}^{x_3} f(\mathfrak{x})\,d\mathfrak{x} + \int_{x_3}^{x_1} f(\mathfrak{x})\,d\mathfrak{x} = 0\,.$$

Bezeichnet man nämlich mit $\bar{x}_1$ den kleinsten, mit $\bar{x}_3$ den größten und mit $\bar{x}_2$ den mittleren unter den drei Werten x_1, x_2, x_3, so ist zunächst

$$\int_{\bar{x}_1}^{\bar{x}_3} f(\mathfrak{x})\,d\mathfrak{x} = \int_{\bar{x}_1}^{\bar{x}_2} f(\mathfrak{x})\,d\mathfrak{x} + \int_{\bar{x}_2}^{\bar{x}_3} f(\mathfrak{x})\,d\mathfrak{x}$$

oder

$$(\dagger)\qquad \int_{\overline{x}_1}^{\overline{x}_2} f(\mathfrak{x})\,d\mathfrak{x} + \int_{\overline{x}_2}^{\overline{x}_3} f(\mathfrak{x})\,d\mathfrak{x} + \int_{\overline{x}_3}^{\overline{x}_1} f(\mathfrak{x})\,d\mathfrak{x} = 0.$$

Vertauscht man $\overline{x}_1, \overline{x}_2, \overline{x}_3$ zyklisch, so daß sie durch $\overline{x}_2, \overline{x}_3, \overline{x}_1$ ersetzt werden, so bleibt Formel (†) offenbar gültig. Bei Auswechselung von $\overline{x}_1$ und $\overline{x}_2$ verwandelt sich die linke Seite in

$$\int_{\overline{x}_2}^{\overline{x}_1} f(\mathfrak{x})\,d\mathfrak{x} + \int_{\overline{x}_1}^{\overline{x}_3} f(\mathfrak{x})\,d\mathfrak{x} + \int_{\overline{x}_3}^{\overline{x}_2} f(\mathfrak{x})\,d\mathfrak{x},$$

d. h. es multiplizieren sich alle Bestandteile mit -1. Gleichung (†) gilt also nach wie vor. Diese Feststellungen genügen bereits, um sicher zu sein, daß sie bei allen Vertauschungen von $\overline{x}_1, \overline{x}_2, \overline{x}_3$ ihre Geltung bewahrt. Da nun x_1, x_2, x_3 eine Permutation von $\overline{x}_1, \overline{x}_2, \overline{x}_3$ ist, so haben wir hiermit die Relation (**) bewiesen.

Hinsichtlich der Bezeichnungsweise in Formel (**) läßt sich der Tadel erheben, daß in allen drei Integralen die Veränderliche mit $\mathfrak{x}$ benannt ist, obwohl es sich doch um drei verschiedene Intervalle handelt. Dagegen wäre zu sagen, daß es im Grunde belanglos ist, wie man in einem Integral die Variable, die sog. Integrationsvariable bezeichnet. Die Hauptsache sind die Grenzen des Integrals. Diese braucht man zur Herstellung des nach dem Integral konvergierenden Summenausdrucks S ($\mathfrak{Z}$). Eine Regel sollte man streng beachten: Der Buchstabe, mit dem man die Integrationsvariable bezeichnet, darf nicht gleichzeitig zur Bezeichnung einer Integralgrenze dienen. Leider findet man in der Literatur noch häufig Ausdrücke wie

$$\int_a^x f(x)\,dx.$$

Wählt man in einem Stetigkeitsintervall der Funktion $f(x)$ eine feste Stelle x_0 und eine beliebige andere Stelle x, so ist

$$\int_{x_0}^{x} f(\mathfrak{x})\,d\mathfrak{x}$$

eine Funktion von x, die wir $F(x)$ nennen wollen. Man hat nun

$$F(x+h) - F(x) = \int_{x_0}^{x+h} f(\mathfrak{x})\,d\mathfrak{x} - \int_{x_0}^{x} f(\mathfrak{x})\,d\mathfrak{x} = \int_{x}^{x+h} f(\mathfrak{x})\,d\mathfrak{x},$$

und nach der Limeserklärung des Integrals liegt das von x bis $x + h$ genommene Integral zwischen $hf(\mathfrak{x}_*)$ und $hf(\mathfrak{x}^*)$, wobei $f(\mathfrak{x}_*)$ den kleinsten, $f(\mathfrak{x}^*)$ den größten Funktionswert im Intervall $x \cdots x + h$ bezeichnet. Der Differenzenquotient $\{F(x+h) - F(x)\} : h$ ist demnach zwischen $f(\mathfrak{x}_*)$ und $f(\mathfrak{x}^*)$ enthalten, konvergiert also bei hinschwindendem h mit diesen einschließenden Werten nach $f(x)$. Es gilt somit die Beziehung

$$\left(\int_{x_0}^{x} f(\mathfrak{x})\,d\mathfrak{x}\right)' = f(x).$$

Bedenkt man, daß

$$\int_{x}^{x_0} f(\mathfrak{x})\,d\mathfrak{x} = -\int_{x_0}^{x} f(\mathfrak{x})\,d\mathfrak{x}$$

ist, so ergibt sich

$$\left(\int_{x}^{x_0} f(\mathfrak{x})\,d\mathfrak{x}\right)' = -f(x)\,.$$

Die Ableitung eines Integrals nach der oberen Grenze ist, wie man sieht, gleich dem Wert der integrierten Funktion oder des **Integranden** an dieser Grenze, die Ableitung nach der unteren Grenze dagegen der negativ genommene Wert des Integranden an dieser Grenze.

Eine stetige Funktion hat nach den obigen Feststellungen stets eine Stammfunktion, die für ein vorgeschriebenes x_0 des Stetigkeitsintervalls verschwindet. Diese Stammfunkiton lautet $\int_{x_0}^{x} f(\mathfrak{x})\,d\mathfrak{x}$. Sie ist unter allen Stammfunktionen von $f(x)$ die einzige, die an der Stelle x_0 verschwindet. Hat man irgendeine Stammfunktion $F(x)$ von $f(x)$, so ist $F(x) + C$ die allgemeinste Stammfunktion. Verlangt man, daß x_0 eine Nullstelle sein soll, also $F(x_0) + C = 0$, so ergibt sich $C = -F(x_0)$. Die an der Stelle x_0 verschwindende Stammfunktion lautet demnach $F(x) - F(x_0)$. Wir kommen hiermit auf die uns schon bekannte Beziehung

$$\int_{x_0}^{x} f(\mathfrak{x})\,d\mathfrak{x} = F(x) - F(x_0)$$

zwischen der Funktion $F(x)$ und ihrer stetigen Ableitung $f(x)$.

§ 17. Segmente und Sektoren, ausgedrückt durch Integrale.

$f(x)$ sei im geschlossenen Intervall $a \cdots b$ stetig und positiv. Die Kurve $y = f(x)$ begrenzt zusammen mit den Ordinaten $f(a)$ und $f(b)$ und der x-Achse ein Flächenstück $\mathfrak{F}$, das man als **Segment** bezeichnet. Ist $f(x_*)$ die kleinste, $f(x^*)$ die größte Ordinate in $a \cdots b$, so ist (Fig. 35) das Rechteck $(b - a)\,f(x_*)$ in $\mathfrak{F}$ enthalten und $\mathfrak{F}$ selbst im Rechteck $(b - a)\,f(x^*)$. Unterwirft man $a \cdots b$ einer Zerlegung $\mathfrak{Z}$ und bildet die Rechtecksummen $S_*(\mathfrak{Z})$

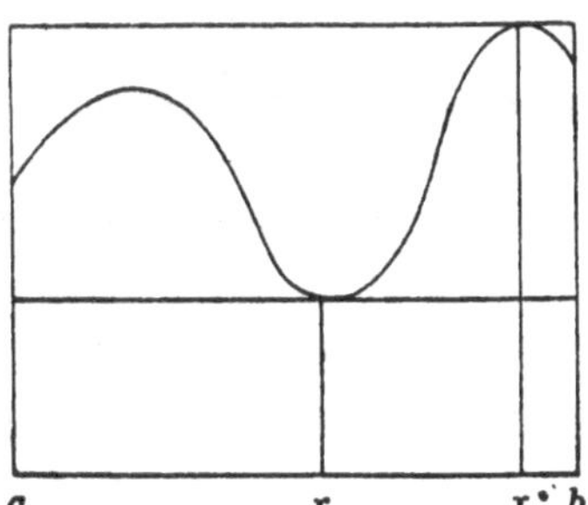

Fig. 35.

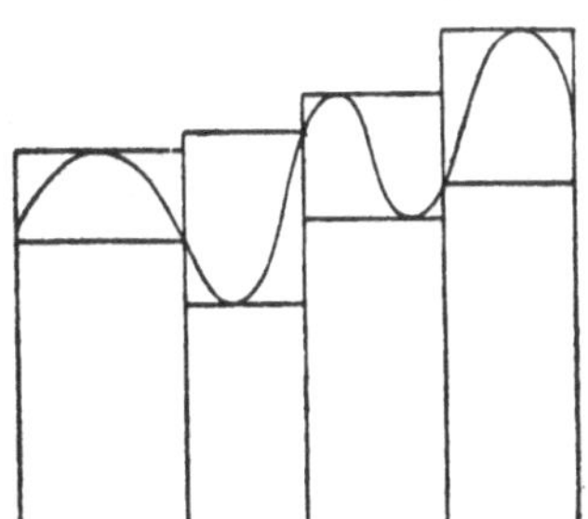

Fig. 36.

und $S^*(\mathfrak{Z})$ in der Weise, daß man die einzelnen Teilintervalle das eine Mal mit den kleinsten, das andere Mal mit den größten darin auftretenden Funktionswerten multipliziert (vgl. Fig. 36), so wird $\mathfrak{F}$ alle Rechtecke von $S_*(\mathfrak{Z})$ umschließen, während die in $S^*(\mathfrak{Z})$ zusammengefaßten Rechtecke eine Umschließung von $\mathfrak{F}$ bilden. Bei unendlicher Verfeinerung der Zerlegung konvergieren die beiden Rechtecksummen nach dem gemeinsamen Grenzwert $\int_a^b f(\mathfrak{x})\,d\mathfrak{x}$. Dies veranlaßt uns den Integralwert als den Flächeninhalt des Segmentes $\mathfrak{F}$ zu betrachten. Jeder zu $\mathfrak{Z}$ gehörige Summenausdruck $S(\mathfrak{Z})$ strebt ebenfalls bei unendlicher Verfeinerung von $\mathfrak{Z}$ nach dem Integralwert. $S(\mathfrak{Z})$ ist ebenso wie $S_*(\mathfrak{Z})$ und $S^*(\mathfrak{Z})$ eine Rechtecksumme. Die einzelnen Rechtecke stehen über den Teilintervallen von $\mathfrak{Z}$. Die Höhe ist jedesmal eine im betreffenden Teilintervall vorkommende Ordinate.

Wenn eine Kurve durch ihre Polargleichung $r = f(\vartheta)$ gegeben ist, so bestimmt das zum Intervall $\alpha \cdots \beta$ gehörige Kurvenstück zusammen mit den Radienvektoren $f(\alpha)$ und $f(\beta)$ ein Flächenstück $\mathfrak{F}$, das man als **Sektor** bezeichnet. Ist $f(\vartheta_*)$ der kleinste, $f(\vartheta^*)$ der größte Wert der im geschlossenen Intervall $\alpha \cdots \beta$ stetigen Funktion $f(\vartheta)$, so können wir $\mathfrak{F}$ zwischen die beiden Kreissektoren

$$\tfrac{1}{2}(\beta-\alpha)\,f^2(\vartheta_*) \quad \text{und} \quad \tfrac{1}{2}(\beta-\alpha)\,f^2(\vartheta^*)$$

einschließen (Fig. 37). Ein Sektor mit dem Radius ϱ und dem Öffnungswinkel φ verhält sich zum Kreise $\pi\varrho^2$ wie φ zu 2π, hat also den Inhalt $\frac{1}{2}\varrho^2\varphi$.

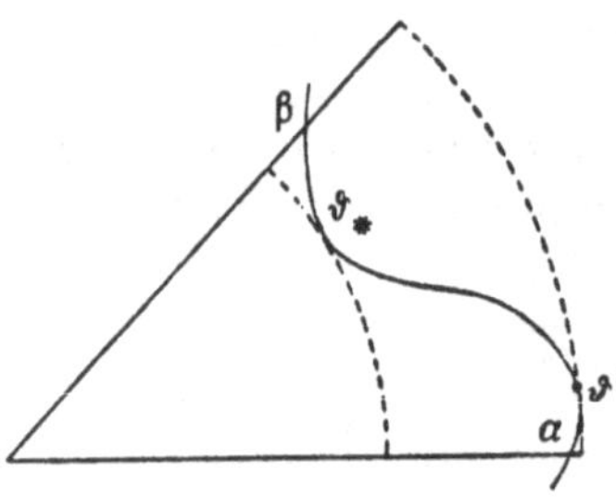

Fig. 37.

Wenn man nun das Intervall $\alpha \cdots \beta$ einer Zerlegung $\mathfrak{Z}$ unterwirft und auf jedes Teilintervall die soeben durchgeführte Betrachtung anwendet, so ergibt sich eine Einschließung von $\mathfrak{F}$ zwischen zwei Kreissektorensummen $S_*(\mathfrak{Z})$ und $S^*(\mathfrak{Z})$, die bei unendlicher Verfeinerung von $\mathfrak{Z}$ dem gemeinsamen Grenzwert

$$\tfrac{1}{2}\int_\alpha^\beta f^2(\vartheta)\,d\vartheta$$

zustreben. Nach ihm konvergiert auch jeder andere im Anschluß an $\mathfrak{Z}$ gebildete Summenausdruck $S(\mathfrak{Z})$. Auch er ist ebenso wie $S_*(\mathfrak{Z})$ und $S^*(\mathfrak{Z})$ eine Summe von Kreissektoren. Das Integral betrachten wir als den Flächeninhalt des Sektors.

Bei der Hyperbel $y = \dfrac{c^2}{x}$, von der wir nur den Zweig betrachten, der über der x-Achse und rechts von der y-Achse liegt (Fig. 38), wird das über $a \cdots b$ liegende Segment durch $\displaystyle\int_a^b \frac{c^2\,d\mathfrak{x}}{\mathfrak{x}}$ ausgedrückt. Unter dem Integralzeichen sieht man das Differential von $c^2 \ln \mathfrak{x}$. Daher ist

$$\int_a^b \frac{c^2\, d\mathfrak{x}}{\mathfrak{x}} = c^2 (\ln b - \ln a) = c^2 \ln \left(\frac{b}{a}\right).$$

Über zwei Intervallen $a \cdots b$ und $a_1 \cdots b_1$, deren Grenzen proportional sind, stehen hier immer gleich große Segmente. Im Falle $c = 1$ liegt über $1 \cdots e$ das Segment 1.

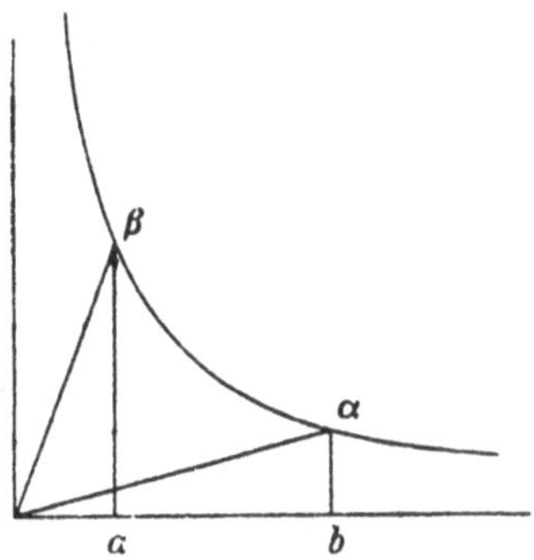

Fig. 38.

Um den in Fig. 38 angedeuteten Sektor zu berechnen, muß man zunächst die Polargleichung der Hyperbel bilden. Zu diesem Zweck setzt man $x = r\cos\vartheta$, $y = r\sin\vartheta$ und findet $r^2 = \frac{c^2}{\cos\vartheta\sin\vartheta}$. Der Sektor ist also gleich

$$\frac{1}{2}\int_\alpha^\beta \frac{c^2\, d\vartheta}{\cos\vartheta\sin\vartheta}.$$

Schreibt man

$$\frac{c^2}{\cos\vartheta\sin\vartheta} = \frac{c^2(\cos^2\vartheta + \sin^2\vartheta)}{\cos\vartheta\sin\vartheta} = c^2\left(\frac{\cos\vartheta}{\sin\vartheta} + \frac{\sin\vartheta}{\cos\vartheta}\right),$$

so erkennt man, daß unter dem Integralzeichen das Differential von $c^2(\ln\sin\vartheta - \ln\cos\vartheta) = c^2 \ln\tan\vartheta$ steht. Daher ist der betrachtete Sektor gleich

$$\frac{c^2}{2}(\ln\tan\beta - \ln\tan\alpha) = \frac{c^2}{2}\ln\left(\frac{\tan\beta}{\tan\alpha}\right).$$

Da die zu a und b gehörigen Ordinaten $\frac{c^2}{a}$ und $\frac{c^2}{b}$ lauten, so ist $\tan\alpha = \frac{c^2}{b^2}$, $\tan\beta = \frac{c^2}{a^2}$, also $\ln\left(\frac{\tan\beta}{\tan\alpha}\right) = \ln\left(\frac{b^2}{a^2}\right) = 2\ln\left(\frac{b}{a}\right)$, der Sektor also gleich $c^2\ln\left(\frac{b}{a}\right)$, d. h. gleich dem Segment, was man leicht durch eine geometrische Betrachtung bestätigen kann.

Wenn man die Achsen um 45^0 nach links dreht, so verwandeln sich die Polarkoordinaten r, ϑ in $r, \vartheta - \frac{\pi}{4}$. Die neuen rechtwinkligen Koordinaten lauten

$$r\cos\left(\vartheta - \frac{\pi}{4}\right) = \frac{1}{\sqrt{2}}(r\cos\vartheta + r\sin\vartheta),\; r\sin\left(\vartheta - \frac{\pi}{4}\right) = \frac{1}{\sqrt{2}}(-r\cos\vartheta + r\sin\vartheta).$$

Es ist also, wenn wir die neuen Koordinaten mit großen Buchstaben bezeichnen,

$$X = \frac{1}{\sqrt{2}}(x + y), \quad Y = \frac{1}{\sqrt{2}}(-x + y).$$

Hieraus folgt

$$X^2 - Y^2 = 2xy.$$

Die Gleichung der Hyperbel lautet also in bezug auf die neuen Achsen

$$X^2 - Y^2 = 2c^2.$$

Im Falle $c^2 = \frac{1}{2}$ haben wir die sog. Einheitshyperbel $X^2 - Y^2 = 1$ vor uns. Sind X_0, Y_0 und X, Y die großen Koordinaten am Anfang und Ende des Hyperbelbogens (Fig. 39), x_0, y_0 und x, y die entsprechenden kleinen, so ist der doppelte Hyperbelsektor u gleich $\ln\left(\frac{x}{x_0}\right)$, d. h. gleich $\ln\left(\frac{X-Y}{X_0-Y_0}\right)$. Läßt man X_0, Y_0 mit 1, 0 zusammenfallen, so verwandelt sich dieser Ausdruck in $\ln(X - Y)$. Man hat also

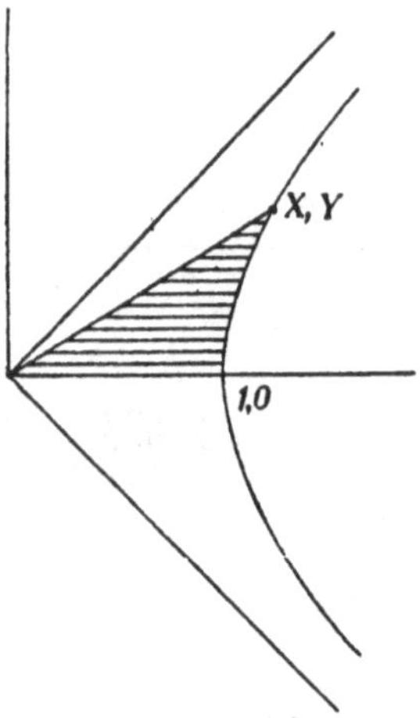

Fig. 39.

$$X - Y = e^u$$

und mit Rücksicht auf $X^2 - Y^2 = 1$

$$X + Y = e^{-u}.$$

Hieraus folgt

$$(*) \qquad X = \tfrac{1}{2}(e^u + e^{-u}), \qquad Y = \tfrac{1}{2}(e^u - e^{-u}).$$

Ersetzt man u durch $-u$, so bleibt X ungeändert, während Y den Faktor -1 erhält. Wenn man also Sektoren, die unterhalb der X-Achse liegen, negativ rechnet, so geben die Gleichungen (*) in allen Fällen die dritte Ecke des Sektors $\frac{u}{2}$. Die erste und zweite Ecke sind die Punkte 0, 0 und 1, 0.

Ersetzt man die Hyperbel $X^2 - Y^2 = 1$ durch den Kreis $X^2 + Y^2 = 1$ und betrachtet den Kreissektor $\frac{u}{2}$, dessen Ecken die Punkte 0, 0 und 1, 0 und X, Y sind, so gelten die Gleichungen $X = \cos u$, $Y = \sin u$. Der zu dem Sektor gehörige Bogen ist nämlich gleich u.

Wegen dieser Analogie nennt man die Ausdrücke $\frac{1}{2}(e^u + e^{-u})$ und $\frac{1}{2}(e^u - e^{-u})$ den hyperbolischen Kosinus und Sinus und bezeichnet sie mit $\mathfrak{Cof}\, u$, $\mathfrak{Sin}\, u$, gelesen: deutsch Kosinus u, deutsch Sinus u. Da

$$(e^{-u})' = e^{-u}(-u)' = -e^{-u}$$

ist, so hat man

$$(\mathfrak{Cof}\, u)' = \mathfrak{Sin}\, u, \quad (\mathfrak{Sin}\, u)' = \mathfrak{Cof}\, u.$$

$\mathfrak{Tan}\, u$ nennt man den Quotienten $\frac{\mathfrak{Sin}\, u}{\mathfrak{Cof}\, u}$, $\mathfrak{Cot}\, u$ den Quotienten $\frac{\mathfrak{Cof}\, u}{\mathfrak{Sin}\, u}$. Man findet mittels der Quotientenregel

$$(\mathfrak{Tan}\, u)' = \frac{\mathfrak{Cof}\, u\,(\mathfrak{Sin}\, u)' - \mathfrak{Sin}\, u\,(\mathfrak{Cof}\, u)'}{(\mathfrak{Cof}\, u)^2} = 1 - (\mathfrak{Tan}\, u)^2,$$

$$(\mathfrak{Cot}\, u)' = \frac{\mathfrak{Sin}\, u\,(\mathfrak{Cof}\, u)' - \mathfrak{Cof}\, u\,(\mathfrak{Sin}\, u)'}{(\mathfrak{Sin}\, u)^2} = 1 - (\mathfrak{Cot}\, u)^2.$$

Man kann auch den Zähler $(\mathfrak{Cof}\, u)^2 - (\mathfrak{Sin}\, u)^2$ auf Grund der Hyperbelgleichung $X^2 - Y^2 = 1$ durch 1 ersetzen und schreiben

$$(\mathfrak{Tan}\, u)' = \frac{1}{(\mathfrak{Cof}\, u)^2}, \qquad (\mathfrak{Cot}\, u)' = -\frac{1}{(\mathfrak{Sin}\, u)^2}.$$

In der zweiten Gleichung darf u nicht verschwinden.

Wenn man u von 0 bis ∞ zunehmen läßt, so wächst $\mathfrak{Cof}\, u$, da es eine positive Ableitung hat, beständig. Es beginnt mit dem Wert 1 und überschreitet, wie man aus der Ungleichung $\mathfrak{Cof}\, u > \frac{1}{2} e^u$ ersieht, jede Schranke. Dasselbe geschieht, wenn u von 0 bis $-\infty$ abnimmt, weil $\mathfrak{Cof}\,(-u) = \mathfrak{Cof}\, u$ ist. Zu jedem positiven v, das größer oder gleich 1 ist, gibt es eine und nur eine nicht negative Lösung der Gleichung $\mathfrak{Cof}\, u = v$. Die so definierte Funktion u von v bezeichnet man mit $\mathfrak{Ar}\,\mathfrak{Cof}\, v$, gelesen: area deutsch Kosinus v. Hier gelten, um es zu wiederholen, die Einschränkungen $v \geqq 1$, $\mathfrak{Ar}\,\mathfrak{Cof}\, v \geqq 0$.

$\mathfrak{Sin}\, u$ hat die positive Ableitung $\mathfrak{Cof}\, u$. Läßt man u von $-\infty$ bis ∞ zunehmen, so wächst $\mathfrak{Sin}\, u$ beständig, und zwar ebenfalls von $-\infty$ bis ∞. Da $\mathfrak{Sin}\,(-u) = -\mathfrak{Sin}\, u$ ist, genügt es, das Verhalten bei unendlich zunehmendem u zu betrachten. Bei positivem u ist $e^{-u} < 1$, also $\frac{1}{2}(e^u - e^{-u}) > \frac{1}{2}(e^u - 1)$, d. h. $\mathfrak{Sin}\, u > \frac{1}{2}(e^u - 1)$. Hieraus ersieht man, daß $\mathfrak{Sin}\, u$ gleichzeitig mit u nach ∞ konvergiert. Zu jedem v gibt es eine und nur eine Lösung der Gleichung $\mathfrak{Sin}\, u = v$. Die so definierte Funktion u von v bezeichnet man mit $\mathfrak{Ar}\,\mathfrak{Sin}\, v$, gelesen: area deutsch Sinus v. Das Wort area bedeutet soviel wie Fläche. In der Tat handelt es sich hier um die doppelte Fläche eines Hyperbelsektors. Auch die Umkehrungen der Kreisfunktionen $v = \cos u$, $v = \sin u$ sollte man nicht arc cos v und arc sin v schreiben, sondern ar cos v, ar sin v, gelesen: area Kosinus v, area Sinus v. Diese area ist dann die doppelte Fläche eines Kreissektors.

$\mathfrak{Tan}\, u$ hat eine positive Ableitung, ist also eine aufsteigende Funktion. Schreibt man $\mathfrak{Tan}\, u = \frac{e^u - e^{-u}}{e^u + e^{-u}}$ bei positivem u in der Form $\frac{1 - e^{-2u}}{1 + e^{-2u}}$ und läßt u nach ∞ konvergieren, so strebt offenbar $\mathfrak{Tan}\, u$ dem Grenzwert 1 zu. Läßt man u nach $-\infty$ konvergieren, so hat $\mathfrak{Tan}\, u = -\mathfrak{Tan}\,(-u)$ den Grenzwert -1. Jedem zwischen -1 und 1 liegenden v entspricht also eine und nur eine Lösung der Gleichung $\mathfrak{Tan} = v$. Die hierdurch definierte Funktion u von v bezeichnet man mit $\mathfrak{Ar}\,\mathfrak{Tan}\, v$. Diese Funktion ist nur im Intervall $-1 \cdots 1$ definiert.

$\mathfrak{Cot}\, u = \frac{e^u + e^{-u}}{e^u - e^{-u}}$ steigt, wenn u das Intervall $0 \cdots \infty$ durchläuft, von ∞ nach 1 ab. Auf Grund der Beziehung $\mathfrak{Cot}\,(-u) = -\mathfrak{Cot}\, u$ kann man sagen, daß $\mathfrak{Cot}\, u$ von $-\infty$ bis -1 aufsteigt, wenn u das Intervall $0 \cdots -\infty$ durchläuft. Zu jedem v, das außerhalb des Intervalles $-1 \cdots 1$ liegt, gehört eine und nur eine Lösung der Gleichung $\mathfrak{Cot}\, u = v$. Die so definierte Funktion von v wird $\mathfrak{Ar}\,\mathfrak{Cot}\, v$ genannt.

Die Ableitungen von $\mathfrak{Ar\,Cof}\,v$, $\mathfrak{Ar\,Sin}\,v$, $\mathfrak{Ar\,Tan}\,v$, $\mathfrak{Ar\,Cot}\,v$ berechnet man nach der für Umkehrfunktionen geltenden Differentiationsregel. Da aus $u = \mathfrak{Ar\,Cof}\,v$, $u = \mathfrak{Ar\,Sin}\,v$, $u = \mathfrak{Ar\,Tan}\,v$, $u = \mathfrak{Ar\,Cot}\,v$ folgt $v = \mathfrak{Cof}\,u$, $v = \mathfrak{Sin}\,u$, $v = \mathfrak{Tan}\,u$, $v = \mathfrak{Cot}\,u$, so sind die Ableitungen der vier ersten Funktionen gleich

$$\frac{1}{(\mathfrak{Cof}\,u)'},\ \frac{1}{(\mathfrak{Sin}\,u)'},\ \frac{1}{(\mathfrak{Tan}\,u)'},\ \frac{1}{(\mathfrak{Cot}\,u)'},$$

d. h. gleich

$$\frac{1}{\mathfrak{Sin}\,u},\ \frac{1}{\mathfrak{Cof}\,u},\ \frac{1}{1-(\mathfrak{Tan}\,u)^2},\ \frac{1}{1-(\mathfrak{Cot}\,u)^2}.$$

Die beiden ersten Ausdrücke kann man in der Form schreiben

$$\frac{1}{\sqrt{(\mathfrak{Cof}\,u)^2-1}},\ \frac{1}{\sqrt{(\mathfrak{Sin}\,u)^2+1}},$$

wobei auch im ersten Falle die Wurzel positiv zu nehmen ist, da $\mathfrak{Ar\,Cof}\,v$ der Definition nach positiv sein soll. Drückt man alles durch v aus, so entstehen folgende Formeln:

$$(\mathfrak{Ar\,Cof}\,v)' = \frac{1}{\sqrt{v^2-1}}, \qquad (\mathfrak{Ar\,Sin}\,v)' = \frac{1}{\sqrt{v^2+1}},$$

[v größer als 1] [v beliebig]

$$(\mathfrak{Ar\,Tan}\,v)' = \frac{1}{1-v^2}, \qquad (\mathfrak{Ar\,Cot}\,v)' = \frac{1}{1-v^2}.$$

[v in $-1, \ldots 1$] [v außerhalb $-1 \cdots 1$]

Man bezeichnet $\mathfrak{Cof}$, $\mathfrak{Sin}$, $\mathfrak{Tan}$, $\mathfrak{Cot}$ als Hyperbelfunktionen, ihre Umkehrungen als inverse Hyperbelfunktionen. Diese Funktionen sind in den Tafelwerken von Hayashi und Jahnke-Emde numerisch thesauriert.

§ 18. Bogenlängen, ausgedrückt durch Integrale.

$f(x)$ habe in dem geschlossenen Intervall $a \cdots b$ eine stetige Ableitung $f'(x)$. Wenn wir das Intervall der Zerlegung $\mathfrak{Z}$ unterwerfen, so zerlegt sich die Kurve den einzelnen Teilintervallen entsprechend in eine Anzahl von Bogenstücken. Jedes dieser Bogenstücke wollen wir nun durch seine Sehne ersetzen. $l(\mathfrak{Z})$ sei die Summe aller dieser Sehnen, d. h. die Länge des von ihnen gebildeten Streckenzuges. Es wird sich zeigen, daß bei unendlicher Verfeinerung von $\mathfrak{Z}$ dieses $l(\mathfrak{Z})$ einem bestimmten Grenzwert l zustrebt. Es liegt nahe, dem zu $a \cdots b$ gehörigen Bogen der Kurve $y = f(x)$ die Länge l zuzuschreiben.

Ist $\alpha \cdots \beta$ irgendeins der Teilintervalle von $\mathfrak{Z}$, so ist die entsprechende Sehne gleich

$$\sqrt{(\beta-\alpha)^2 + \{f(\beta) - f(\alpha)\}^2}.$$

Nach dem Mittelwertsatz können wir schreiben

$$f(\beta) - f(\alpha) = (\beta - \alpha)\,f'(\xi),$$

wobei unter ξ ein gewisser Zwischenwert zwischen α und β zu denken ist. Setzt man diesen Ausdruck ein, so ergibt sich als Länge der betrachteten Sehne

$$(\beta - \alpha)\sqrt{1 + \{f'(\xi)\}^2} = (\beta - \alpha)\,\varphi(\xi),$$

wenn wir die Abkürzung

$$\varphi(x) = \sqrt{1 + \{f'(x)\}^2}$$

benutzen. Hiernach wird nun

$$l(\mathfrak{Z}) = \sum (\beta - \alpha)\,\varphi(\xi).$$

Das ist aber ein mit $\varphi(x)$ gebildeter Summenausdruck $S(\mathfrak{Z})$. Diese Funktion $\varphi(x)$ teilt nun mit $f'(x)$ die Eigenschaft der Stetigkeit. Ist nämlich x_1, x_2, $x_3, \ldots$ eine in $a \cdots b$ enthaltene Folge mit dem Grenzwert x_0, so hat man $\lim f'(x_n) = f'(x_0)$. Hieraus folgt, daß $u_n = 1 + \{f'(x_n)\}^2$ nach $u_0 = 1 + \{f'(x_0)\}^2$ konvergiert. Nun hat aber $\sqrt{u}$ oder $u^{\frac{1}{2}}$ an der Stelle u_0 die Ableitung $\frac{1}{2}\,u_0^{-\frac{1}{2}}$, ist also dort stetig, so daß $\lim u_n = u_0$ bestimmt $\lim u_n^{\frac{1}{2}} = u_0^{\frac{1}{2}}$, d. h. $\lim \varphi(x_n) = \varphi(x_0)$ nach sich zieht.

Jetzt können wir schließen, daß bei unendlicher Verfeinerung von $\mathfrak{Z}$ der Sehnenzug $l(\mathfrak{Z})$ nach $\int\limits_a^b \varphi(\mathfrak{x})\,d\mathfrak{x}$ konvergiert. Es gilt also für die Länge l des betrachteten Kurvenbogens die Formel

$$l = \int\limits_a^b \sqrt{1 + \{f'(\mathfrak{x})\}^2}\,d\mathfrak{x}.$$

Der zu $a \cdots x$ gehörige Bogen ist eine Funktion $l(x)$. Aus

$$l(x) = \int\limits_a^x \sqrt{1 + \{f'(x)\}^2}\,d\mathfrak{x}$$

folgt, wie wir wissen,

$$l'(x) = \sqrt{1 + \{f'(x)^2\}},$$

also

$$dl(x) = \sqrt{1 + \{f'(x)\}^2}\,dx = \sqrt{(dx)^2 + (dy)^2},$$

weil $dy = df(x) = f'(x)\,dx$ ist. Man sieht, daß das Bogendifferential der Kurve $y = f(x)$ gleich dem über $x \cdots x + dx$ liegenden Tangentenstück ist. Beim Fortschreiten längs der Tangente entspricht nämlich der Abszissenänderung dx die Ordinatenänderung $f'(x)\,dx$. Was hier als Ergebnis erscheint, bildete in früheren Zeiten, als noch die unendlich kleinen Größen die hilfreichen Heinzelmännchen der Mathematiker waren, den Ausgangspunkt. Man sagte, ein unendlich kleiner Kurvenbogen könne als ein Geradenstückchen betrachtet und nach dem pythagoreischen Lehrsatz berechnet werden. So hatte man mit einem Schlage die Formel $\sqrt{dx^2 + dy^2}$ für den unendlich kleinen Bogen. Diese Betrachtungsweise hat bei vorsichtiger Handhabung auch heute noch ihren Nutzen. Man verderbe es nicht ganz mit den Heinzelmännchen!

Um den über $0 \cdots x$ liegenden Bogen $l(x)$ der Parabel $y = \frac{x^2}{2a}$ zu berechnen, kann man davon ausgehen, daß hier $dy = \frac{x dx}{a}$ ist, also

$$dl(x) = \sqrt{1 + \frac{x^2}{a^2}} \cdot dx.$$

Nach dem Leibnizschen Fundamentalsatz bleibt dieser Ausdruck des Differentials in Geltung, wenn x nicht mehr die unabhängige Veränderliche ist. Setzt man $x = a\,\mathfrak{Sin}\, u$, so wird $l(x)$ eine Funktion $l\{u\}$, deren Differential nach wie vor $\sqrt{1 + \frac{x^2}{a^2}} \cdot dx$ lautet. Nur muß man $x = a\,\mathfrak{Sin}\, u$, $dx = a\,\mathfrak{Cos}\, u\, du$ einsetzen. Dadurch erhält man

$$dl\{u\} = a\,\mathfrak{Cos}^2\, u\, du.$$

Um weiterzukommen, brauchen wir die Moivresche Formel für $\mathfrak{Cos}\, u$ und $\mathfrak{Sin}\, u$. Aus

$$\mathfrak{Cos}\, u = \frac{e^u + e^{-u}}{2}, \quad \mathfrak{Sin}\, u = \frac{e^u - e^{-u}}{2}$$

entnimmt man

$$\mathfrak{Cos}\, u + \mathfrak{Sin}\, u = e^u, \quad \mathfrak{Cos}\, u - \mathfrak{Sin}\, u = e^{-u}$$

oder, in eine Formel zusammengefaßt,

$$\mathfrak{Cos}\, u + \varepsilon\,\mathfrak{Sin}\, u = e^{\varepsilon u}. \qquad (\varepsilon = \pm 1)$$

Hieraus folgt nun

$$(\mathfrak{Cos}\, u_1 + \varepsilon\,\mathfrak{Sin}\, u_1)(\mathfrak{Cos}\, u_2 + \varepsilon\,\mathfrak{Sin}\, u_2) = e^{\varepsilon(u_1 + u_2)}.$$

Andererseits ist

$$\mathfrak{Cos}\,(u_1 + u_2) + \varepsilon\,\mathfrak{Sin}\,(u_1 + u_2) = e^{\varepsilon(u_1 + u_2)}.$$

Also gilt folgende Beziehung:

$$\mathfrak{Cos}\,(u_1 + u_2) + \varepsilon\,\mathfrak{Sin}\,(u_1 + u_2) = (\mathfrak{Cos}\, u_1 + \varepsilon\,\mathfrak{Sin}\, u_1)(\mathfrak{Cos}\, u_2 + \varepsilon\,\mathfrak{Sin}\, u_2).$$

Das ist die Moivresche Formel, die sich sofort auf mehr als zwei u-Werte überträgt. Im Falle $u_1 = u_2 = u$ erhält man

$$\mathfrak{Cos}\, 2u + \varepsilon\,\mathfrak{Sin}\, 2u = (\mathfrak{Cos}\, u + \varepsilon\,\mathfrak{Sin}\, u)^2,$$

woraus sich ergibt

$$\mathfrak{Cos}\, 2u = \mathfrak{Cos}^2\, u + \mathfrak{Sin}^2\, u, \quad \mathfrak{Sin}\, 2u = 2\,\mathfrak{Cos}\, u\,\mathfrak{Sin}\, u.$$

Verbindet man die erste Gleichung mit

$$\mathfrak{Cos}^2\, u - \mathfrak{Sin}^2\, u = 1,$$

so findet man

$$\tfrac{1}{2}(\mathfrak{Cos}\, 2u + 1) = \mathfrak{Cos}^2\, u, \quad \tfrac{1}{2}(\mathfrak{Cos}\, 2u - 1) = \mathfrak{Sin}^2\, u.$$

Die erste Relation gestattet uns, das Differential $dl\{u\}$ in folgender Form zu schreiben:

$$dl\{u\} = \frac{a}{2}\,(\mathfrak{Cof}\,2u + 1)\,du.$$

Dieses Differential kann seine Herkunft nicht verbergen. Es gehört zu der Stammfunktion $\frac{a}{4}\,\mathfrak{Sin}\,2u + \frac{au}{2}$. Hiervon kann sich $l\{u\}$ nur um eine additive Konstante unterscheiden. Da $x = a\,\mathfrak{Sin}\,u$ gleichzeitig mit u und $l(x)$ gleichzeitig mit x verschwindet, so ist $l\{0\}$ gleich Null. Dasselbe gilt von der additiven Konstanten. Infolgedessen ist

$$l\{u\} = \frac{a}{4}\,\mathfrak{Sin}\,2u + \frac{au}{2}.$$

Kehrt man zu x zurück, so ergibt sich

$$l(x) = \frac{a}{2}\left(\mathfrak{Ar}\,\mathfrak{Sin}\,\frac{x}{a} + \frac{x}{a}\sqrt{1 + \frac{x^2}{a^2}}\right).$$

Die Gleichung der Parabeltangente im Punkte x, y lautet

$$Y - y = (X - x)\,\frac{x}{a}$$

oder nach Einsetzung von $y = \frac{x^2}{2a}$

$$Y = \left(X - \frac{x}{2}\right)\frac{x}{a}.$$

Für $X = \frac{x}{2}$ wird $Y = 0$. Die Tangente halbiert also die Abszisse, eine bekannte Eigenschaft der Parabel. Die Tangentenlänge $t(x)$ zwischen Berührungspunkt und Abszissenachse ist gleich der Wurzel aus $\frac{x^2}{4} + y^2$ oder $\frac{x^2}{4} + \frac{x^4}{4a^2}$, also gleich $\frac{x}{2}\sqrt{1 + \frac{x^2}{a^2}}$. Unser obiges Ergebnis enthält eine Aussage über die Differenz $l(x) - t(x)$, und zwar ist diese gleich $\frac{a}{2}\,\mathfrak{Ar}\,\mathfrak{Sin}\,\frac{x}{a}$.

Wir haben zu Anfang $\frac{x}{a} = \mathfrak{Sin}\,u$ gesetzt. Verbindet man diese Gleichung mit $\sqrt{1 + \frac{x^2}{a^2}} = \mathfrak{Cof}\,u$, so ergibt sich $\frac{x}{a} + \sqrt{1 + \frac{x^2}{a^2}} = e^u$, mithin

$$u = \ln\left(\frac{x}{a} + \sqrt{1 + \frac{x^2}{a^2}}\right).$$

Hier ist nun $\frac{x}{a} = \tan\varphi$ und φ die Neigung der Parabeltangente gegen die Abszissenachse. Führt man diesen Winkel φ ein, so wird $u = \ln\left(\frac{1 + \sin\varphi}{\cos\varphi}\right)$.

Mit Hilfe der Umformung

$$\frac{1+\sin\varphi}{\cos\varphi}=\frac{\left(\cos\frac{\varphi}{2}+\sin\frac{\varphi}{2}\right)^2}{\cos^2\frac{\varphi}{2}-\sin^2\frac{\varphi}{2}}=\frac{\cos\frac{\varphi}{2}+\sin\frac{\varphi}{2}}{\cos\frac{\varphi}{2}-\sin\frac{\varphi}{2}}=\frac{\sin\left(\frac{\pi}{4}+\frac{\varphi}{2}\right)}{\cos\left(\frac{\pi}{4}+\frac{\varphi}{2}\right)}$$

gelangt man zu $u=\ln\tan\left(\frac{\pi}{4}+\frac{\varphi}{2}\right)$ und kann nunmehr die Differenz zwischen Parabelbogen und Parabeltangente in der Form $\frac{a}{2}\ln\tan\left(\frac{\pi}{4}+\frac{\varphi}{2}\right)$ ausdrücken.

§ 19. Übergang zu einer neuen Integrationsvariablen.

Bei der Berechnung des Parabelbogens haben wir die Auswertung des Integrals durch Einführung einer neuen Veränderlichen ermöglicht. Es handelt sich hier um ein wichtiges Hilfsmittel zur Berechnung solcher Integrale, bei denen man die Stammfunktion nicht direkt am Integranden ablesen kann. Soll z. B. das Integral $\int\limits_a^b f(x)dx$ bei stetigem $f(x)$ berechnet werden, so kann es zweckdienlich sein, eine neue Veränderliche u einzuführen, die mit x in der Beziehung $x=g(u)$ steht. Wir wollen annehmen, daß $g(u)$ das Intervall $a\cdots b$ durchläuft, wenn u von α bis β geht. Wir setzen $g'(u)$ im geschlossenen Intervall $\alpha\cdots\beta$ als stetig voraus. Den Stationen $u_1, u_2, \ldots, u_{n-1}$, die wir u beim Übergange von α zu β machen lassen, entsprechen $n-1$ Stationen $x_1, x_2, \ldots, x_{n-1}$ von $x=g(u)$ beim Durchlaufen des Intervalls $a\cdots b$. Zu jeder Zerlegung von $\alpha\cdots\beta$ gehört also eine Zerlegung von $a\cdots b$. Wir wollen des bequemeren Ausdrucks halber α und β mit u_0 und u_n, ebenso a und b mit x_0 und x_n bezeichnen. Da

$$x_\nu - x_{\nu-1} = g'(u_\nu^*)\,(u_\nu - u_{\nu-1})$$

ist, wobei u_ν^* zwischen $u_{\nu-1}$ und u_ν liegt, so wird, falls sich die Zerlegung von $\alpha\cdots\beta$ unendlich verfeinert, die entsprechende Zerlegung von $a\cdots b$ dasselbe tun. Dies beruht darauf, daß $g'(u)$ wegen der Stetigkeit einen größten Wert M und einen kleinsten Wert m hat, wodurch $x_\nu - x_{\nu-1}$ die Schranken $m(u_\nu - u_{\nu-1})$ und $M(u_\nu - u_{\nu-1})$ aufgezwungen sind.

Bildet man nun den Summenausdruck $\sum f(x_\nu^*)\,(x_\nu - x_{\nu-1})$, wobei $x_\nu^* = g(u_\nu^*)$ ist und daher zwischen $x_{\nu-1}$ und x_ν liegt, so kann man schreiben

$$\sum f(x_\nu^*)\,(x_\nu - x_{\nu-1}) = \sum f(g(u_\nu^*))\,g'(u_\nu^*)\,(u_\nu - u_{\nu-1}).$$

Aus der Stetigkeit von $g'(u)$ folgt die von $g(u)$ und hieraus in Anbetracht der Stetigkeit von $f(x)$ die Stetigkeit von $f(g(u))$. Darüber brauchen wir kein Wort zu verlieren. Wird die Zerlegung von $\alpha\cdots\beta$ unendlich verfeinert, so ergibt sich aus obiger Gleichung

$$\int\limits_a^b f(x)\,dx = \int\limits_\alpha^\beta f(g(u))\,g'(u)\,du.$$

Man erhält das rechte aus dem linken Integral durch die Einsetzungen $x = g(u)$, $dx = g'(u)du$ und durch Notierung der neuen Integrationsgrenzen, also durch ein mechanisches Verfahren, das kein Kopfzerbrechen verursacht. Um z. B.

$$\int_a^b \frac{dx}{\sqrt{x^2+1}}$$

zu finden, setze man $x = \mathfrak{Sin}\, u$. Dann wird $dx = \mathfrak{Cof}\, u \cdot du$, $\sqrt{x^2+1} = \mathfrak{Cof}\, u$, also $\frac{dx}{\sqrt{x^2+1}} = du$ und

$$\int_a^b \frac{dx}{\sqrt{x^2+1}} = \int_\alpha^\beta du = \beta - \alpha.$$

Dabei ist $\alpha = \mathfrak{Ar}\,\mathfrak{Sin}\, a$, $\beta = \mathfrak{Ar}\,\mathfrak{Sin}\, b$. Mit Rücksicht auf $x + \sqrt{x^2+1} = e^u$ kann man auch schreiben $u = \ln(x + \sqrt{x^2+1})$, also

$$\int_a^b \frac{dx}{\sqrt{x^2+1}} = \ln\left(\frac{b+\sqrt{b^2+1}}{a+\sqrt{a^2+1}}\right).$$

§ 20. Rechtfertigung einer althergebrachten Symbolik.

Wenn man sich in einem Stetigkeitsintervall der Funktion $f(x)$ befindet, so ist, wie früher gezeigt wurde, $\int_{x_0}^{x} f(\mathfrak{x})\, d\mathfrak{x}$ eine Stammfunktion von $f(x)$. Verschiebt man x_0 an eine andere Stelle, so bleibt die Beziehung des Integrals zu $f(x)$ erhalten. Geht man also nur darauf aus, eine Stammfunktion von $f(x)$ zu gewinnen, so ist es ganz gleichgültig, wie die untere Integralgrenze x_0 gewählt wird, und man kommt dazu, sie überhaupt gar nicht besonders hervorzuheben, also einfach $\int^{x} f(\mathfrak{x})\, d\mathfrak{x}$ zu schreiben. Gelesen wird dieses Symbol: Integral bis x von $f(\mathfrak{x})\, d\mathfrak{x}$. Aber auch hier ist noch eine Vereinfachung möglich, eine Einschränkung der Bezeichnungsmittel. Anstatt die obere Integralgrenze oben anzubringen, setzt man sie in $f(\mathfrak{x})\, d\mathfrak{x}$ ein, schreibt also statt $\int^{x} f(\mathfrak{x})\, d\mathfrak{x}$ noch kürzer $\int f(x)\, dx$. Wenn man sich der etwas unstrengen Redeweise des Leibnizschen Zeitalters bedienen will, kann man dieses Symbol als eine Aufforderung zur Summation der Differentiale $f(\mathfrak{x})\, d\mathfrak{x}$ bis zu $f(x)\, dx$ ansehen. Es wird gewissermaßen nur der letzte Summand hervorgehoben.

Man nennt heute vielfach $\int f(x)\, dx$ ein unbestimmtes Integral. Unbestimmt ist es offenbar nur insofern, als die untere Grenze x_0 nicht festgelegt wird. Die obere Grenze ist x. Man hat neuerdings die Unterscheidung zwischen unbestimmten Integralen und bestimmten, d. h. solchen mit vorgeschriebenen Grenzen, mit Recht als belanglos bezeichnet. Diejenigen, die diese Ansicht teilen, betrachten aber die Verwendung des Symbols

$\int f(x)\,dx$ als Ersatz für $\int^{x} f(\mathfrak{x})\,d\mathfrak{x}$ als eine glückliche Idee, obwohl diese Idee ganz alt ist. Die uns bekannte Eigenschaft

$$d \int^{x} f(\mathfrak{x})\,d\mathfrak{x} = f(x)\,dx$$

drückt sich bei Verwendung jenes Symbols so aus

$$d \int f(x)\,dx = f(x)\,dx.$$

Hier tritt sehr schön die Gegensätzlichkeit der Operationen d und $\int$ zutage. Man sieht, wie das d das $\int$ aufhebt. Da $\int_{x_0}^{x} f'(\mathfrak{x})\,d\mathfrak{x} = f(x) - f(x_0)$ ist, so kann man schreiben

$$\int f'(x)\,dx = f(x) + C$$

oder

$$\int d\,f(x) = f(x) + C.$$

Wendet man also auf $f(x)$ zuerst die Operation d und dann die Operation $\int$ an, so kommt man wenigstens bis auf eine additive Konstante wieder zu $f(x)$ zurück. Man muß immer festhalten, daß $\int$ nichts anders bedeutet als Integration von irgendeinem x_0 bis zu x.

Wir wollen mit Hilfe des alten grenzenfreien Integralsymbols einige Formeln aufschreiben, in denen bekannte Differentiationen umgekehrt werden. Wir lassen die additive Konstante der Kürze halber fort.

$$\int x^n\,dx = \frac{x^{n+1}}{n+1} \qquad (n+1 \text{ ungleich Null}),$$

$$\int \frac{dx}{x} = \ln x,$$

$$\int a^x\,dx = \frac{a^x}{\ln a},$$

$$\int \cos x\,dx = \sin x, \qquad \int \mathfrak{Cof}\, x\,dx = \mathfrak{Sin}\, x,$$

$$\int \sin x\,dx = -\cos x, \qquad \int \mathfrak{Sin}\, x\,dx = \mathfrak{Cof}\, x,$$

$$\int \frac{dx}{\cos^2 x} = \tan x, \qquad \int \frac{dx}{\mathfrak{Cof}^2 x} = \mathfrak{Tan}\, x,$$

$$\int \frac{dx}{\sin^2 x} = -\cot x, \qquad \int \frac{dx}{\mathfrak{Sin}^2 x} = -\mathfrak{Cot}\, x,$$

$$\int \frac{dx}{1+x^2} = \operatorname{arc\,tan} x, \qquad \int \frac{dx}{1-x^2} = \mathfrak{Ar}\,\mathfrak{Tan}\, x, \qquad (|x| < 1)$$

$$\int \frac{dx}{1+x^2} = -\operatorname{arc\,cot} x, \qquad \int \frac{dx}{1-x^2} = \mathfrak{Ar}\,\mathfrak{Cot}\, x, \qquad (|x| > 1)$$

$$\int \frac{dx}{\sqrt{1-x^2}} = \arcsin x, \qquad \int \frac{dx}{\sqrt{x^2-1}} = \mathfrak{Ar}\,\mathfrak{Cos}\; x,$$
$$\int \frac{dx}{\sqrt{1-x^2}} = -\arccos x. \qquad \int \frac{dx}{\sqrt{x^2+1}} = \mathfrak{Ar}\,\mathfrak{Sin}\; x.$$

Diese Formeln bilden ein wichtiges und viel benutztes Handwerkszeug.

§ 21. Stieltjessche Integrale.

Wenn im geschlossenen Intervall $a \cdots b$ zwei Funktionen $f(x)$ und $g(x)$ vorliegen, so kann man im Anschluß an eine Zerlegung $\mathfrak{Z}$ die über alle Teilintervalle erstreckte Summe

$$S(\mathfrak{Z}) = \sum f(\xi_\nu)\{g(x_\nu) - g(x_{\nu-1})\}$$

bilden. Dabei muß man sich beim Übergange von a zu b die Stationen $x_1, x_2, \ldots, x_{n-1}$ markiert denken. a und b werden x_0 und x_n genannt. Es kann sein, daß diese Summe bei unendlicher Verfeinerung der Zerlegung $\mathfrak{Z}$ stets einem Grenzwert zustrebt. Da man zwei solche Grenzübergänge zu einem einzigen zusammenfassen kann, so ist der Grenzwert unabhängig von der Art des Grenzüberganges. Dieser Grenzwert ist ein sog. Stieltjessches Integral und wird mit $\int\limits_{x=a}^{x=b} f(x)\,dg(x)$ bezeichnet. Das so definierte Integral existiert z. B. immer, wenn $f(x)$ stetig und $g(x)$ aufsteigend oder absteigend ist. Um dies zu beweisen, braucht man nur den in § 16 befolgten Gedankengang wieder aufzunehmen. Die damaligen Differenzen $x_\nu - x_{\nu-1}$ sind hier durch $g(x_\nu) - g(x_{\nu-1})$ ersetzt. Auch wenn g die Differenz zweier aufsteigender Funktionen ist, wird bei stetigem $f(x)$ das Stieltjessche Integral existieren. Die Summe $\sum f(\xi_\nu)\{g(x_\nu) - g(x_{\nu-1})\}$ läßt sich nämlich als Differenz zweier Summen schreiben, von denen wir bereits wissen, daß sie Grenzwerten zustreben. Ist etwa $g(x) = G_1(x) - G_2(x)$, so wird hiernach

$$\int\limits_{x=a}^{x=b} f(x)\,dg(x) = \int\limits_{x=a}^{x=b} f(x)\,dG_1(x) - \int\limits_{x=a}^{x=b} f(x)\,dG_2(x).$$

$G_1(x), G_2(x)$ sind aufsteigende Funktionen. Zerfällt $f(x)$ in zwei stetige Summanden $F_1(x)$, $F_2(x)$, so erkennt man sofort, daß folgende Gleichung gilt:

$$\int\limits_{x=a}^{x=b} f(x)\,dg(x) = \int\limits_{x=a}^{x=b} F_1(x)\,dg(x) + \int\limits_{x=a}^{x=b} F_2(x)\,dg(x).$$

Ersetzt man $f(x)$ durch $kf(x)$ oder $g(x)$ durch $kg(x)$, so tritt der konstante Faktor k vor das Integral. Über den Beweis brauchen wir kein Wort zu verlieren.

Das Stieltjessche Integral $\int\limits_{x=a}^{x=b} f(x)\,dg(x)$ existiert, wenn $f(x)$ stetig ist und $g(x)$ eine stetige Ableitung hat. Mit $g'(x)$ ist auch $|g'(x)|$ stetig, und zwar deshalb, weil der Grenzwert eines absoluten Betrages mit dem absoluten

Betrage des Grenzwertes zusammenfällt. Da laut Voraussetzung aus $\lim x_n = x_0$ stets folgt $\lim g'(x_n) = g'(x_0)$, so ist zugleich $\lim |g'(x_n)| = |g'(x_0)|$. Die Integrale

$$\int_a^x \{g'(\mathfrak{x}) + |g'(\mathfrak{x})|\}\, d\mathfrak{x} \quad \text{und} \quad \int_a^x |g'(\mathfrak{x})|\, d\mathfrak{x}$$

sind aufsteigende Funktionen, weil sie die nicht negativen Ableitungen $g'(x) + |g'(x)|$ und $|g'(x)|$ haben. Ihre Differenz ist gleich $\int_a^x g'(\mathfrak{x}) d\mathfrak{x}$, d. h. gleich $g(x) - g(a)$. Daher läßt sich $g(x)$ als Differenz der aufsteigenden Funktionen

$$G_1(x) = g(a) + \int_a^x \{g'(\mathfrak{x}) + |g'(\mathfrak{x})|\}\, d\mathfrak{x},$$

$$G_2(x) = \int_a^x |g'(\mathfrak{x})|\, d\mathfrak{x}$$

darstellen. Wir können uns also auf unsere obigen Feststellungen beziehen. In der Summe $\sum f(\xi_\nu)\{g(x_\nu) - g(x_{\nu-1})\}$ kann man ξ_ν mit dem Zwischenwert zusammenlegen, der in der Gleichung $g(x_\nu) - g(x_{\nu-1}) = (x_\nu - x_{\nu-1})\, g'(\xi_\nu)$ auftritt. Dann erkennt man, daß

$$\int_{x=a}^{x=b} f(x)\, dg(x) = \int_a^b f(x)\, g'(x)\, dx$$

ist.

In der Theorie der Stieltjesschen Integrale gibt es einen Reziprozitätssatz, der so lautet: Wenn eins der beiden Integrale

$$(\dagger) \qquad \int_{x=a}^{x=b} f(x)\, dg(x), \quad \int_{x=a}^{x=b} g(x)\, df(x)$$

existiert, so existiert auch das andere und ergänzt jenes zu $f(b)\, g(b) - f(a)\, g(a)$. Nehmen wir an, daß das zweite Integral existiert, so läßt sich die Existenz des ersten auf folgende Weise erkennen: Man schreibt

$$S = \sum f(\xi_\nu)\{g(x_\nu) - g(x_{\nu-1})\} = \sum [f(\xi_\nu)\{g(x_\nu) - g(\xi_\nu)\} + f(\xi_\nu)\{g(\xi_\nu) - g(x_{\nu-1})\}]$$

und addiert hierzu

$$S^* = \sum [g(x_\nu)\{f(x_\nu) - f(\xi_\nu)\} + g(x_{\nu-1})\{f(\xi_\nu) - f(x_{\nu-1})\}].$$

Dann ergibt sich offenbar

$$S + S^* = \sum \{f(x_\nu)\, g(x_\nu) - f(x_{\nu-1})\, g(x_{\nu-1})\} = f(b)\, g(b) - f(a)\, g(a).$$

Laut Voraussetzung konvergiert aber S^* bei unendlicher Verfeinerung der Zerlegung nach dem zweiten der Integrale (†). Folglich strebt auch S einem Grenzwert zu, d. h. es existiert auch das erste Integral (†) und beide ergänzen sich zu $f(b)\, g(b) - f(a)\, g(a)$, wofür man auch $\{f(x)\, g(x)\}_a^b$ schreibt.

Ist z. B. $f(x)$ aufsteigend und $g(x) = x$, so existiert das zweite Integral (†), folglich auch das erste, das mit $\int_a^b f(x)\,dx$ zusammenfällt. Eine aufsteigende Funktion läßt sich also stets integrieren, auch dann, wenn sie nicht lückenlos steigt, also Unstetigkeiten aufweist.

Wenn $f(x)$ und $g(x)$ im geschlossenen Intervall $a \cdots b$ stetige Ableitungen haben, so daß sie selbst ebenfalls stetig sind, dann wissen wir, daß die Integrale (†) mit

$$(*) \qquad \int_a^b f(x)\,g'(x)\,dx, \qquad \int_a^b g(x)\,f'(x)\,dx$$

identisch sind. Der Reziprozitätssatz lautet in diesem Falle

$$\int_a^b f(x)\,g'(x)\,dx + \int_a^b g(x)\,f'(x)\,dx = \{f(x)\,g(x)\}_a^b.$$

Ein direkter Beweis dieser wichtigen Relation ergibt sich, wenn man davon ausgeht, daß

$$\{f(x)\,g(x)\}_a^b = \int_a^b \{f(x)\,g'(x) + g(x)\,f'(x)\}\,dx$$

ist, und dieses Integral in die beiden Summanden (*) zerlegt.

Verwendet man das grenzenfreie Integralzeichen, so kann man schreiben

$$\int f(x)\,dg(x) + \int g(x)\,df(x) = f(x)\,g(x) + C.$$

Links steht $\int d\{f(x)\,g(x)\}$, was tatsächlich mit $f(x)\,g(x) + C$ gleichbedeutend ist.

Der Reziprozitätssatz wird gewöhnlich dazu benutzt, $\int_a^b f(x)\,g'(x)\,dx$ auf $\int_a^b g(x)\,f'(x)\,dx$ zurückzuführen. Nach jenem Satz ist

$$\int_a^b f(x)\,g'(x)\,dx = \{f(x)\,g(x)\}_a^b - \int_a^b g(x)\,f'(x)\,dx.$$

Da $f(x)\,g(x)$ aus $f(x)\,g'(x)$ dadurch entsteht, daß man den Faktor $g'(x)$ durch sein Integral $g(x)$ ersetzt, so nennt man diese Integralreduktion auch partielle Integration oder Faktorintegration. Oft muß man sie mehrfach anwenden, um etwas zu erreichen.

Wir wollen hier die Erklärung der höheren Ableitungen einfügen. Die Ableitung von $f'(x)$ wird mit $f''(x)$ bezeichnet und heißt die zweite Ableitung von $f(x)$. Die n-te Ableitung $f^{(n)}(x)$ ist die Ableitung der $(n-1)$-ten.

Wenn die Ableitungen von $f(x)$ und $g(x)$ bis zur n-ten Ordnung im geschlossenen Intervall $a \cdots b$ stetig sind, so läßt sich eine Beziehung zwischen den Integralen

$$\int_a^b f(x)\, g^{(n)}(x)\, dx \quad \text{und} \quad \int_a^b g(x)\, f^{(n)}(x)\, dx$$

herstellen. Man erhält dann den verallgemeinerten Reziprozitätssatz. Hier könnte man durch mehrfache partielle Integration zum Ziele kommen. Ebenso bequem ist ein Weg, den Johann Bernoulli gezeigt hat. Er erkannte, daß die Leibnizsche Produktregel $(fg)' = fg' + gf'$ nur das Anfangsglied einer Kette wichtiger Differentiationsformeln ist. Die nächsten Glieder lauten

$$(fg' - f'g)' = fg'' - f''g,$$
$$(fg'' - f'g' + f''g)' = fg''' + f'''g,$$
$$\cdots\cdots\cdots\cdots\cdots$$

Allgemein ist

$$(fg^{(n-1)} - f'g^{(n-2)} + \cdots + (-1)^{n-1} f^{(n-1)}g)' = fg^{(n)} + (-1)^{n-1} f^{(n)}g.$$

Man sieht, daß $fg^{(n)} + (-1)^{n-1} f^{(n)}g$ die Stammfunktion

$$fg^{(n-1)} - f'g^{(n-2)} + \cdots + (-1)^{n-1} f^{(n-1)}g$$

hat. Daher ist

$$\int_a^b f(x)\, g^{(n)}(x)\, dx + (-1)^{n-1} \int_a^b g(x)\, f^{(n)}(x)\, dx$$
$$= \{f(x)\, g^{(n-1)}(x) - f'(x)\, g^{(n-2)}(x) + \cdots + (-1)^{n-1} f^{(n-1)}(x)\, g(x)\}_a^b.$$

§ 22. Taylorsche Formel und Taylorsche Reihe.

Ersetzt man in dem verallgemeinerten Reziprozitätssatz $f(x)$ durch $F'(x)$ und $g(x)$ durch $\frac{(x-b)^n}{n!}$, so gewinnt man folgende Gleichung:

$$(\dagger) \qquad F(b) = F(a) + (b-a)\frac{F'(a)}{1!} + \cdots + (b-a)^n \frac{F^{(n)}(a)}{n!}$$
$$+ \int_a^b \frac{(b-x)^n F^{(n+1)}(x)}{n!}\, dx.$$

Das ist die Taylorsche Formel. Sie zeigt, wie man $F(x)$ an der Stelle b berechnen kann, wenn an einer andern Stelle a $F(x), F'(x), \ldots, F^{(n)}(x)$ bekannt sind und überdies im Intervall $a \cdots b$ die Ableitung $F^{(n+1)}(x)$. Die Werte der $(n+1)$-ten Ableitung bilden die Brücke, die von $F(a), F'(a), \ldots, F^{(n)}(a)$ zu $F(b)$ führt.

Ist $F(x)$ ein Polynom n-ten Grades, so verschwindet $F^{(n+1)}(x)$ und damit das Integral in Formel (†), das sog. Restglied oder Fehlerglied.

Die am häufigsten benutzte Schreibung der Taylorschen Formel ist folgende:

$$F(x+h) = F(x) + h\frac{F'(x)}{1!} + \cdots + h^n \frac{F^{(n)}(n)}{n!}$$
$$+ \int_x^{x+h} \frac{(x+h-\mathfrak{x})^n}{n!} F^{(n+1)}(\mathfrak{x})\, d\mathfrak{x}.$$

Vorausgesetzt wird hierbei, daß $F(\mathfrak{x})$ im geschlossenen Intervall $x \cdots x+h$ stetige Ableitungen bis zur n-ten Ordnung hat.

Ist F unbeschränkt differenzierbar, so daß alle Ableitungen $F', F'', F''', \ldots$ existieren, dann sind sie von selbst auch stetig. $F^{(\nu)}$ ist nämlich stetig, weil $F^{(\nu+1)}$ existiert. In diesem Falle der unbeschränkten Differenzierbarkeit kann es sein, daß das Restglied bei wachsendem n nach Null konvergiert. Dann schreiben wir

$$F(x+h) = F(x) + h\frac{F'(x)}{1!} + h^2 \frac{F''(x)}{2!} + \cdots$$

Rechts steht die Taylorsche Reihe. Da das Restglied der Taylorschen Formel bei wachsendem n nach Null konvergiert, so strebt die Summe der $n+1$ ersten Reihenglieder dem Grenzwert $F(x+h)$ zu. Nicht mehr und nicht weniger will aber die obige Gleichung sagen.

Im Falle $F(x) = e^x$ lautet das Restglied in Formel (†)

$$\int_a^b \frac{(b-x)^n}{n!} e^x\, dx.$$

Es handelt sich darum, sein Verhalten bei wachsendem n zu prüfen. Zu diesem Zweck brauchen wir einen wichtigen Hilfssatz.

Wenn ein Integral

$$\int_a^b \varphi(x)\, \psi(x)\, dx$$

vorliegt, dessen Integrand einen zeichenbeständigen Faktor $\psi(x)$ aufweist, so erhält man durch Anwendung des verallgemeinerten Mittelwertsatzes auf

$$\int_a^u \varphi(x)\, \psi(x)\, dx = \Phi(u), \qquad \int_a^u \psi(x)\, dx = \Psi(u)$$

die Aussage

$$\frac{\Phi(b) - \Phi(a)}{\Psi(b) - \Psi(a)} = \frac{\Phi'(\xi)}{\Psi'(\xi)} = \frac{\varphi(\xi)\, \psi(\xi)}{\psi(\xi)} = \varphi(\xi),$$

d. h.

$$\int_a^b \varphi(x)\, \psi(x)\, dx = \varphi(\xi) \int_a^b \psi(x)\, dx.$$

Man nennt diese Feststellung den Mittelwertsatz der Integralrechnung. $\varphi(x)$ und $\psi(x)$ sind in dem geschlossenen Intervall $a \cdots b$ stetig und $\psi(x)$ hat im Innern ein festes Zeichen. An den Grenzen kann $\psi(x)$ verschwinden.

Wendet man diesen Satz auf das Restglied der Taylorschen Formel an und setzt $\psi(x) = \frac{(b-x)^n}{n!}$, so ergibt sich

$$\int_a^b \frac{(b-x)^n}{n!} e^x \, dx = e^{\xi_n} \int_a^b \frac{(b-x)^n}{n!} \, dx = e^{\xi_n} \frac{(b-a)^{n+1}}{(n+1)!}$$

e^{ξ_n} hält sich zwischen den Grenzen e^a und e^b. Der andere Bestandteil konvergiert nach Null. Ist nämlich $k > |b-a|$, so kann man schreiben

$$\frac{(b-a)^{n+1}}{(n+1)!} = \frac{k^{n+1}}{(n+1)!} \left(\frac{b-a}{k}\right)^{n+1}$$

Der erste Faktor nimmt, wenn n eine gewisse Grenze überschritten hat, beständig ab, der zweite konvergiert bei wachsendem n nach Null.

Für jede Funktion, deren sämtliche Ableitungen im Intervall $a \cdots b$ zwischen gemeinsamen Grenzen liegen, gilt die obige Betrachtung. Hierher gehören z. B. $\cos x$ und $\sin x$, ebenso $\mathfrak{Cos}\, x$ und $\mathfrak{Sin}\, x$.

Bei allen diesen Funktionen strebt das Restglied der Taylorschen Formel der Null zu, so daß die Taylorsche Entwickelung

$$f(b) = f(a) + (b-a)\frac{f'(a)}{1!} + (b-a)^2 \frac{f''(a)}{2!} + \cdots$$

für beliebige Werte von a und b ihre Gültigkeit hat. Setzt man $a = 0$ und $b = x$, so findet man, daß für diese Funktionen folgende Darstellung gilt:

$$f(x) = f(0) + x \frac{f'(0)}{1!} + x \frac{f''(0)}{2!} + \cdots$$

Hiernach ist

$$e^x = 1 + \frac{x}{1!} + \frac{x^2}{2!} + \cdots,$$

$$\cos x = 1 - \frac{x^2}{2!} + \frac{x^4}{4!} - \cdots,$$

$$\sin x = x - \frac{x^3}{3!} + \frac{x^5}{5!} - \cdots,$$

$$\mathfrak{Cos}\, x = 1 + \frac{x^2}{2!} + \frac{x^4}{4!} + \cdots,$$

$$\mathfrak{Sin}\, x = x + \frac{x^3}{3!} + \frac{x^5}{5!} + \cdots.$$

Die Funktionen erscheinen hier als Potenzreihen von besonders einfacher Bauart.

Im Falle $F(x) = \ln x$ lauten die Ableitungen

$F'(x) = x^{-1}$, $F''(x) = (-1)x^{-2}, \ldots$, $F^{(n+1)}(x) = (-1) \cdots (-n) x^{-n-1}, \ldots$

Das Restglied der Taylorschen Formel ist gleich

$$(-1)^n \int_a^b (b-x)^n x^{-n-1} \, dx.$$

Da ln x nur für positive x-Werte erklärt ist, müssen hier a und b beide positiv sein. Wir führen die neue Veränderliche $\frac{b-x}{x} = t$ ein, setzen also $x = \frac{b}{1+t}$ und $dx = -\frac{b\,dt}{(1+t)^2}$. Dadurch verwandelt sich das Restglied in

$$(-1)^n \int_0^{\frac{b-a}{a}} \frac{t^n\,dt}{1+t}.$$

Im Falle $b > a$ ist sein Betrag kleiner als $\int_0^{\frac{b-a}{a}} t^n\,dt$, d. h. kleiner als $\frac{1}{n+1}\left(\frac{b-a}{a}\right)^{n+1}$. Das Restglied konvergiert sicher nach Null, wenn $\frac{b-a}{a} \leqq 1$ ist. Im Falle $b < a$ ist, da $b > 0$ bleibt, $\frac{b-a}{a}$ eine Zahl zwischen 0 und -1. Der Faktor $\frac{1}{1+t}$ liegt zwischen 1 und $\frac{a}{b}$, der Betrag des Restgliedes unter $\frac{a}{b(n+1)}\left(\frac{a-b}{a}\right)^{n+1}$, so daß dieses auch jetzt der Null zustrebt. Es gilt demnach, wenn a und b positiv sind und b nicht über $2a$ hinausgeht, folgende Entwickelung:

$$\ln\left(\frac{b}{a}\right) = \frac{b-a}{a} - \frac{1}{2}\left(\frac{b-a}{a}\right)^2 + \frac{1}{3}\left(\frac{b-a}{a}\right)^3 - \cdots$$

Setzt man $\frac{b-a}{a} = x$, so gilt für $-1 < x \leqq 1$ die Darstellung

$$\ln(1+x) = x - \frac{x^2}{2} + \frac{x^3}{3} - \cdots$$

Wir behandeln als weiteres Beispiel eine beliebige Potenz $F(x) = x^r$, wobei x positiv sein soll. a und b müssen wir ebenfalls positiv annehmen. Man findet für das Restglied der Taylorschen Formel zunächst folgenden Ausdruck:

$$\int_a^b \frac{(b-x)^n}{n!}\, r(r-1)\cdots(r-n)\, x^{r-n-1}\,dx.$$

Macht man wieder die Substitution $x = \frac{b}{1+t}$, so erscheint es in der Form

$$\frac{r(r-1)\cdots(r-n)}{n!}\int_0^{\frac{b-a}{a}} \frac{b^r t^n\,dt}{(1+t)^{r+1}}.$$

$\frac{b^r}{(1+t)^{r+1}}$ liegt zwischen den Grenzen b^r und $\frac{a^{r+1}}{b}$. Ist K die größere der beiden Zahlen, so hat das Restglied einen kleineren Betrag als die folgende

Größe:

$$(*) \qquad K \cdot \frac{r(r-1)\cdots(r-n)}{1\cdot 2\cdots(n+1)}\left(\frac{b-a}{a}\right)^{n+1}$$

Ist der Betrag von $\frac{b-a}{a}$ kleiner als 1, so kann man zwischen diesem Betrag und 1 eine Zahl k einschalten. Der Ausdruck (*) läßt sich dann auf die Form bringen:

$$K \cdot \frac{r(r-1)\cdots(r-n)}{1\cdot 2\cdots(n+1)} k^{n+1} \cdot \left(\frac{b-a}{ak}\right)^{n+1}$$

Der letzte Faktor konvergiert nach Null. Da $\frac{(r-n)k}{n+1}$ bei wachsendem n nach $-k$ strebt, so nimmt der Betrag von

$$K \cdot \frac{r(r-1)\cdots(r-n)}{1\cdot 2\cdots(n+1)} k^{n+1}$$

beständig ab, wenn n eine gewisse Grenze überschritten hat. Daher konvergiert die Größe (*), folglich auch das Taylorsche Restglied, im Falle $\left|\frac{b-a}{a}\right| < 1$ nach Null. Mit dieser Feststellung wollen wir uns begnügen. Es gilt hiernach die Entwickelung

$$b^r = a^r + \binom{r}{1} a^{r-1}(b-a) + \binom{r}{2} a^{r-2}(b-a)^2 + \cdots$$

Sie nimmt, wenn man $\frac{b-a}{a} = x$ setzt, folgende Gestalt an:

$$(1+x)^r = 1 + \binom{r}{1} x + \binom{r}{1} x^2 + \cdots$$

Das ist Newtons berühmte Binomialreihe. Wir haben sie unter der Bedingung $|x| < 1$ bewiesen.

§ 23. Eigenschaften der Potenzreihen.

Eine Potenzreihe hat die Form $a_0 + a_1 x + a_2 x^2 + \cdots$ Es gibt Potenzreihen, die nur für $x = 0$ konvergieren, wie z. B. die Reihe $1 + x + (2x)^2 + (3x)^3 + \cdots$ Um dies zu erkennen, muß man bedenken, daß bei einer konvergenten Reihe die Partialsummen nach einem Grenzwert hinstreben, der als die Summe der Reihe gilt. Bezeichnet man mit s_n die n-te Partialsumme, so ist $s_n - s_{n-1}$ das n-te Reihenglied u_n. Nun konvergieren s_n und s_{n-1} beide nach s, der Summe der Reihe. Also muß $\lim u_n = 0$ sein. Genügt eine Reihe nicht einmal dieser Bedingung, daß ihre Glieder eine Nullfolge bilden, so kann sie unmöglich konvergent sein. Die obengenannte Reihe mit dem allgemeinen Glied $(nx)^n$ erfüllt, solange x von Null verschieden ist, keineswegs die Bedingung $\lim u_n = 0$. Sobald $n > \frac{1}{|x|}$ ist, hat $(nx)^n$ einen größeren Betrag als 1. Daß es beständig konvergente Potenzreihen gibt, d. h. solche, die für jedes x konvergent sind, wissen wir z. B. von $e^x = 1 + \frac{x}{1!} + \frac{x^2}{2!} + \cdots$

Cauchy hat darauf hingewiesen, daß bei einer Potenzreihe die Konvergenzfrage mit der Zahlenfolge $|a_1|$, $|a_2|^{\frac{1}{2}}$, $|a_3|^{\frac{1}{3}}, \ldots$ zusammenhängt. Ist diese Folge unbeschränkt, so gibt es außer $x = 0$ keinen Konvergenz bringenden x-Wert. Wäre x_1 ein solcher von Null verschiedener Konvergenzbringer, so müßte der Mindestforderung $\lim a_n x_1^n = 0$ Genüge geschehen. Fast alle Reihenglieder müßten dann z. B. zwischen -1 und 1 liegen. Aus $|a_n x_1^n| < 1$ folgt aber $|a_n|^{\frac{1}{n}} < \frac{1}{|x_1|}$. Dieser Ungleichung dürften sich nur endlich viele Glieder der Cauchyschen Folge entziehen. Dann gäbe es aber für diese Folge eine obere Schranke, gegen die Voraussetzung.

Soll also $x = 0$ nicht die einzige Konvergenzstelle der Potenzreihe sein, so muß die Cauchysche Folge beschränkt sein. Unter ihren Häufungswerten gibt es dann einen größten Häufungswert H (la plus grande des limites bei Cauchy). Nehmen wir zunächst an, daß H von Null verschieden ist. Es liegt im Wesen des größten Häufungswertes, daß $H - \varepsilon$ von unendlich vielen Gliedern der Cauchyschen Folge übertroffen wird, $H + \varepsilon$ aber nur von endlich vielen. Dabei ist ε eine kleine positive Größe. Hat man nun ein x, das der Ungleichung $|x| > \frac{1}{H}$ genügt, so kann man ε derart klein wählen, daß x auch die stärkere Forderung $|x| > \frac{1}{H - \varepsilon}$ erfüllt. Nun gibt es in der Cauchyschen Folge unendlich viele Glieder $|a_{n_1}|^{\frac{1}{n_1}}$, $|a_{n_2}|^{\frac{1}{n_2}}, \ldots$ die alle größer als $H - \frac{\varepsilon}{2}$ sind. Dann werden die Produkte $|x|\,|a_{n_1}|^{\frac{1}{n_1}}$, $|x|\,|a_{n_2}|^{\frac{1}{n_2}}, \ldots$ alle größer als $\frac{H - \frac{\varepsilon}{2}}{H - \varepsilon}$ sein und die Beträge der Reihenglieder $a_{n_1} x^{n_1}$, $a_{n_2} x^{n_2}, \ldots$ größer als $\left(\frac{H - \frac{\varepsilon}{2}}{H - \varepsilon}\right)^{n_1}$, $\left(\frac{H - \frac{\varepsilon}{2}}{H - \varepsilon}\right)^{n_2}, \ldots$ Diese letzte Folge steigt nach ∞ auf. Es gibt also, sobald $|x| > \frac{1}{H}$ ist, eine Teilfolge von Reihengliedern, deren Beträge nach ∞ konvergieren. Eine derbe Ablehnung der Mindestforderung $\lim u_n = 0$.

Wenn $|x| < \frac{1}{H}$ ist, so kann man ε derart klein wählen, daß x auch die schärfere Bedingung $|x| < \frac{1}{H + \varepsilon}$ erfüllt. Da nur endlich viele Glieder der Cauchyschen Folge über $H + \frac{\varepsilon}{2}$ hinausgehen, so wird fast immer die Ungleichung gelten $|a_n|^{\frac{1}{n}} |x| < \frac{H + \frac{\varepsilon}{2}}{H + \varepsilon}$, d. h. $|a_n x^n| < \left(\frac{H + \frac{\varepsilon}{2}}{H + \varepsilon}\right)^n$. Wenn eine Reihe $u_1 + u_2 + u_3 + \cdots$ zu einer zweiten $U_1 + U_2 + U_3 + \cdots$ in solcher Beziehung steht, daß fast immer die Ungleichung $|u_n| < U_n$ stattfindet, so nennt man $U_1 + U_2 + U_3 + \cdots$ eine Majorante von $u_1 + u_2 + u_3 + \cdots$ Die Majorante hat lauter positive Glieder. Auf Grund der obigen Feststellung können wir sagen, daß die Potenzreihe $a_0 + a_1 x + a_2 x^2 + \cdots$ im Falle $|x| < \frac{1}{H}$ die Majorante

$$1 + \frac{H + \frac{\varepsilon}{2}}{H + \varepsilon} + \left(\frac{H + \frac{\varepsilon}{2}}{H + \varepsilon}\right)^2 + \cdots$$

hat, also eine konvergente Majorante. Dann ist die Potenzreihe, wie man leicht feststellen kann, ebenfalls konvergent, ja sogar absolut konvergent, d. h. es konvergiert auch die Reihe $|a_0| + |a_1 x| + |a_2 x^2| + \cdots$

Wenn es sich um die Konvergenz einer Reihe $u_1 + u_2 + u_3 + \cdots$ handelt, kann man die Reihe immer durch einen ihrer Reste $u_{p+1} + u_{p+2} + a_{p+3}, \cdots$ ersetzen. Es ist nämlich bei genügend großem n

$$u_1 + u_2 + \cdots + u_n = (u_1 + u_2 + \cdots + u_p) + (u_{p+1} + u_{p+2} + \cdots + u_n).$$

Strebt also $u_1 + u_2 + \cdots + u_n$ bei wachsendem n einem Grenzwert zu, so auch $u_{p+1} + u_{p+2} + \cdots + u_n$ und umgekehrt. Außer dieser Bemerkung brauchen wir noch einige Vorkenntnisse, die sich auf positive Reihen, d. h. Reihen mit positiven Gliedern, bezieht. Bei einer solchen Reihe bilden die Partialsummen eine aufsteigende Folge. Es gibt nur zwei Möglichkeiten. Entweder bleiben die Partialsummen unterhalb einer Schranke. Dann streben sie einem Grenzwert zu, und die Reihe ist konvergent. Oder es gibt beliebig große Partialsummen. Dann konvergieren die Partialsummen nach ∞, und die Reihe ist divergent. Wenn man ihr eine Summe zuschreiben wollte, so könnte es nur die Summe ∞ sein. Man schaltet aber solche divergenten Reihen lieber ganz aus. Wenn man irgendeine endliche Anzahl von Gliedern aus einer positiven Reihe herausgreift, so sind sie immer in einer Partialsumme enthalten, so daß ihre Summe kleiner ist als diese Partialsumme. Die Summe einer positiven Reihe ist also nicht nur die kleinste obere Schranke der Partialsummen, die aufsteigend nach ihr hinstreben, sondern zugleich die kleinste obere Schranke aller Teilsummen, die man aus Gliedern der Reihe bilden kann. Hieraus folgt, daß eine positive Reihe bei allen Umordnungen ihrer Glieder dieselbe Summe behält. Ebenso bleibt offenbar die Summe erhalten, wenn man Zusammenfassungen von Gliedern vornimmt oder Glieder in positive Bestandteile auflöst. Ersetzt man alle oder einige Glieder einer konvergenten positiven Reihe durch kleinere positive Werte, so ist die Summe der alten Reihe eine obere Schranke für alle Teilsummen der neuen. Diese ist also gleichfalls konvergent.

Hat eine Reihe $u_1 + u_2 + u_3 + \cdots$ eine konvergente Majorante
$$U_1 + U_2 + U_3 + \cdots$$
so wird von einem gewissen Index ν an die Ungleichung $|u_n| < U_n$ gelten. Da nun die Reihe $U_\nu + U_{\nu+1} + U_{\nu+2} + \cdots$ ebenso wie $U_1 + U_2 + U_3 + \cdots$ konvergent ist, gilt dasselbe von $|u_\nu| + |u_{\nu+1}| + |u_{\nu+2}| + \cdots$ und auch von $|u_1| + |u_2| + |u_3| + \cdots$, d. h. eine Reihe mit konvergenter Majorante ist absolut konvergent. Daß absolute Konvergenz überhaupt Konvergenz nach sich zieht, ist leicht einzusehen. Mit $|u_1| + |u_2| + |u_3| + \cdots$ sind zugleich die positiven Reihen
$$\frac{|u_1| + u_1}{2} + \frac{|u_2| + u_2}{2} + \cdots \quad \text{und} \quad \frac{|u_1| - u_1}{2} + \frac{|u_2| - u_2}{2} + \cdots$$
konvergent. Ist nämlich $u_n > 0$, so hat man $\frac{1}{2}(|u_n| + u_n) = |u_n|$, $\frac{1}{2}(|u_n| - u_n) = 0$, ist $u_n < 0$, so gelten die Aussagen $\frac{1}{2}(|u_n| + u_n) = 0$, $\frac{1}{2}(|u_n| - u_n) = |u_n|$. Im Falle $u_n = 0$ sind beide Werte gleich Null. Jedenfalls ist klar, daß die neuen positiven Reihen aus $|u_1| + |u_2| + |u_3| + \cdots$ durch Verkleinerung gewisser Glieder entstehen. Sind S_n und S_n^* ihre n-ten Partialsummen, so existieren also die Grenzwerte $\lim S_n$ und $\lim S_n^*$. Folglich existiert auch $\lim (S_n - S_n^*)$, d. h. $\lim (u_1 + u_2 + \cdots + u_n)$, d. h. die Reihe $u_1 + u_2 + u_3 + \cdots$ ist konvergent. Ihre Summe lautet $\lim S_n - \lim S_n^*$. Offenbar ist S_n die Summe der positiven Summanden von $u_1 + u_2 + \cdots + u_n$ und $-S_n^*$ die Summe der negativen. Die Summe einer absolut konvergenten Reihe kann also in der Weise berechnet werden, daß man das eine Mal die negativen, das andere Mal die positiven Glieder streicht und die Summen dieser beiden Reihen nachher addiert. Daher bleibt die Summe einer absolut konvergenten Reihe erhalten, wenn man die Glieder umordnet oder Zusammenfassungen unter ihnen vornimmt.

Kehren wir nun zur Potenzreihe $a_0 + a_1 x + a_2 x^2 + \cdots$ zurück, deren Cauchysche Folge $|a_1|$, $|a_2|^{\frac{1}{2}}$, $|a_3|^{\frac{1}{3}}, \cdots$ beschränkt war und den größten Häufungswert H hatte. Wir nahmen $H > 0$ an und zeigten, daß im Falle $|x| > \frac{1}{H}$ von Konvergenz nicht die Rede sein kann, daß dagegen im Falle $|x| < \frac{1}{H}$ eine konvergente Majorante existiert und die Potenzreihe demnach absolut konvergent ist. Sie konvergiert also im Innern des Intervalls $-\frac{1}{H} \cdots \frac{1}{H}$, während sie außerhalb divergiert.

Nun bleibt noch die Möglichkeit $H = 0$ zu erörtern. Die Cauchysche Folge ist dann beschränkt und hat nur den einen Häufungswert 0, d. h. sie konvergiert nach Null. Es läßt sich zeigen, daß die Reihe für jeden x-Wert konvergent ist. Es sei $q > |x|$. Wegen $\lim |a_n|^{\frac{1}{n}} = 0$ werden fast alle Glieder der Cauchyschen Folge kleiner als $\frac{1}{q}$ sein. Aus $|a_n|^{\frac{1}{n}} < \frac{1}{q}$ folgt nun $|a_n x^n| < \left(\frac{|x|}{q}\right)^n$. Da diese Ungleichung von fast allen Reihengliedern erfüllt wird, gibt es für die Potenzreihe die konvergente Majorante

$$1 + \frac{|x|}{q} + \left(\frac{|x|}{q}\right)^2 + \cdots$$

So oft also die Cauchysche Folge eine Nullfolge ist, hat man es mit einer beständig konvergenten Potenzreihe zu tun.

Die obigen Überlegungen übertragen sich sofort auf das komplexe Gebiet. Liegt eine Potenzreihe $c_0 + c_1 z + c_2 z^2 + \cdots$ mit komplexen Koeffizienten und der komplexen Variablen $z = x + iy$ vor, so ist jedes Glied $c_n z^n$ eine komplexe Zahl $u_n + iv_n$. Die Reihe $(u_0 + iv_0) + (u_1 + iv_1) + (u_2 + iv_2) + \cdots$ konvergiert und hat die Summe $u + iv$, wenn die Reihen $u_0 + u_1 + u_2 + \cdots$ und $v_0 + v_1 + v_2 + \cdots$ konvergent sind und die Summen u und v haben. Ist die Cauchysche Folge $|c_1|, |c_2|^{\frac{1}{2}}, |c_3|^{\frac{1}{3}}, \ldots$ unbeschränkt, so gibt es nur den einen Konvergenzpunkt $z = 0$. Ist die Cauchysche Folge beschränkt und H ihr größter Häufungswert, so läßt sich im Falle $|z| > \frac{1}{H}$ aus der Reihe eine Gliederfolge mit nach ∞ konvergierendem absoluten Betrag herausheben. Es kann also von Konvergenz keine Rede sein. Im Falle $|z| < \frac{1}{H}$ ist dagegen die Reihe $|c_0| + |c_1 z| + |c_2 z^2| + \cdots$ konvergent, folglich auch

$$c_0 + c_1 z + c_2 z^2 + \cdots$$

Aus der Konvergenz von $\sqrt{u_0^2 + v_0^2} + \sqrt{u_1^2 + v_1^2} + \sqrt{u_2^2 + v_2^2} + \cdots$ folgt nämlich auf Grund der Majorantenbeziehung die Konvergenz von

$$|u_0| + |u_1| + |u_2| + \cdots \quad \text{und} \quad |v_0| + |v_1| + |v_2| + \cdots,$$

so daß auch die Reihen $u_0 + u_1 + u_2 + \cdots$ und $v_0 + v_1 + v_2 + \cdots$ konvergent sind. Die Potenzreihe $c_0 + c_1 z + c_2 z^2 + \cdots$ konvergiert also innerhalb des Kreises $x^2 + y^2 = \frac{1}{H^2}$ und divergiert außerhalb desselben. Diesen Kreis nennt man den Konvergenzkreis und $\frac{1}{H}$ den Konvergenzradius der Potenzreihe. Ist $H = 0$, also die Cauchysche Folge eine Nullfolge, so konvergiert $c_0 + c_1 z + c_2 z^2 + \cdots$ in der ganzen Ebene, deren Punkte die Bilder der komplexen Werte $z = x + iy$ sind. Wir haben eine beständig konvergente Potenzreihe vor uns. Ihr Konvergenzradius ist unendlich.

Die Funktionen e^x, $\cos x$, $\sin x$, $\mathfrak{Cof}\, x$, $\mathfrak{Sin}\, x$, die zunächst nur für reelle Werte von x definiert wurden, haben wir mittels der Taylorschen Formel in beständig konvergente Potenzreihen entwickelt. Nun bietet sich die Möglichkeit, von diesen Funktionen auch im komplexen Gebiet zu reden, und zwar legen wir ihnen die Werte bei, die uns durch die zugehörigen Potenzreihen geliefert werden. Zum Beispiel sagen wir, daß für jedes $z = x + iy$

$$e^z = 1 + \frac{z}{1!} + \frac{z^2}{2!} + \cdots$$

sein soll. Insbesondere ist also, wenn wir $x = 0$ setzen,

$$e^{iy} = 1 + \frac{iy}{1!} - \frac{y^2}{2!} - \frac{iy^3}{3!} + \cdots,$$

d. h.

$$e^{iy} = \cos y + i \sin y.$$

Wird y in $-y$ verwandelt, so tritt die Gleichung

$$e^{-iy} = \cos y - i \sin y$$

hinzu. Man kann aus beiden die berühmte Eulersche Exponentialdarstellung des Kosinus und Sinus entnehmen:

$$\cos y = \frac{e^{iy} + e^{-iy}}{2}, \quad \sin y = \frac{e^{iy} - e^{-iy}}{2i}.$$

Wenn wir eine Potenzreihe $c_0 + c_1 z + c_2 z^2 + \cdots$ betrachten, die nicht nur für $z = 0$ konvergiert, so ist ihre Summe eine Funktion $F(z)$ der komplexen Variablen z, die im ganzen Innengebiet des Konvergenzkreises definiert ist, im Falle einer beständig konvergenten Potenzreihe sogar in der ganzen Ebene. Wenn $|h|$ genügend klein ist, so wird nicht nur $|z|$, sondern auch $|z| + |h|$ kleiner sein als der Konvergenzradius R. Dasselbe gilt dann von $|z + h|$, weil der Betrag einer Summe nie größer ist als die Summe der Beträge. Da man jedem Vektor mit den Koordinaten x, y die komplexe Zahl $x + iy$ zuordnen kann und sich beim Addieren der Vektoren die zugehörigen komplexen Zahlen addieren, so läuft die Ungleichung $|z + h| \leqq |z| + |h|$ darauf hinaus, daß eine Dreiecksseite nie größer ist als die Summe der beiden andern.

Nun bilden die einzelnen Bestandteile, die in

$$F(z + h) = c_0 + c_1(z + h) + c_2(z^2 + 2zh + h^2) \\ + c_3(z^3 + 3z^2 h + 3zh^2 + h^3) + \cdots$$

auftreten, eine absolut konvergente Reihe. Bezeichnen wir der Kürze halber die Beträge durch die entsprechenden deutschen Buchstaben und setzen $\mathfrak{c}_0 + \mathfrak{c}_1\mathfrak{z} + \mathfrak{c}_2\mathfrak{z}^2 + \cdots = \mathfrak{F}(\mathfrak{z})$, so treten in

$$\mathfrak{F}(\mathfrak{z} + \mathfrak{h}) = \mathfrak{c}_0 + \mathfrak{c}_1(\mathfrak{z} + \mathfrak{h}) + \mathfrak{c}_2(\mathfrak{z}^2 + 2\mathfrak{z}\mathfrak{h} + \mathfrak{h}^2) + \cdots$$

die absoluten Beträge von $c_0, c_1 z, c_1 h, c_2 z^2, 2c_2 zh, c_2 h^2, \cdots$ als Bausteine auf. Daß die Reihe $F(\mathfrak{z} + \mathfrak{h})$ konvergiert, beruht darauf, daß $\mathfrak{z} + \mathfrak{h}$ unterhalb des Konvergenzradius liegt und $c_0 + c_1 z + c_2 z^2 + \cdots$ im Innern des Konvergenzkreises absolut konvergent ist. Nachdem wir wissen, daß die Bausteine von $F(x + h)$ eine absolut konvergente Reihe bilden, können wir davon Gebrauch machen, daß Umordnung und Gliederverschmelzung keinen Einfluß auf die Summe einer solchen Reihe ausüben, und demgemäß schreiben:

$$\begin{aligned} F(z + h) = {} & (c_0 + c_1 z + c_2 z^2 + \cdots) \\ & + h\,(c_1 + 2c_2 z + \cdots) \\ & + h^2\,(2c_2 + 3c_3 z + \cdots) \\ & + \cdots\cdots\cdots \end{aligned}$$

Man ersieht hieraus, daß $F(z+h)$ sich in eine h-Potenzreihe entwickeln läßt, sobald $|h| < R - |z|$ ist, d. h. sobald der Punkt $z+h$ im Innern des um z mit dem Radius $R - |z|$ beschriebenen Kreises liegt, des größten Kreises um z, der nicht über den Konvergenzkreis der Reihe $c_0 + c_1 z + c_2 z^2 + \cdots$ hinausragt, sondern ihn von innen berührt (vgl. Fig. 40). Mit dieser h-Potenzreihe, deren Koeffizienten Funktionen von z sind, wollen wir uns jetzt näher beschäftigen. Wir schreiben sie, da das Anfangsglied offenbar $F(z)$ ist, in der Form

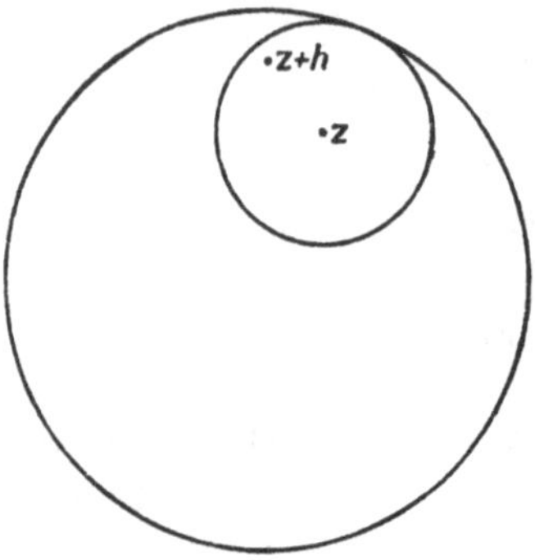

Fig. 40.

$$F(z+h) = F(z) + hF_1(z) + h^2 F_2(z) + \cdots$$

Verwandeln wir in entsprechender Weise $\mathfrak{F}(\mathfrak{z}+\mathfrak{h})$ in eine $\mathfrak{h}$-Potenzreihe, so ergibt sich

$$\mathfrak{F}(\mathfrak{z}+\mathfrak{h}) = \mathfrak{F}(\mathfrak{z}) + \mathfrak{h}\mathfrak{F}_1(\mathfrak{z}) + \mathfrak{h}^2\mathfrak{F}_2(\mathfrak{z}) + \cdots$$

Die Glieder von $\mathfrak{F}_n(\mathfrak{z})$ sind die absoluten Beträge der Glieder von $F_n(z)$, so daß nach dem Satz vom Betrag einer Summe, der sich ohne weiteres auf mehr als zwei Summanden und auf absolut konvergente Reihen überträgt,

$$|F_n(z)| \leqq \mathfrak{F}_n(\mathfrak{z})$$

ist.

Nun können wir schreiben

$$\frac{F(z+h) - F(z)}{h} - F_1(z) = hF_2(z) + h^2 F_3(z) + \cdots,$$

also

$$\left|\frac{F(z+h) - F(z)}{h} - F_1(z)\right| \leqq \mathfrak{h}\mathfrak{F}_2(\mathfrak{z}) + \mathfrak{h}^2\mathfrak{F}_3(\mathfrak{z}) + \cdots$$

Wenn $\mathfrak{h}$ nach Null konvergiert, von einem Anfangswert $\mathfrak{h}_0$ ausgehend, den es nie mehr erreicht, so können wir die obige Ungleichung zu

$$\left|\frac{F(z+h) - F(z)}{h} - F_1(z)\right| \leqq \mathfrak{h}\{\mathfrak{F}_2(\mathfrak{z}) + \mathfrak{h}_0\mathfrak{F}_3(\mathfrak{z}) + \cdots\}$$

verstärken. In den geschweiften Klammern ist $\mathfrak{h}$ überall durch $\mathfrak{h}_0$ ersetzt. Jetzt sieht man aufs deutlichste, daß die rechte Seite zusammen mit $\mathfrak{h}$ der Null zustrebt. Es ergibt sich also, daß bei hinschwindendem $|h|$

$$\lim \frac{F(z+h) - F(z)}{h} = F_1(z)$$

ist. $hF_1(z)$ war die Summe der nur mit h und keiner höheren Potenz behafteten Bestandteile von $c_0 + c_1(z+h) + c_2(z+h)^2 + \cdots$ Da $c_n(z+h)^n$ hierzu den Beitrag $nc_n z^{n-1}h$ liefert, so ist

$$F_1(z) = c_1 + 2c_2 z + 3c_3 z^2 + \cdots$$

Man wird den Grenzwert von $\dfrac{F(z+h) - F(z)}{h}$ die Ableitung von $F(z)$ nennen und mit $F'(z)$ bezeichnen. Das Ergebnis läßt sich dann so formulieren:

Die Funktion $F(z) = c_0 + c_1 z + c_2 z^2 + \cdots$ hat im Innern des Konvergenzkreises überall eine Ableitung, und zwar lautet diese $c_1 + 2c_2 z + 3c_3 z^2 + \cdots$ Wenn alle Koeffizienten bis auf c_n gleich Null sind, so folgt aus dem Bewiesenen, daß $c_n z^n$ die Ableitung $nc_n z^{n-1}$ hat. Die Ableitung einer Potenzreihe im Innern des Konvergenzkreises wird also durch Differentiation der einzelnen Glieder gewonnen. Auch $F'(z) = c_1 + 2c_2 z + 3c_3 z^2 + \cdots$ hat die Ableitung $F''(z) = 2c_2 + 3 \cdot 2c_3 z + \cdots$, ebenso $F''(z)$ die Ableitung $F'''(z) = 3 \cdot 2c_3 z + 4 \cdot 3 \cdot 2c_4 z + \cdots$ Kurz, die Funktion

$$F(z) = c_0 + c_1 z + c_2 z^2 + \cdots$$

ist im Innern des Konvergenzkreises unbeschränkt differenzierbar. Setzt man $z = 0$, so ergibt sich

$$F(0) = c_0, \quad F'(0) = c_1, \quad F''(0) = 2! \cdot c_2, \quad F'''(0) = 3! \cdot c_3$$

usw. Es ist also

$$F(z) = F(0) + z\frac{F'(0)}{1!} + z^2\frac{F''(0)}{2!} + \cdots$$

Man ersieht hieraus, daß die Potenzreihe die Maclaurinsche Reihe der durch sie bestimmten Funktion ist. Es können deshalb niemals zwei verschiedene Potenzreihen in einem kleinen um $z = 0$ beschriebenen Kreise übereinstimmende Summen haben.

Wir sind jetzt in der Lage, die Koeffizienten der h-Potenzreihe für $F(z+h)$ vollständig zu bestimmen. Wir wissen nämlich, daß diese Koeffizienten, wenn wir $F(z+h) = \varphi(h)$ setzen und z festhalten, mit $\varphi(0), \frac{\varphi'(0)}{1!}, \frac{\varphi''(0)}{2!}, \ldots$ zusammenfallen. Aus

$$\frac{\varphi(h+\Delta h) - \varphi(h)}{h} = \frac{F(z+h+\Delta h) - F(z+h)}{\Delta h}$$

ersieht man, daß der Differenzenquotient von $\varphi(h)$ nichts anderes ist als ein Differenzenquotient von F an der Stelle $z+h$. Daraus folgt $\varphi'(h) = F'(z+h)$ und hieraus auf dieselbe Weise $\varphi''(h) = F''(z+h)$ usw. Daher sind $\varphi(0)$, $\frac{\varphi'(0)}{1!}, \frac{\varphi''(0)}{2!}, \cdots$ gleich $F(z), \frac{F'(z)}{1!}, \frac{F''(z)}{2!}, \ldots$, und man kann schreiben

$$F(z+h) = F(z) + h\frac{F'(z)}{1!} + h^2\frac{F''(z)}{2!} + \cdots$$

Für $F(z)$ gilt also im Innern des Konvergenzkreises überall die Taylorsche Entwickelung. Dabei muß man h der Bedingung $|h| < R - |z|$ unterwerfen.

Es hat sich hier von selbst ergeben, daß die Potenzreihen $F'(z), F''(z), \cdots$ im Innern des Konvergenzkreises von $F(z)$ konvergent sind. Man kann sich leicht überzeugen, daß der Konvergenzkreis von $F'(z)$ nicht etwa größer ist als der von $F(z)$. Wäre dies der Fall, so ließe sich ein Punkt z_0 angeben, der außerhalb des Konvergenzkreises von $F(z)$, aber innerhalb desjenigen von $F'(z)$ liegt. Es konvergierte dann die Reihe $|c_1| + 2|c_2 z_0| + 3|c_3 z_0^2| + \cdots$, folglich auch $|c_1 z_0| + 2\,|c_2 z_0^2| + 3\,|c_3 z_0^3| + \cdots$ und daher auch

$$|c_0| + |c_1 z_0| + |c_2 z_0^2| + \cdots,$$

was aber nicht zutrifft. So haben also alle Reihen, die aus einer Potenzreihe durch Differentiation entstehen, denselben Konvergenzkreis.

Wenn man die Potenzreihen als einziges Darstellungsmittel der Funktionen benutzt, so ist man zunächst auf das Innere des Konvergenzkreises beschränkt und hat dort eine Funktion $F(z)$. Man kann sich aber, ohne zu andern Hilfsmitteln zu greifen, von dieser Beschränkung frei machen, und zwar dadurch, daß man für einen Punkt innerhalb jenes Kreises vom Radius R die h-Potenzreihe für $F(z+h)$ aufstellt. Sie kann unter Umständen einen größeren Konvergenzradius haben als $R - |z|$. Dann erobert man neues Gebiet für die Funktion F. Dieses Verfahren, das man als analytische Fortsetzung bezeichnet, läßt sich wiederholt anwenden. Alle Punkte, die im Innern der hierbei mitwirkenden Kreise liegen, bilden den Existenzbereich der analytischen Funktion, von der zuerst nur durch die ursprüngliche Potenzreihe ein Element gegeben war. Diese Benennungen rühren von Weierstraß her. Wenn man auf verschiedenen Wegen der analytischen Fortsetzung zu derselben Stelle gelangt, so ist es keineswegs gesagt, daß ihr derselbe Funktionswert zugewiesen wird. Eine analytische Funktion braucht nicht eindeutig zu sein.

Noch einige Bemerkungen seien hier angefügt, die sich als Folgerungen aus den erhaltenen Resultaten ergeben. Nehmen wir z. B. die Funktion

$$e^z = 1 + \frac{z}{1!} + \frac{z^2}{2!} + \cdots$$

Sie ist in der ganzen Ebene definiert, weil wir gezeigt haben, daß die obige Reihe auf der ganzen x-Achse, d. h. für jeden reellen z-Wert, konvergiert. Bildet man nun die Ableitung dieser Potenzreihe, so ist $\frac{z^n}{n}$ durch $\frac{nz^{n-1}}{n!} = \frac{z^{n-1}}{(n-1)!}$ zu ersetzen. Es kommt also dieselbe Potenzreihe heraus, d. h. man hat $(e^z)' = e^z$. Auch alle höheren Ableitungen sind demnach gleich e^z. Nun ist nach unsern allgemeinen Ergebnissen

$$e^{z+h} = e^z + h\frac{e^z}{1!} + h^2\frac{e^z}{2!} + \cdots,$$

d. h. $e^{z+h} = e^z \cdot e^h$. Daß man aus den Gliedern einer Reihe einen gemeinsamen Faktor herausziehen kann, liegt in der Summendefinition begründet. Ist $z = x + iy$, so hat man hiernach

$$e^z = x^x \cdot e^{iy} = e^x(\cos y + i \sin y).$$

Der reelle Teil von e^z lautet also $e^x \cos y$, der imaginäre $ie^x \sin y$. Hieraus kann man eine wichtige Eigenschaft der Exponentialfunktion e^z entnehmen. Sie hat nirgends eine Nullstelle. $e^z = 0$ würde nämlich bedeuten, daß $e^x \cos y = 0$ und $e^x \sin y = 0$ ist. Hieraus folgt durch Quadrieren und Addieren $e^{2x} = 0$. Wir wissen aber bereits, daß die Exponentialfunktion im reellen Gebiet nirgends verschwindet.

Wir wollen noch feststellen, wie es bei e^z mit den Wiederholungen der Funktionswerte steht. $e^z = e^{z_1}$, wobei $z = x + iy$ und $z_1 = x_1 + iy_1$ ist, bedeutet, daß die Gleichungen $e^x \cos y = e^{x_1} \cos y_1$ und $e^x \sin y = e^{x_1} \sin y_1$ bestehen. Aus ihnen folgt $e^{2x} = e^{2x_1}$, also $x = x_1$, weil die Exponentialfunktion im reellen Gebiet keinen Wert wiederholt. Da $e^x = e^{x_1}$ nicht gleich Null ist, kann man weiter schließen $\cos y = \cos y_1$, $\sin y = \sin y_1$. Dies bedeutet, daß sich y_1 und y um ein Vielfaches von 2π unterscheiden. Dann ist aber $z_1 = z + 2n\pi i$. Wenn man von einem Punkt z parallel zur y-Achse um ein Vielfaches von 2π nach oben oder unten fortschreitet, so kommt man zu Punkten, die denselben Funktionswert tragen wie der Punkt z. Außer ihnen sind keine Punkte mit dieser Eigenschaft vorhanden. Man sagt auf Grund dieses Tatbestandes, daß e^z die Periode $2\pi i$ hat.

Jeder von Null verschiedene komplexe Wert wird von e^z angenommen. Man sieht es sofort, wenn man den Wert in der trigonometrischen Form $r(\cos\varphi + i\sin\varphi)$ oder $e^{\ln r} \cdot e^{i\varphi} = e^{\ln r + i\varphi}$ schreibt. Man nennt $\ln r + i\varphi$ einen natürlichen Logarithmus des betrachteten Wertes. Hierzu darf noch ein Vielfaches von $2\pi i$ addiert werden. Der reelle Teil des natürlichen Logarithmus eines komplexen von Null verschiedenen Numerus ist also der natürliche Logarithmus des absoluten Betrages, der imaginäre Teil die mit i multiplizierte Amplitude. Da die Amplitude nur bis auf Vielfache von 2π festliegt, ist der natürliche Logarithmus nur bis auf Vielfache von $2\pi i$ bestimmt.

Wir haben bei den Anwendungen der Taylorschen Formel verschiedene Funktionen deshalb ausgelassen, weil ihre höheren Ableitungen nicht so einfach zu berechnen sind. Hierher gehören die inversen Kreis- und Hyperbelfunktionen.

Sachregister.

Manuldruck von F. Ullmann G. m. b. H., Zwickau Sa.

MIX

Papier | Fördert gute Waldnutzung

FSC® C083411

Zeitfracht Medien GmbH
Ferdinand-Jühlke-Straße 7
99095 Erfurt, Deutschland
produktsicherheit@kolibri360.de